普通应用型院校数据科学与大数据技术专业系列规划教材

U0642509

大数据
科学基础

主　编⊙张　利

副主编⊙高廷红　赵庆超　杨道平

参　编⊙贺春林　李丹杨

中南大学出版社
www.csupress.com.cn
·长沙·

图书在版编目(CIP)数据

大数据科学基础 / 张利主编. —长沙：中南大学
出版社，2023.8
ISBN 978-7-5487-5167-0

Ⅰ. ①大… Ⅱ. ①张… Ⅲ. ①数据处理－高等学校－
教材 Ⅳ. ①TP274

中国版本图书馆 CIP 数据核字(2022)第 203364 号

大数据科学基础
DASHUJU KEXUE JICHU

张利　主编

□出 版 人	吴湘华	
□责任编辑	韩　雪	
□责任印制	李月腾	
□出版发行	中南大学出版社	
	社址：长沙市麓山南路	邮编：410083
	发行科电话：0731-88876770	传真：0731-88710482
□印　　装	长沙印通印刷有限公司	

□开　　本	787 mm×1092 mm　1/16	□印张 15.5	□字数 376 千字
□互联网+图书	二维码内容　字数 37 千字		
□版　　次	2023 年 8 月第 1 版	□印次 2023 年 8 月第 1 次印刷	
□书　　号	ISBN 978-7-5487-5167-0		
□定　　价	48.00 元		

普通应用型院校数据科学与大数据技术专业系列规划教材

编写委员会

主任

谢　泉

副主任

（按姓氏笔画排序）

王　力　刘　杰　刘彦宾　肖迎群

张小梅　夏道勋　高廷红　穆肇南

委　员

（按姓氏笔画排序）

马家君　卢涵宇　田泽安　向程冠

刘宇红　刘运强　杨　华　何　庆

张　利　张著洪　金　贻　秦　学

熊伟程

总 序

PREFACE

　　中国实施大数据战略，加速了发展数字经济、建设数字中国的步伐。习近平总书记指出"大数据是信息化发展的新阶段"，并做出了推动大数据技术产业创新发展、构建以数据为关键要素的数字经济、运用大数据提升国家治理现代化水平、运用大数据促进保障和改善民生、切实保障国家数据安全的战略部署，指明了我国大数据发展方向。"大数据"作为一种概念源于计算领域，之后逐渐延伸到科学和商业领域，并引发商业应用领域对大数据分析方法的广泛思考与探讨。大数据浪潮汹涌而至，数据量爆发式增长，各行各业都在体验大数据带来的革命，这绝不仅仅是信息技术领域的革命，更是在全球范围加速企业创新、引领社会变革的利器。

　　大数据之"大"，并不仅仅在于"容量大"，更在于通过对海量数据的交换、整合和分析，发现新的知识，创造新的价值，带来"大知识""大科技""大利润"和"大发展"。大数据具有海量性、多样性、时效性及可变性等特征，无法在可接受的时间内用传统信息技术和软硬件工具对其进行获取、管理和处理，需要可伸缩的计算体系结构以支持其存储、处理和分析。在大数据背景之下，精通大数据的专业人才将成为大数据领域重要的角色，大数据行业从业人员薪酬持续增长，人才缺口巨大，迫切需要高等院校及时培养大量相关领域的高级人才。

　　我国教育部为了响应社会发展需要，率先于 2016 年正式开设"数据科学与大数据技术"本科专业及"大数据技术与应用"专科专业。近几年，全国形成了申报与建设大数据相关专业的热潮。随着大数据专业建设的不断深入，相关教材的缺失或不适用成为开设本专业的院校面临的一大难题。为了解决这一难题，由中南大学出版社策划，贵州大学、湖南大学、贵州师范大学、贵州师范学院等院校联合编写了"普通应用型院校数据科学与大数据技术专业系列规划教材"。

　　本套教材具有如下特点：

　　（1）本套教材参照"数据科学与大数据技术"专业的培养方案，突出专业培养特色，强基础，重实践，兼顾专科院校偏应用的特点，打造出一套适用于本科院校"数据科学与大数据技术"专业和专科院校"大数据技术与应用"专业的教材。

（2）教材内容图文并茂，可读性强，数字化资源配套齐全。本套教材为结合信息技术手段的"互联网+"系列教材，将课程相关的学习素材如知识图谱、课后习题解析、拓展知识、小视频等通过信息技术与教材紧密结合，读者通过扫描书中的二维码，即可获取更丰富、更直观的拓展知识，让学习不再枯燥。

（3）为响应教育部"新工科"研究与实践项目的要求，本套教材增加相关的实验环节，作为知识主线与技术主线把相关课程串接起来，培养学生动手实践的意识和综合利用大数据分析技术与平台的能力。

本套教材吸纳了数据科学与大数据技术教育工作者多年的教学、实践经验与科研成果，凝聚了作者们大量的精力和心血。我相信本套教材的出版，将对我国数据科学与大数据技术专业教学质量的提高有很好的促进作用，同时，对完善大数据人才培养体系，加强人才储备与梯队建设，推动大数据领域学科建设具有重要意义。

谢 泉

2022 年 10 月

前 言
PREFACE

当今社会信息与数据量的爆炸性增长,产生了更高效及智能地处理和分析海量数据的需求,催生出了大数据科学这一新兴领域。随着人工智能与大数据技术的不断发展和应用,大数据科学技术已成为科学技术发展的重要领域。在这样的背景下,决定创作普通应用型院校数据科学与大数据技术专业系列规划教材之《大数据科学基础》,旨在提供全方位的大数据科学入门知识,探究大数据科学的核心原理和方法,为广大读者介绍大数据科学的实际应用,培养对大数据开发利用的思维能力。

《大数据科学基础》是大数据、人工智能及计算机等相关专业的主干课程,是重要的学科基础课之一。本书的编写宗旨是"夯实理论基础,注重实践操作"。一方面本书对于理论知识的写作追求详细且通俗易懂;另一方面本书也更加注重将理论基础与实践操作相结合。"大数据科学基础"是一门注重实操的课程,只有将理论结合实践,才能使读者更好地融会贯通,可以更灵活、更高效、更智能化地处理海量数据。

本书的写作目的是介绍大数据科学的一些基础概念、技术和应用,并探讨大数据在不同行业,如医疗大数据、天文大数据和金融大数据等热门领域中的应用和发展趋势。其中包括大数据的定义、特点和挑战,数据采集和数据可视化,机器学习和深度学习算法,一些基础框架的搭建以及一些实际应用案例等方面的知识点。

编者结合多年的科研以及教学实践,基于"理论内容实用,实践结合热点"的创作思想,构思本书框架及内容:

第 1 章首先从大数据的发展历史出发，介绍了大数据的概念与性质，并且介绍了大数据专业体系的需求和未来展望，系统性地概述了大数据的定义。第 2 章介绍了数据的采集方式、数据可视化的作用手段以及数据可视化的具体运用。第 3 章首先从机器学习的基础入手，讲述了最优化问题的三个经典算法，包括梯度下降法、牛顿法和遗传算法。然后介绍了机器学习的算法，包括有监督学习和无监督学习等算法，最后介绍了机器学习的常用方法。第 4 章主要介绍深度学习，从 Numpy 的基础开始，完整地讲解了 Python 的扩展程序库 Numpy。随后介绍了 CNN 和 RNN 这两种经典的神经网络。最后介绍了包括 AlexNet 模型等几种经典的深度学习网络模型。第 5 章主要介绍了 TensorFlow 和 PyTorch 这两种框架的安装和搭建，并通过一些小例子来熟悉它们的基础组件，最后介绍了 Keras 这个高级神经网络 API。第 6 章介绍了医疗大数据、天文大数据以及金融大数据这三个大数据技术热门领域，分别讲述了这三个领域的基础概述、理论技术以及未来的目标和挑战。

本书适用于对大数据领域感兴趣的读者，中职学历及以上学生、工程师、企业家、研究人员等都可以从中获益。读者能够了解到大数据技术的价值和应用前景，获得基本的数据分析和处理能力，对大数据在不同领域中的应用力和未来的发展趋势有更加全面、深入的认识，服务于大数据国家战略。

中南大学出版社的相关工作人员为本书的出版付出了辛苦的劳动，在此，谨对为本书编写和出版提供过帮助的所有人员和单位报以最诚挚的感谢！

由于时间和水平所限，本书可能在一些地方存在不足之处，恳请广大读者批评指正。

编　者

2023 年 6 月

目 录
CONTENTS

第 1 章

大数据概述

　　近年来，随着云计算、物联网、人工智能等信息技术的迅猛发展，大数据在电子商务、媒体营销、物流交通、农业、工业、生物科技、教育等诸多行业得到了广泛的应用。在这些领域中，随时会产生大量的数据，这些大量的数据中会蕴含着巨大而又重要的价值，因此掌握大数据的基本原理、基本知识、核心技术及拥有专业领域知识是新时代对大学生提出的新要求。本章主要介绍大数据发展历史、概念、性质及应用等。

1.1　大数据发展历史

　　从文明之初的"结绳记事"，到文字发明后的"文以载道"，再到近现代科学的"数据建模"，数据一直伴随着人类社会的发展变迁，承载了人类基于数据和信息认识世界的努力和取得的巨大进步。直到以电子计算机为代表的现代信息技术出现以后，才为数据处理提供了自动化方法和手段，人类掌握数据、处理数据、利用数据的能力才实现了质的跃升。

　　大多数学者认为，"大数据"这一概念最早公开出现于 1998 年，美国高性能计算公司 SGI 的首席科学家约翰·马西（John Mashey）在一个国际会议报告中指出，随着数据量的快速增长，必将出现数据难理解、难获取、难处理和难组织的问题，并用"Big Data（大数据）"来描述这一挑战，在计算领域引发思考。2007 年，数据库领域的先驱人物吉姆·格雷（Jim Gray）指出大数据将成为人类触摸、理解和逼近现实复杂系统的有效途径，并认为在实验观测、理论推导和计算仿真等三种科学研究范式后，将迎来第四范式——"数据探索"。后来，同行学者将其总结为"数据密集型科学发现"，开启了从科研视角审视大数据的热潮。

　　随着云计算、大数据、物联网、人工智能等信息技术的迅猛发展，这些技术与人类世界的政治、经济、军事、科研、生活等方面不断交叉融合，催生了超越以往任何年代的巨量数据。*Nature* 于 2008 年出版了大数据专刊 Big Data，专门讨论了巨量数据对互联网、经济、环境以及生物等各方面的影响与挑战。*Science* 于 2011 年出版了如何应对数据洪流（data deluge）的专刊 *Dealing with Data*。2011 年 5 月，全球知名咨询机构麦肯锡全球研究所发布的《大数据：下一个创新、竞争和生产力的前沿》研究报告中首次提及大数据（big data）概念，麦肯锡称："数据已经渗透到当今每个行业和业务职能领域，成为重要的生产因素。人们对于海量数据的挖掘和运用，预示着新一波生产率增长和消费者盈余浪潮的到来。"2012 年，牛津大学教授维克托·迈尔-舍恩伯格在其畅销著作《大数据时代　生活、工作与思维

1

的大变革》（*Big Data A Revolution That Will Transform How We Live，Work，and Think*）中指出，数据分析将从"随机采样""精确求解"和"强调因果"的传统模式演变为大数据时代的"全体数据""近似求解"和"只看关联不问因果"的新模式，从而引发商业应用领域的大数据方法。

目前，大数据已成为国家战略布局的重要组成部分，也逐渐成为世界各国竞争的核心资产。2012 年，联合国发布大数据白皮书，指出大数据对联合国和各国政府来说是一个历史性的机遇，通过使用丰富的数据资源，对社会经济进行前所未有的实时分析，以帮助政府更好地呼应社会和经济运行。因此对数据的占有和控制也将成为国家之间和企业之间新的争夺点。2014 年 3 月，"大数据"首次出现在全国人大会议的《政府工作报告》中；2014 年 5 月，美国发布了 2014 年全球"大数据"白皮书的研究报告《大数据：抓住机遇、守护价值》，以鼓励使用大数据推动社会进步，其与人工智能技术相结合，将会给各行各业带来根本性的变革。

大数据的发展历程，总体上可以分为三个重要阶段：萌芽期、成熟期和大规模应用期（见表 1-1）。

表 1-1　大数据发展的三个阶段

阶段	时间	内容
第一阶段：萌芽期	20 世纪 90 年代至 21 世纪初	随着数据挖掘理论和数据库技术的逐步成熟，一批商业智能工具和知识管理技术开始被应用，如数据仓库、亏空系统、知识管理系统等
第二阶段：成熟期	21 世纪前 10 年	Web 2.0 应用迅猛发展，非结构化数据大量产生，传统处理方法难以应对，带动了大数据技术的快速突破，大数据解决方案逐渐走向成熟，形成了并行计算与分布式系统两大核心技术，谷歌 GFS 和 MapReduce 等大数据技术受到追捧，Hadoop 平台开始盛行
第三阶段：大规模应用期	2010 年以后	大数据应用渗透各行各业，数据驱动决策，信息社会智能化程度大幅提高

下面简单介绍大数据发展历程。

1980 年，著名未来学家阿尔文·托夫勒在《第三次浪潮》一书中，将大数据热情地赞颂为"第三次浪潮的华彩乐章"。

1997 年 10 月，迈克尔·考克斯和大卫·埃尔斯沃思在第八届美国电气和电子工程师协会（IEEE）关于可视化的会议论文集中，发表了《为外存模型可视化而应用控制程序请求页面调度》的文章，这是在美国计算机学会的数字图书馆中第一篇使用"大数据"术语的文章。

1999 年 10 月，在美国电气和电子工程师协会（IEEE）关于可视化的年会上，设置了名为"自动化或者交互：什么更适合大数据？"的专题讨论小组，探讨大数据问题。

2001 年 2 月，梅塔集团分析师道格·莱尼发布题为《3D 数据管理：控制数据容量、处理速度及数据种类》的研究报告。10 年后，"3V"（volume、velocity 和 variety）作为定义大数据的三个维度而被广泛接受。

2005 年 9 月，蒂姆·奥莱利发表了《什么是 Web 2.0》一文，并在文中指出"数据将是下一项技术核心"。

2008 年，*Nature* 杂志推出大数据专刊，计算社区联盟(computing community consortium)发表了报告《大数据计算：在商业、科学和社会领域的革命性突破》，阐述了大数据技术及其面临的一些挑战。

2010 年 2 月，肯尼斯·库克尔在《经济学人》上发表了一份关于管理信息的特别报告《数据、无所不在的数据》。

2011 年 2 月，*Science* 杂志推出专刊 *Dealing with Data*，讨论了科学研究中的大数据问题。

2011 年，维克托·迈尔–舍恩伯格等出版著作《大数据时代：生活、工作与思维的大变革》，引起轰动。

2011 年 5 月，麦肯锡全球研究院发布《大数据：下一个创新、竞争和生产力的前沿》，提出"大数据"时代的到来。

2012 年 3 月，我国科技部发布的《"十二五"国家科技计划信息技术领域 2013 年度备选项目征集指南》把大数据研究列在首位。中国分别举办了第一届(2011 年)和第二届(2012 年)"大数据世界论坛"。《IT 时代周刊》等举办了"大数据 2012 论坛"，中国计算机学会举办了"CNCC2012 大数据论坛"。中华人民共和国科学技术部 863 计划信息技术领域 2015 年备选项目包括超级计算机、大数据、云计算、信息安全、第五代移动通信系统(5G)等。

2012 年 7 月，日本推出"新 ICT 战略研究计划"，在新一轮 IT 振兴计划中，日本政府把大数据发展作为国家层面战略提出。这是日本新启动的因 2011 年大地震一度搁置的政府 ICT 战略研究。英国政府也宣称投资 6 亿英镑科学资金，并计划在未来两年内在大数据和节能计算研究方面投资 1.89 亿英镑。政府把大量的资金投入到计算基础设施，用以捕捉并分析通过开放式数据革命获得的数据流，带动企业投入更多的资金。

2012 年 7 月，联合国发布白皮书《大数据促发展：挑战与机遇》，全球大数据研究进入前所未有的高潮期。

2013 年 3 月，美国政府发布了《大数据研究和发展倡议》，正式启动"大数据发展计划"，大数据发展上升为美国国家发展战略，并被视为美国政府继信息高速公路计划之后在信息科学领域的又一重大举措。

2013 年 12 月，中国计算机学会发布《中国大数据技术与产业发展白皮书(2013)》，系统总结了大数据的核心科学与技术问题，推动了中国大数据学科的建设与发展，并为政府部门提供了战略性的意见与建议。

2014 年 5 月，美国发布 2014 年全球"大数据"白皮书《大数据：抓住机遇、守护价值》，报告鼓励使用大数据来推动社会进步。

2015 年 8 月 31 日，国务院正式印发了《促进大数据发展行动纲要》。

2016 年 3 月，国家"十三五"规划纲要发布，明确指出大数据发展相关事宜。

根据 IDC 的预测,到 2025 年全球数据量将达到 175 ZB(见图 1-1)。

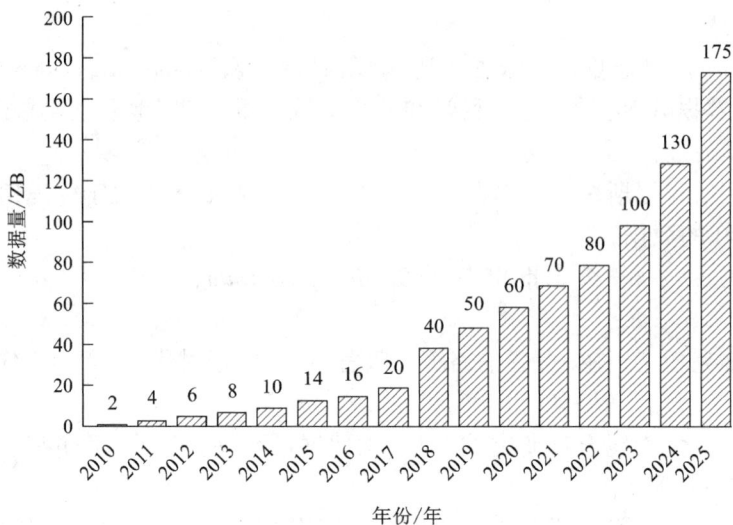

图 1-1   2010—2025 年全球数据量

进入 21 世纪以来,随着互联网应用的迅猛发展,物联网、云计算逐渐走近大众,各种传感器、移动设备每时每刻都在为我们提供大量的数据。数据早已从 Web 2.0 阶段的用户自主原创生成,转变为由感知系统自动生成的阶段,数据已经成为企业最有价值的资产。

大数据战略作为我国"十三五"期间的十四大国家战略之一,是经济发展新的驱动力。大数据通过提供全样本分析手段,使得很多不可能变成可能,在各个行业领域都已经产生了重要影响,大数据的魅力无处不在。

国内外传统 IT 巨头(IBM、微软、惠普、Oracle、联想、浪潮等),通过"硬件+软件+数据"整合平台,向用户提供大数据完备的基础设施和服务,实现"处理—存储—网络设备—软件—应用",即所谓"大数据一体机"。在大数据时代,这些厂商在原有结构化数据处理的同时,开始加大在可扩展计算、内存计算、库内分析、实时流处理和非结构化数据处理等方面的投入,通过并购大数据分析企业,迅速增强大数据分析实力和扩展市场份额。

国内外互联网巨头(亚马逊、Google、Facebook、阿里巴巴、百度、腾讯等),基于开源大数据框架(在大数据时代,催生了开源的大数据分布式处理软件框架 Hadoop:包括分布式文件系统 HDFS、并行编程框架 MapReduce、数据仓库工具 Hive 和大数据分析平台 Pig等)进行了自身应用平台的定制和开发,基于自身应用平台、庞大的用户群、海量用户信息以及互联网处理平台,提供精确营销、个性化推介等商务活动,并开始对外提供大数据平台服务。

1.1.1   大数据产生背景

计算机网络技术、云计算技术、物联网技术以及移动通信技术的不断进步和完善,为大数据的存储和传播提供了相应的物质基础。物联网与移动终端持续不断地产生大量数据，且数据类型丰富，内容鲜活，是数据的重要来源；云计算为大数据的集中管理和分布式访问提供了必要的场所和分享的渠道。互联网领域的公司最早看到数据资产的价值，因此也是最早从大数据中淘金，且引领大数据的发展趋势。

大数据出现在互联网行业，其产生和发展与信息产业密不可分。

1. 信息技术的进步

随着互联网的兴起和网络技术的飞速发展，越来越多的用户接入和使用网络。随着智能手机和其他智能设备的出现，全球互联网在线人数急剧增加。人们发送电子邮件会产生数据，看电视会产生数据，使用手机会产生数据，我们的生活被数据所包围，智能设备的普及、存储设备的性能的提升和网络带宽的增加为大数据的存储和流通提供了物质基础。

2. 云计算技术的兴起

云计算技术是互联网行业的一项新技术，用户可以使用共享软件、硬件等来获取所需要的结果，而提供服务的就是云端，也就是"数据中心"。目前国内的主要互联网公司、电信运营商、银行乃至政府均建立了相应的数据中心，以便为大家服务。云计算技术将分散的数据集中在数据中心，使处理和分析海量数据成为可能。因此，云计算技术为海量数据存储和分散用户访问提供了必要的空间和途径，是大数据诞生的技术基础。

3. 数据资源化的趋势

数据产生的方式发生变革，从原来的运营式阶段，经历用户原创内容阶段，到现在的感知式系统阶段。运营式阶段以数据库为基础，大量结构化的数据存储在数据库中，数据记录逐条进入数据库。用户原创内容阶段，数据形式多样化，大量数据依据互联网产生，如微博、微信、博客等。感知式系统阶段，物联网中的设备每时每刻自动产生大量数据，数据更密集、更大量。目前，各行各业均重视数据的价值。混沌数据毫无价值，只有通过必要的技术手段对数据进行分析和挖掘，才能揭示其价值，这也是促进大数据发展的原因。因此整个世界从"科技就是生产力"的时代迈向了"数据就是生产力"的时代，数据也逐渐成为现代社会发展和进步的资源。

1.1.2 大数据发展前景

大数据的价值使其成为国家、社会和企业层面竞争的重要战略资源。经过多年的发展，大数据已经在各个行业得到了广泛的应用，主要体现在：
- 大数据应用以企业为主；
- 应用涉及电信、金融、政府、制造及互联网各行业，涵盖面广；
- 电子商务、电信领域应用成熟度较高；
- 政府公共服务、金融等领域市场吸引力最大；
- "互联网+"的推广使数据源增多；
- 大数据上升至国家战略，谁掌握了大数据关键技术，谁就有主动权。另外，其应用市场庞大。

　　我国国务院自 2015 年制订"互联网+"行动计划以来，推出了一系列指导及规划政策促进大数据发展。2015 年 3 月至 7 月，国务院及多部门先后出台了多项与大数据密切相关的政策文件。如《国务院关于积极推进"互联网+"行动的指导意见》《国务院办公厅关于运用大数据加强对市场主体服务和监管的若干意见》《促进大数据发展行动纲要》等。大数据产业发展、行业推广、应用基础、安全管理等重要环节的宏观政策环境已经基本形成。

　　我国大数据产业从无到有，各行业应用得到快速推广，市场规模增速明显，对大数据人才的需求量越来越大。国内市场经过专门调研预测，大数据人才岗位缺口 2025 年将达到 200 万，并能形成千亿级大数据产业规模，建成国内重要的大数据产业基地，到那时大数据人才的需求量也越来越大。

　　随着物联网、移动互联网的迅速发展，数据产生速度加快、规模加大，所涉及的领域越来越多，迫切需要运用大数据手段进行数据分析处理，以挖掘其中的有效信息。

　　大数据的市场规模将会越来越大，图 1-2 是 2019—2024 年中国大数据市场规模预测数据。

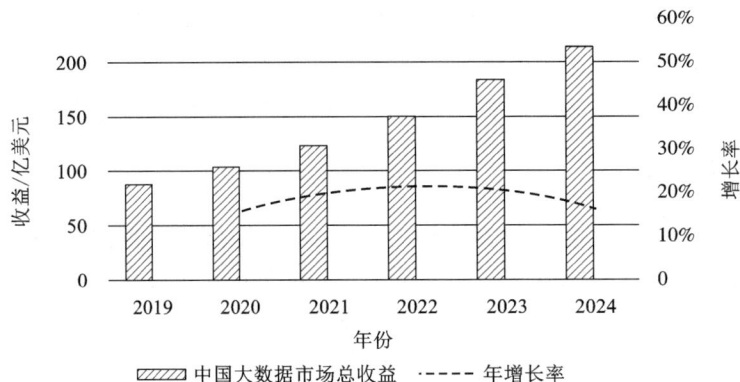

图 1-2　2019—2024 年中国大数据市场规模预测数据

　　从事大数据相关工作的人也越来越多，图 1-3 是大数据从业人员分布。

　　现阶段 IT 行业背景的人才居多。未来将会以综合型人才发展为主，对于数学、统计学要求高，并且算法与模型工作需求大。国内逐步开始培养，需要时间，短期内高端人才仍旧不足。

　　大数据也是一把双刃剑。一方面，海量数据的迅速增长为社会发展提供了更多宝贵的数据资源。网络和数据库中所记载的各种海量数据，是现实生产劳动的真实反映。人们可以利用这些数据分析问题、解决问题，并且促成新的理论和技术。伴随着数据处理能力的提升，运算与存储成本的井喷，以及越来越多的设备中嵌入各种传感技术，数据的收集、存储与分析正处于一个近乎无限上升的趋势。另一方面，大数据前所未有的运算能力也给人们带来了挑战，不可控的持续爆炸式增长的大数据正向数据中心基础设施和数据处理及分析的各个环节发起严峻的挑战，也对法律、伦理及社会规范发起挑战，考验人们能否在大数据的世界中保护隐私和坚定价值观。国家需要立法对大数据进行管理，行业大数据杀

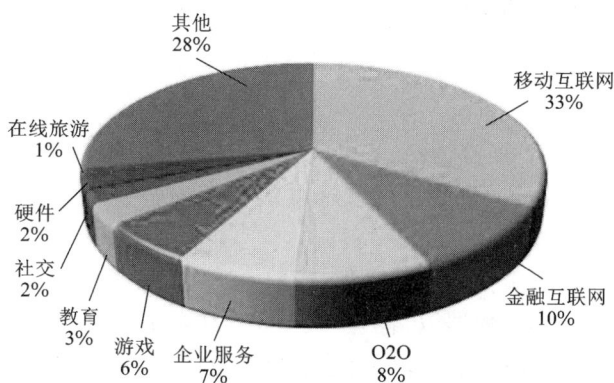

图1-3　大数据从业人员分布

熟的问题屡见不鲜，个人敏感大数据信息被企业搜集，造成个人信息泄露，比如之前滴滴在美国上市的问题，我国大量用户的出行大数据被国外知晓。

　　企业对大数据人才需求激增，复合型人才需求更甚。我国工信部数据显示，未来几年将是我国大数据产业人员需求迅猛增长时期，人才缺口将达数百万，主要原因：大数据产业市场规模快速增长，人才需求数量激增；相关大数据企业加大对核心技术的投入，提高对客户的服务质量，在技术和运营、集成与服务等层面，均需要大数据人才；随着大数据新市场、新业务、新应用的出现，各企业均想迅速在大数据产业占据高地，在全国加速建立分公司，人才需求迅猛；大数据产业覆盖政府、金融、交通、制造、教育、医疗、信息消费等各个领域，并且与通信、物联网、互联网交叉融合，复合型人才需求加剧。

1.2　大数据的概念和性质

1.2.1　大数据的概念

　　大数据是指数据规模大，尤其指数据形式多样性、非结构化特征明显，导致数据存储、处理和挖掘异常困难的那类数据集。大数据增长快速，类型繁多，诸如文本、图像、视频、音频等，无法用传统或常规的软件进行捕捉与处理。在维基百科中关于大数据的定义为：大数据是指利用常用软件工具来获取、管理和处理数据所耗费时间超过可容忍时间的数据集。而IDC对大数据这样定义：大数据一般涉及2种或2种以上数据形式。它要收集超过100 TB的数据，并且是高速、实时数据流；或者是从小数据开始，但数据每年会增长60%以上。但这只强调了数量大、种类多、增长快等数据本身的特点。此外，研究机构Gartner给出定义：大数据是需要新处理模式才能具有更强的决策力、洞察发现力和流程优化能力的海量、高增长率和多样化的信息资产。

　　通常来说，大数据是指数量非常庞大、种类非常复杂，无法使用常规软件工具和技术手段进行采集、管理和处理的数据集合。

1.2.2 大数据的特征与性质

1. 大数据的特征

根据大数据的定义，目前较为统一的认识是大数据有五个基本特征：数据规模大（volume）、数据种类多（variety）、数据处理速度快（velocity）、数据价值密度低（value）、数据的真实性差（veracity），即所谓的 5 V 特性。

（1）数据规模大（volume）

人类进入信息社会以后，数据以自然方式增长，其产生不以人的意志为转移。从 1986 年开始到 2010 年的二十多年的时间里，全球的数据量增长了 100 倍，今后的数据量增长速度将更快，我们正处于一个"数据爆炸"时代。今天，世界上只有 25% 的设备是联网的，大约 80% 的上网设备是计算机和手机，在不远的将来，将有更多的用户成为网民，汽车、家用电器、生产机器等设备将接入互联网。随着 Web 2.0 和移动互联网的快速发展，人们已经可以随时随地、随心所欲发布包括博客、微博、微信等在内的各种数据信息。随着物联网的推广普及，遍布我们工作和生活的各种传感器、摄像头会时时刻刻自动产生大量数据。根据著名咨询机构 IDC（Internet Data Center）做出的估测，人类社会产生的数据每年以 50% 的速率增长，即每两年就增加一倍，这被称为"大数据摩尔定律"。数据存储的单位被不断增大，表 1-2 为数据存储单位之间的换算关系。

表 1-2　数据存储单位之间的换算关系

单位	定义	字节数（二进制）
B（字节）	1 B = 8 bit	2^0
KB（千字节）	1 KB = 1024 B	2^{10}
MB（兆字节）	1 MB = 1024 KB	2^{20}
GB（吉字节）	1 GB = 1024 MB	2^{30}
TB（太字节）	1 TB = 1024 GB	2^{40}
PB（拍字节）	1 PB = 1024 TB	2^{50}
EB（艾字节）	1 EB = 1024 PB	2^{60}
ZB（泽字节）	1 ZB = 1024 EB	2^{70}
YB（尧字节）	1 YB = 1024 ZB	2^{80}

一般来讲，超大规模数据是指 GB 级数据，海量数据是指 TB 级数据，而大数据则是指 PB 级及以上数据。可以想象，随着存储设备容量的增大，存储数据量增多，大数据的容量指标是动态增加的，还会出现下一级存储单位。

（2）数据种类多（variety）

大数据的来源众多，科学研究、企业应用和 Web 应用等都在源源不断地生成新的数据。生物大数据、交通大数据、医疗大数据、电信大数据、电力大数据、金融大数据等，都呈现出"井喷式"增长，所涉及的数量巨大，已经从 TB 级跃升到 PB 级。

大数据的数据类型丰富，包括结构化数据和非结构化数据，其中，前者占 10% 左右，主要是指存储在关系数据库中的数据；后者占 90% 左右，种类繁多，主要包括音频、视频、位置信息、链接信息、手机呼叫信息、网络日志等。

如此繁多的异构数据，对数据处理和分析技术提出了新的挑战，也带来了新的机遇。传统的数据主要存储在关系数据库中，但是，在类似 Web 2.0 等应用领域中，越来越多的数据开始被存储在 NoSQL 数据库中，这就必然要求在集成的过程中进行数据转换，而这种转换的过程是非常复杂和难以管理的。传统的 OLAP（on-line analytical processing）和商务智能工具大都面向结构化数据，而在大数据时代，用户友好的、支持非结构化数据分析的商业软件也将迎来广阔的市场空间。

（3）数据处理速度快（velocity）

大数据时代的数据产生速度非常快。在 Web 2.0 应用领域，在 1 min 内，新浪微博可以产生 2 万条微博，Twitter 可以产生 10 万条推文，苹果 App Store 可以下载 47 万次应用，淘宝可以卖出 6 万件商品，百度可以产生 90 万次搜索查询，Facebook 可以产生 600 万次浏览量。这么大的数据量，传统技术无法完成高速存储与处理。因此应研究新的方法与技术，快速揭示其相关的价值和意义。为了实现快速分析海量数据的目的，新兴的大数据分析技术通常采用集群处理和独特的内部设计。以谷歌公司的 Dremel 为例，它是一种可扩展的、交互式的实时查询系统，用于只读嵌套数据分析，通过结合多级树状执行过程和列式数据结构，能做到几秒内完成对万亿张表的聚合查询，系统可以扩展到成千上万的 CPU 上，满足谷歌上万用户操作 PB 级数据的需求，且可以在 2~3 s 内完成 PB 级数据的查询。

（4）数据价值密度低（value）

大数据虽然看起来很美，但是价值密度却远远低于传统关系数据库中已有的那些数据。在大数据时代，很多有价值的信息都是分散在海量数据中的。以小区监控视频为例，如果没有意外事件发生，连续不断地产生的数据都是没有任何价值的，当发生偷盗等意外情况时，也只有记录了事件过程的那一小段视频是有价值的，但是为了能够获得发生偷盗等意外情况时的那一段宝贵的视频，我们不得不投入大量的资金购买监控设备、网络设备、存储设备，耗费大量的电能和存储空间，来保存摄像头连续不断传来的监控数据。因此，大数据的价值密度是较低的。

（5）数据的真实性差（veracity）

数据的真实性是指数据的准确性和可依赖度，即数据的质量。也就是说所采集到的数据不是假冒的，而是数据的准确的描述。不真实的数据需要清洗、集成和融合之后，获得高质量的数据，再进行分析。也就是说，所采集来的大数据不能保证完全真实，但是，大数据分析需要真实的数据。越真实的数据，则数据的质量越高。

2.大数据的性质

从大数据的定义中可以看出，大数据具有规模大、种类多、速度快、价值密度低和真实性差等特点，在数据增长、分布和处理等方面具有更多复杂的性质。

（1）非结构性

结构化数据是可以在结构数据库中存储与管理，并可用二进制来表达实现的数据。这类数据是先定义结构，然后才有数据。结构化数据在大数据中所占比例较小，现已广泛应用，当前的数据库系统是以关系数据库为主导，如银行财务系统等。

非结构化数据是指在获得数据之前无法预知其结构的数据，目前所获得的数据90%左右均是非结构化数据，而不再是纯粹的结构化数据。传统的系统无法对这些数据完成处理，从应用角度看，非结构化数据的计算是计算机科学的前沿。大数据的高度异构也导致抽象定义信息的困难，如何将数据组织成合理的结构是大数据管理中的一个重要问题。结构化数据、半结构化数据及非结构化数据的对比见表1-3。

表 1-3　结构化数据、半结构化数据及非结构化数据的对比

对比项	结构化数据	半结构化数据	非结构化数据
定义	能用数据结构描述信息的数据	处于结构化数据与非结构化数据之间的数据	不方便用固定结构来表现的数据
结构与数据的关系	先有结构，再有数据	先有数据，再有结构	只有数据，无结构
呈现形式	种类表格	HTML 文档，它一般是自描述的，数据的内容与结构混在一起	图形、图像、音频、视频信息

大数据衍生了大量研究问题。非结构化和半结构化数据的个体表现、一般性特征和基本特征不清晰，需要通过包括数学、经济学、社会学、计算机科学和管理科学在内的多学科交叉研究。对于半结构化或非结构化数据，如图像，需要研究如何将它转化成多维结构描述、面向对象的数据模型或者直接基于图像的数据模型。

（2）不完备性

不完备性是指在大数据条件下所获取的数据常常包含一些不完整的信息以及错误、无用数据，因此，在数据分析之前，需要进行抽取、清洗、集成，得到高质量的数据之后，再进行数据处理和分析。

（3）时效性

数据量越大，分析处理的时间会越长，所以高速进行大数据处理非常重要。如果设计一个专门处理固定大小的数据系统，其处理速度可能会非常快，但并不能适应大数据的要求。因为在许多情况下，用户要求立即得到数据的分析结果，需要在处理速度与规模间折中考虑，并寻求新的方法。

（4）完全性

由于大数据高度依赖数据存储与共享，所以必须考虑寻找更好的方法来消除各种隐患

与漏洞，才能有效管控安全风险。数据的隐私保护是大数据分析和处理的一个重要问题，对个人数据使用不当，尤其是有一定关联的多组数据泄露，将导致用户的隐私泄露。

（5）可靠性

通过数据清洗、去冗余等技术来提取有价值的数据，实现数据质量高效管理，以及对数据的安全访问和隐私保护已成为大数据可靠性的关键需求。因此，针对互联网大规模真实运行数据的高效处理和持续服务需求，以及出现的数据异质异构、非结构乃至不可信特征，数据表示、处理和质量已经成为互联网环境中大数据管理和处理的重要问题。

1.2.3　数据处理与编程

1. 大数据处理的关键层次框架

大数据处理的关键层次架构如图 1-4 所示。

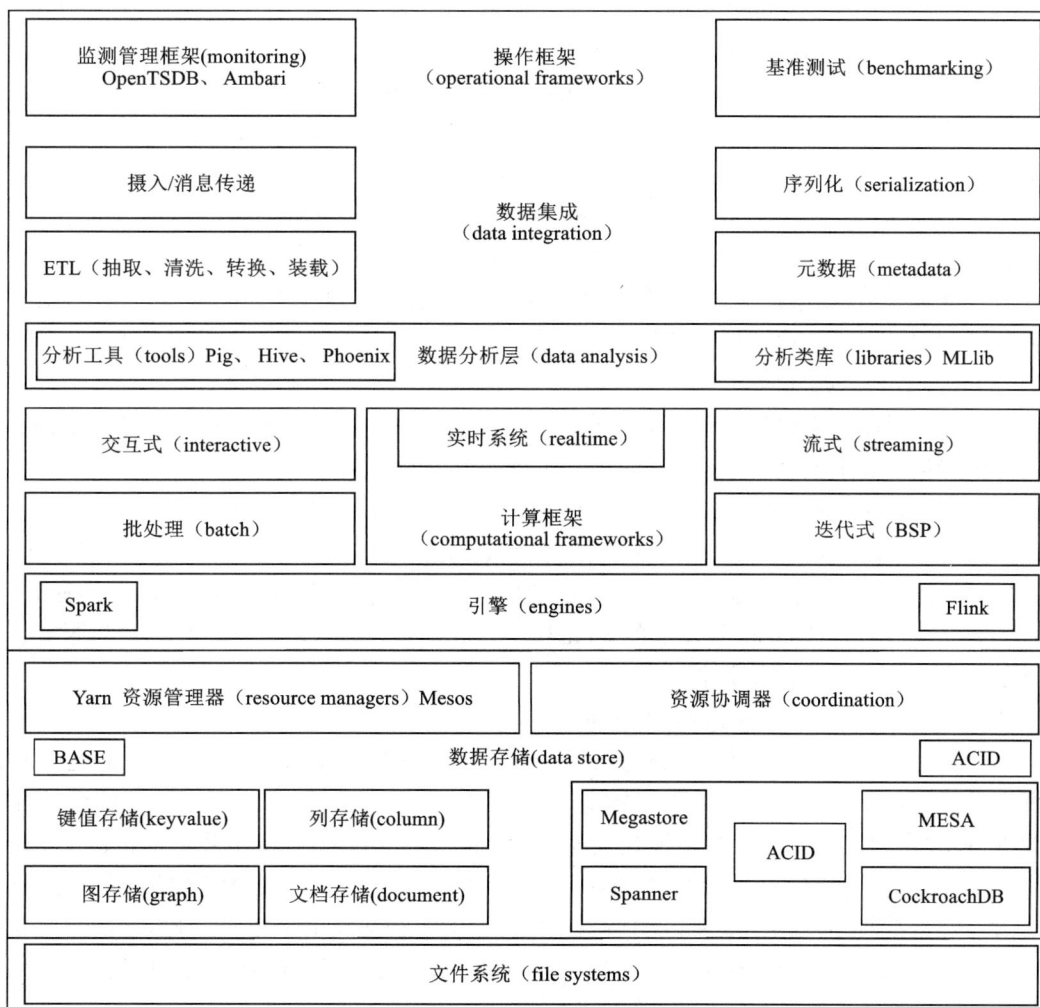

图 1-4　大数据处理的关键层次架构

（1）数据存储

根据数据对一致性（consistency）要求的强弱不同，可以将数据存储策略分为 ACID 和 BASE 两大阵营。

在 ACID 存储策略中要求一致性较强，事务执行的结果必须是使数据库从一个一致性状态变到另一个一致性状态。其具有四个特性：原子性（atomicity）、一致性（consistency）、隔离性（isolation）、持久性（durability）。

在 BASE 存储决策中对一致性要求较弱，具有三个特征：基本可用（basically available），软状态/柔性事务（soft-state，即状态可以有一段时间的不同步），最终一致性（eventual consistency）。BASE 还进一步细分成基于键值的、基于文档的及基于列和图形的，细分的依据取决于底层架构和所支持的数据结构（注：BASE 完全不同于 ACID 模型，它以牺牲强一致性获得基本可用性和柔性可靠性，并要求达到最终一致性）。同时，根据需要，有键值存储、面向列的存储、面向文档的存储、面向图的存储。

（2）资源管理器（resource managers）

第一代 Hadoop 生态系统，其资源管理是从整体单一的调度器发展而来，其代表为 Yarn。而当前的调度器则是朝着分层调度的方向演进（Mesos 则是这个方向的代表），这种分层的调度方式，可以管理不同类型的计算工作负载，从而获取更高的资源利用率和调度效率。而 Yarn 是新一代的 MapReduce 计算框架，简称 MRv2，它是在第一代 MapReduce 的基础上演变而来的，解决了第一代 Hadoop 系统扩展性差和不支持多计算框架等问题。

在资源管理器层中，Mesos 是一个开源的计算框架，可对多集群中的资源做弹性管理。

这些计算框架和调度器之间是松散耦合的，调度器的主要功能就是基于一定的调度策略和调度配置，完成作业调度，以达到工作负载均衡，使有限的资源有较高的利用率。

（3）调度器（schedulers）

①作业调度器：常以插件的方式加载于计算框架之上，常见的作业调度器有 4 种：计算能力调度器、公平调度器、延迟调度器、公平与能力调度器。

②协调器（coordinator）：在分布式数据系统中，协调器主要用于协调服务和进行状态管理。其中 Google 的 Chubby 和 Apache 的 Zookeeper 主要用 Paxos 作为其实现的理论基础；Chubby 本质上就是前面提到的 Paxos 的一个实现版本，主要用于谷歌分布式锁服务；Zookeeper 是 Apache Hadoop 框架下的 Chubby 开源版本，它不仅提供简单的上锁服务，而且还是一个通用的分布式协调器。

（4）计算框架（computational frameworks）

①运行时计算框架：可为不同种类的计算提供运行时（runtime）环境。常用的运行时计算框架是 Spark 和 Flink。Spark 是一个基于内存计算的开源的集群计算系统，其目的在于让数据分析更加快速；Spark 是由加州大学伯克利分校的 AMP 实验室采用 Scala 语言开发而成。Spark 的内存计算框架适合各种迭代算法和交互式数据分析，能够提升大数据处理的实时性和准确性，现已逐渐获得如阿里巴巴、百度等很多企业的支持。Flink 是一个非常类似于 Spark 的计算框架，但在迭代式数据处理上，比 Spark 更有优势。Spark 和 Flink 都属于基础性的大数据处理引擎。

②批处理(batch)：MapReduce。

③迭代式(BSP)：Pregel 是一种面向图算法的分布式编程框架，采用迭代式的计算模型，被称为 Google 后 Hadoop 时代的新"三驾马车"("交互式"大数据分析系统 Dremel 和网络搜索引擎 Caffeine)之一；Giraph 是 Google 的 Pregel 的开源版本，它是一个基于 Hadoop 架构的、可扩展的分布式迭代图形处理系统；GraphX 是一个同时采用图和数据并行计算的框架，是加州大学伯克利分校 AMP 实验室的一个分布式图计算框架项目，后来整合到 Spark 中，成为其中的一个核心组件；Hama 是一个构建在 Hadoop 之上的基于 BSP 模型的分布式计算引擎，Hama 的运行环境需要关联 Zookeeper、HBase、HDFS 组件，其最关键的技术就是采用了 BSP 模型(bulk synchronous parallel 模型，即整体同步并行计算模型，又名大同步模型)。

④流式(streaming)：Storm 被称为实时处理领域的 Hadoop，它极大简化了面向庞大规模数据流的处理机制，在实时处理领域扮演着重要角色；Samza 是一款由 LinkedIn 公司开发的分布式的流式数据处理框架；Spark Streaming 是 Spark 核心 API 的一个扩展，它是在处理前，按时间间隔预先将数据流切分为很多小段的批处理作业。

⑤交互式(interactive)：Dremel 是多个基于 Hadoop 的开源 SQL 系统的理论基础。Impala 是一个大规模并行处理(massively parallel processing，MPP)式 SQL 大数据分析引擎，借鉴了 MPP 并行数据库的思想，从而让 Hadoop 支持处理交互式的工作负载。Drill 是谷歌 Dremel 的开源版本，Drill 是一个低延迟的、能对海量数据(包括结构化、半结构化及嵌套数据)实施交互式查询的分布式数据引擎。Shark 即为"Hive on Spark"，其本质上是通过 Hive 的 SQL 解析，把 SQL 翻译成 Spark 上的 RDD 操作，然后通过 Hive 的元数据获取数据库里的表信息；HDFS 上的数据和文件，最后会由 Shark 获取，并放到 Spark 上运算。Shark 基于 Scala 语言的算子推导，可实现良好的容错机制，对执行失败的长/短任务，均能从上一个"快照(snapshot)点"进行快速恢复。Dryad 是一个通用的粗颗粒度的分布式计算和资源调度引擎，其核心特性之一就是允许用户自己构建 DAG 调度拓扑图。Tez 的核心思想来源于 Dryad，可视为利用 Yarn 对 Dryad 的开源实现。Apache Tez 是基于 Hadoop Yarn 之上的 DAG 计算框架。BlinkDB 是一个用于在海量数据上运行交互式 SQL 查询的大规模并行查询引擎。BlinkDB 允许用户通过适当降低数据精度，对数据进行先采样后计算，其通过其独特的优化技术，实现了比 Hive 快百倍的交互式查询速度，而查询进度误差仅降低 $2\% \sim 10\%$。

⑥实时系统(real time)：Druid 是一个开源的分布式实时数据分析和存储系统，旨在快速处理大规模的数据，并能做到快速查询和分析。Pinot 是由 LinkedIn 公司出品的一个开源的、实时分布式的 OLAP 数据分析存储系统，LinkedIn 使用它实现低延迟、可伸缩的实时分析。

(5)数据分析(data analysis)

数据分析层中的工具涵盖范围很广，从诸如 SQL 的声明式编程语言，到诸如 Pig 的过程化编程语言，均有涉及，同时也提供了丰富的数据分析层中的库，可支持常见的数据挖掘和机器学习算法。

①工具(tools)：Pig，Pig Latin 原是一种儿童黑话，是一种英语语言游戏，形式是在英

语上加上一点规则使发音改变，让大人们听不懂，从而完成孩子们独懂的交流，是一种数据处理的"黑话"，有一种数据查询语言的童趣所在。Hive 是一个建立于 Hadoop 上的数据仓库基础构架，以进行数据的提取、转化和加载（即 extract-transform-load，ETL），它是一种可以存储、查询和分析存储在 Hadoop 中的大规模数据的机制。Phoenix 是 HBase 的 SQL 驱动，Phoenix 可将 SQL 查询转换成 HBase 的扫描及相应的动作。

②库（libraries）：MLlib 是在 Spark 计算框架中对常用的机器学习算法的实现库，该库还包括相关的测试和数据生成器。SparkR 是 AMP 实验室发布的一个 R 开发包，为 Apache Spark 提供轻量级的前端。Mahout 是一个功能强大的数据挖掘工具，是一个基于传统 Map Reduce 的分布式机器学习框架。

（6）数据集成（data integration）

数据集成框架提供了良好的机制，以协助高效地获取和输出大数据系统之间的数据。从业务流程线到元数据框架，数据集成层皆有涵盖，从而为整个生命周期的管理和治理提供全方位的数据。

①摄入/消息传递（ingest/messaging）：Flume 是 Apache 旗下的一个分布式的、高可靠的、高可用的服务框架，可协助从分散式或集中式数据源中采集、聚合和传输海量日志。Sqoop 主要用来在 Hadoop 和关系数据库间传递数据，Sqoop 目前已成为 Apache 的顶级项目之一。Kafka 是由 LinkedIn 开发的一个分布式消息系统，由 Scala 编写而成，有可水平扩展、吞吐率高等特性。

②ETL/工作流：是数据抽取（extract）、清洗（cleaning）、转换（transform）、装载（loading）的过程，是构建数据仓库的重要一环。Crunch 是 Apache 旗下的一套 Java API 函数库，它能够大大简化编写、测试、运行 MapReduce 处理工作流的程序。Falcon 是 Apache 旗下的 Falcon 大数据管理框架，可以帮助用户自动迁移和处理大数据集合。Cascading 是一个架构在 Hadoop 上的 API 函数库，用来创建复杂的可容错的数据处理工作流。Oozie 是一个工作流引擎，用来协助 Hadoop 作业管理。

③元数据（metadata）：HCatalog 提供了面向 Apache Hadoop 的数据表和存储管理服务，Apache HCatalog 提供一个共享的模式和数据类型的机制，它抽象出表，使用户不必关心数据怎么存储，并提供了可操作的跨数据处理工具。

④序列化（serialization）：Protocol Buffers 是由 Google 推广的一种与语言无关的、对结构化数据进行序列化和反序列化的机制。Avro 是一个建模于 Protocol Buffers 之上的、Hadoop 生态系统中的子项目，Avro 本身既是一个序列化框架，同时也实现了 RPC 的功能。

（7）操作框架（operational frameworks）

它是构建一套衡量标准和测试基准，以评价各种计算框架的性能优劣。在这个操作框架中，还需要性能优化工具，借助它来平衡工作负载。

①监测管理框架（monitoring frameworks）：OpenTSDB 是构建于 HBase 之上的实时性能评测系统。Ambari 是一款基于 Web 的系统，支持 Apache Hadoop 集群的供应、管理和监控。

②基准测试（benchmarking）：YCSB 是雅虎云服务基准测试（Yahoo! cloud serving benchmark）的简写，是由雅虎出品的一款通用云服务性能测试工具。GridMix 通过运行大

量合成的作业，对 Hadoop 系统进行基准测试，从而获得性能评价指标。

2. 大数据的处理过程

数据规模的扩大超过了当前计算机的存储与处理能力，不仅数据处理规模巨大，而且数据处理需求多样化。因此，数据处理的能力已成为核心竞争力。数据处理需要多学科结合，需要研究新型数据处理的科学方法，以便在数据多样性和不确定性的前提下进行数据规律和统计特征的研究。ETL 工具负责将分布的、异构数据源中的数据如关系数据、平面数据文件等抽取到临时中间层后进行清洗、集成、转换、归约，最后加载到数据仓库或数据集市中，成为联机分析处理、数据挖掘的基础。

一般来讲，数据处理的过程可以概括为五个步骤，分别是数据采集与记录，数据抽取、清洗与标记，数据集成、转换与归约，数据分析与建模，数据解释与应用，如图 1-5 所示。

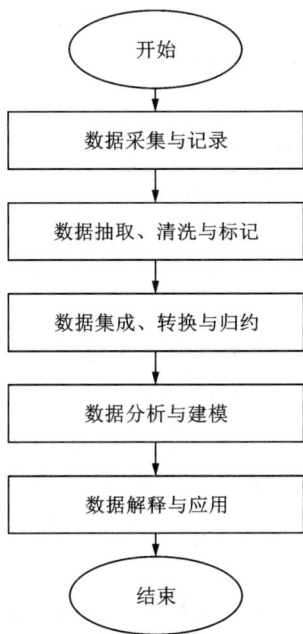

图 1-5　大数据处理过程

（1）数据采集与记录

大数据的采集是指利用多个数据库接收来自客户端（Web、App 或者传感器形式等）的数据，并且用户可以通过这些数据库来进行简单的查询和处理工作。比如，电商会使用传统的关系型数据库 MySQL 和 Oracle 等来存储每一笔事务数据。除此之外，Redis 和 MongoDB 这样的 NoSQL 数据库也常用于数据的采集。

在大数据的采集过程中，其主要特点和挑战是并发数高，因为同时可能会有成千上万的用户来进行访问和操作，比如火车票售票网站和淘宝，它们的并发访问量在峰值时可达百万，所以需要在采集端部署大量数据库才能支撑。而如何在这些数据库之间进行负载均衡和分片是需要深入思考和设计的。

在数据收集过程中，数据源会影响大数据质量的真实性、完整性、一致性、准确性和安全性。对于 Web 数据，多采用网络爬虫方式进行收集，这需要对爬虫软件进行时间设置以保障收集到的数据的时效性。比如可以利用易海聚采集软件的增值 API 设置，灵活控制采集任务的启动和停止。常用的数据采集方法如下所述。

①系统日志采集方法。

大多数互联网企业都有自己的海量数据采集工具，多用于系统日志采集，如 Hadoop 的 Flume、Kafka 以及 Sqoop 等，Facebook 的 Scribe 等，这些工具均采用分布式架构，满足每秒数百兆字节的日志数据采集和传输需求。

②网络数据采集方法。

网络数据采集是指通过网络爬虫或网站公开 API 等方式从网站上获取数据信息。该方法可以将非结构化数据从网页中抽取出来，将其存储为统一的本地数据文件，并以结构化的方式存储；支持图片、音频、视频等文件或附件的采集，附件与正文可以自动关联。除此之外，对于网络流量的采集还可以使用 DPI 或 DFI 等带宽管理技术进行处理。

③其他数据采集方法。

对于企业不断产生的业务数据或保密性要求较高的数据，可以通过与企业或研究机构合作，使用特定系统接口等相关方式采集数据。

（2）数据抽取、清洗与标记

采集端本身设有较多的数据库，若要对这些数据进行有效分析，应该将这些来自前端的数据抽取到一个集中的大型分布式数据库或者分布式存储集群，还可以在抽取基础上做一些简单清洗和预处理工作。数据清洗过程包含遗漏数据处理、噪声数据的识别、对不一致数据的检测、数据过滤与修正等，有利于提高大数据一致性、准确性、真实性和可用性等方面的质量；也有一些用户在抽取时使用来自 Twitter 的 Storm 对数据进行流式计算来满足部分业务的实时计算需要。大数据抽取、清洗与标记过程的主要特点是抽取的数据量大，每秒钟的抽取数据量经常可达到百兆甚至千兆数量级。

（3）数据集成、转换与归约

大数据采集过程中通常有一个或多个数据源，这些数据源包括同构或异构的数据库、文件系统、服务接口等，易受到噪声数据、数据值缺失、数据冲突等影响，因此需首先对收集到的大数据集合进行预处理，以保证大数据分析与预测结果的准确性与价值性。

数据集成技术的任务是将相互关联的分布式异构数据源集成到一起，使用户能够以透明的方式访问这些数据源。而集成是指维护数据源整体上的数据一致性，提高信息共享利用效率，透明方式是指用户不必关心如何对异构数据源进行访问，只关心用何种方式访问何种数据即可。数据集成则是将多个数据源的数据进行集成，从而形成集中、统一的数据库、数据立方体等，这一过程有利于提高大数据的一致性、准确性、真实性和可用性等方面的质量。

数据转换处理包括基于规则或元数据的转换、基于模型与学习的转换等技术，可通过转换实现数据统一，从而构建一个适合数据处理的描述形式，这一过程有利于提高大数据的一致性和可用性。

数据归约是在不损害分析结果准确性的前提下降低数据集规模，其目的是从原有巨大数据集中获得一个精简的数据集，并使这一精简数据集保持原有数据集的完整性。在这样精简的数据集中进行数据挖掘会提高效率，还能保证挖掘出来的结果与使用原有数据集获得的结果一致。数据归约包括维归约、数量归约、数据压缩等技术，这一过程有利于提高大数据的价值密度，即提高大数据存储的价值性。

（4）数据分析与建模

数据分析是大数据处理与应用的关键环节，它决定了大数据集合的价值性和可用性，以及分析预测结果的准确性。大数据分析技术主要包括已有数据的分布式统计分析技术和未知数据的分布式挖掘、深度学习技术。分布式统计分析可由数据处理技术完成，分布式挖掘和深度学习则在大数据分析阶段完成，包括聚类与分类、关联分析、深度学习等，可挖掘大数据集合中的数据关联性，形成对事物的描述模式或属性规则，可通过构建机器学习模型和海量训练数据提升数据分析与预测的准确性。因此在数据分析环节，应根据大数据应用情境与决策需求选择合适的数据分析技术，提高大数据分析结果的可用性、价值性和准确性。

统计与分析主要是利用分布式数据库或者分布式计算集群来对存储于其内的大数据进行分析和分类汇总等，以满足大多数的分析需求，此时，一些实时性需求会用到 EMC 的 GreenPlum、Oracle 的 Exadata 以及基于 MySQL 的列式存储 Infobright 等，而一些批处理或者基于半结构化数据的需求可以使用 Hadoop。分析方法主要包含假设检验、显著性检验、显著性分析、相关分析、T 检验、方差分析、卡方分析、偏相关分析、距离分析、回归分析（简单回归分析、多元回归分析）、逐步回归、回归预测与残差分析、曲线分析、因子分析、聚类分析、主成分分析、判别分析、对应分析、多元对应分析等。

和统计与分析过程不同，数据挖掘一般没有预先设定好的主题，主要是在现有数据上进行基于各种算法的计算，起到预测的效果，从而实现一些高级数据分析的需求，主要进行分类、估计、预测、相关性分组或关联规则、聚类、描述和可视化、复杂数据类型挖掘等。比较典型的算法有 Kmeans 聚类算法、SVM 统计学习算法和 NaiveBayes 分类算法，主要使用的工具有 Hadoop 的 Mahout 等。该过程的特点主要是用于挖掘的算法很复杂，且计算涉及的数据量和计算量都很大，常用数据挖掘算法都以单线程为主。

建模的主要内容是构建预测模型、机器学习模型和建模仿真等。

（5）数据解释与应用

数据解释的目的是使用户理解分析的结果，通常包含检查所提出的假设并对分析结果进行解释，采用可视化展现大数据分析结果。而数据可视化是指将大数据分析与预测结果以计算机图形或图像的直观方式显示给用户的过程，并可与用户进行交互式处理。数据可视化技术有利于发现大量业务数据中隐含的规律性信息，以支持管理决策。数据可视化环节可大大提高大数据分析结果的直观性，便于用户理解与使用，故数据可视化是影响大数据可用性和易于理解性特性的关键因素。利用云计算、标签云、关系图等呈现。

大数据应用是指将经过分析处理后挖掘得到的大数据结果应用于管理决策、战略规划等的过程，它是对大数据分析结果的检验与验证，大数据应用过程直接体现了大数据分析处理结果的价值性和可用性。大数据应用对大数据的分析处理具有引导作用。

大数据处理的过程至少应该满足上述五个基本步骤，才能成为一个比较完整的大数据处理过程。当然，在大数据收集、处理等一系列操作之前，通过对应用情境的充分调研、对管理决策需求信息的深入分析，可明确大数据处理与分析的目标，从而为大数据收集、存储、处理、分析等过程提供明确的方向，并保障大数据分析结果的可用性、价值性和用户需求的满足。

1.2.4 数据挖掘与统计

1.数据挖掘

数据挖掘(data mining)是采用数学的、统计的、人工智能和神经网络等领域的科学方法，如记忆推理、聚类分析、关联分析、决策树、神经网络、基因算法等，从大量数据中挖掘出隐含的、先前未知的、对决策有潜在价值的关系、模式和趋势，并用这些知识和规则建立用于决策支持的模型，提供预测性决策支持的方法、工具和过程。

数据挖掘分为预测型(predictive)和描述型(descriptive)两大类型。预测型数据挖掘是利用从历史数据中发现的已知结果，推断或预测未知数据的可能值。描述型数据挖掘是识别数据中的模式(pattern)或关系，旨在探索被分析数据的内在性质。根据对象的性质和需要解决的具体问题，可以采用不同的数据挖掘方法。

预测型数据挖掘方法包括分类(classification)、回归分析(regression analysis)和时间序列分析(time series analysis)等；描述型数据挖掘方法包括聚类(clustering)、关联规则分析(association rule analysis)和序列分析(sequence analysis)等。

数据挖掘综合了各个学科技术，有很多功能，主要功能如下：

①分类：按照分析对象的属性、特征，建立不同的组类来描述事物。例如：银行部门根据以前的数据将客户分成了不同的类别，现在就可以根据这些类别来区分新申请贷款的客户，以采取相应的贷款方案。

②聚类：识别出分析对象的内在规则，按照这些规则把对象分成若干类。例如：将申请人分为高度风险申请者、中度风险申请者、低度风险申请者。

③关联规则：关联是某种事件发生时其他事件会发生的一种联系。例如：购买健身器材的人很可能也会购买蛋白粉，其比例可以通过关联的支持度和可信度来描述。

④预测：把握分析对象发展的规律，对未来的趋势做出预见。例如：对未来经济发展的判断。

⑤偏差的检测：对分析对象的少数的、极端的特例的描述，揭示内在的原因。例如：在银行的100万笔交易中有500例的欺诈行为，银行为了稳健经营，就要发现这500例的内在因素，减小以后经营的风险。

当然，除了以上所列出的，还有时间序列分析等其他功能，需要注意的是，数据挖掘的各项功能不是独立存在的，它们在数据挖掘中互相联系，相互作用。

2. 数据挖掘与统计学的联系

数据挖掘技术是由计算机技术、人工智能技术和统计技术等构成的一种新学科。数据挖掘来源于统计分析，但又不同于统计分析。数据挖掘不是为了替代传统的统计分析技术，相反，数据挖掘是统计分析方法的扩展和延伸。大多数的统计分析技术都基于完善的数学理论和高超的技巧，其预测的准确程度还是令人满意的，但对于使用者的知识要求比较高。而随着计算机功能的不断提升，数据挖掘可以利用相对简单和固定的程序完成同样的功能。新的计算算法的产生如神经网络、决策树使人们不需了解其内部复杂的原理也可以通过这些方法获得良好的分析和预测效果。

由于数据挖掘和统计分析间根深蒂固的联系，通常的数据挖掘工具都能够通过可选件或自身提供统计分析功能。这些功能对数据挖掘的前期数据探索和数据挖掘之后对数据进行总结和分析都是十分必要的。统计分析所提供的诸如方差分析、假设检验、相关性分析、线性预测、时间序列分析等功能都有助于数据挖掘前期对数据进行探索，发现数据挖掘的题目、找出数据挖掘的目标、确定数据挖掘涉及的变量、对数据源进行抽样等。所有这些前期工作都对数据挖掘的效果产生重大影响。而数据挖掘的结果也需要统计分析的描述功能（最大值、最小值、平均值、方差、四分位、个数、概率分配）进行具体描述，使数据挖掘的结果能够被用户了解。因此，统计分析和数据挖掘是相辅相成的过程，两者的合理配合是数据挖掘成功的重要条件。

3. 数据挖掘与统计学的区别

数据挖掘与统计学的一个主要区别在于处理对象（数据集）的尺度和性质。数据挖掘经常会面对尺度为 GB 甚至 TB 数量级的数据库，而用传统的统计方法很难处理这么大尺度的数据集。传统的统计方法往往是针对特定的问题采集数据（甚至通过试验设计加以优化）和分析数据来解决特定问题；而数据挖掘却往往是数据分析的次级过程，其所用的数据原本可能并非为当前研究而专门采集，因而其适用性和针对性可能都不强，在数据挖掘的过程中，需要对异常数据及冲突字段等进行预处理，尽可能提高数据的质量，然后对经过预处理的数据进行数据挖掘。

另一个区别在于面对结构复杂的海量数据，数据挖掘往往需要采用各种相应的数学模型和应用传统统计学以外的数学工具，才能建立最适合描述对象的模型或规则。

统计学在生物医学研究中常采用假设检验（或称显著性检验）方法，其侧重假设驱动（hypothesis driven），即提出假设并加以检验；而数据挖掘则不具备这样的功能，其主要是数据驱动（data driven），即从数据中发现规律并得到知识。

统计学目前的趋势是越来越精确。当然，这本身并不是坏事，只有越精确才能避免错误，发现真理。统计学在采用一个方法之前要证明，而不是像计算机科学和机器学习那样注重经验。有时候同一问题的其他领域的研究者提出一个很明显有用的方法，但它却不能被统计学家证明（或者现在还没有被证明）。统计学杂志倾向于发表经过数学证明的方法而不是一些特殊方法。数据挖掘作为几门学科的综合，已经从机器学习那里继承了实验的态度。这并不意味着数据挖掘工作者不注重精确，而只是说明如果方法不能产生结果的话就会被放弃。

正是由于统计学的数学精确性及其对推理的侧重，尽管统计学的一些分支也侧重于描述，但是浏览一下统计学的论文就会发现这些论文的核心问题就是在观察了样本的情况下如何去推断总体。当然这也常常是数据挖掘所关注的。下面我们会提到数据挖掘的一个特定属性，就是要处理的是一个大数据集。这就意味着，传统统计学由于可行性，我们常常得到的只是一个样本，但是需要描述样本取自的那个大数据集。然而，数据挖掘问题常常可以得到数据总体，例如关于一个公司的所有职工数据、数据库中的所有客户资料、去年的所有业务。在这种情形下，统计学的推断就没有价值了。

很多情况下，数据挖掘的本质是很偶然地发现非预期但很有价值的信息。这说明数据挖掘过程本质上是实验性的。这和确定性的分析是不同的（实际上，一个人是不能完全确定一个理论的，只能提供证据和不确定的证据）。确定性分析着眼于建立一个推荐模型，即使这个模型也许不能很好地解释观测到的数据。大部分统计分析提出的是确定性的分析。

如果数据挖掘的主要目的是发现，那它就不关心统计学领域中的在回答一个特定的问题之前，如何很好地搜集数据，例如实验设计和调查设计。数据挖掘本质上假想数据已经被搜集好，关注的只是如何发现其中的秘密。

1.3　大数据应用

大数据技术应用广泛，几乎涉及社会生活的各个领域，例如电商、医疗、金融、健康等，其趋势是从概念走向价值化的大数据。大数据处理模式多样化并存，大数据安全隐私成为重要问题，大数据产业成为战略性的新兴产业，数据商品化和数据共享联盟化的新生态是未来的一个重要趋势。

1. 电商大数据的应用

电商是最早利用大数据精准营销的行业。大数据技术帮助电子商务行业发现新的商业模式，尤其购物行为预测分析和购物商品关联分析已经在电商领域得到了很好的应用，并已经帮助电商获得了巨大的利润。收集和分析消费者网上消费行为数据可以帮助商家预测顾客下一步的购物行为。利用顾客留在网上的行为轨迹数据，可以分析顾客浏览商品类别，可以帮助商家预测顾客需要哪类商品，并推出相关商品等。电商数据分析部门通过对大数据进行挖掘，构建关联模型，可以更好地组织网站上的商品，减少用户过滤信息的负担，并根据顾客购买行为为顾客提供推荐，以满足顾客的需求，为顾客提供更好的体验。

2. 医疗大数据的应用

医疗行业是让大数据分析最先发扬光大的传统行业之一。医疗行业拥有大量的病例、病理报告、治愈方案、药物报告等，将这些数据加以分析整理应用，能极大地帮助医生和病人。借助大数据平台可以收集不同的病例和治疗方案，以及根据病人的基本特征，可以建立针对疾病特点的数据库。在医生诊断病人时可以参考病人的症状特征、化验报告，再对照疾病数据库来快速帮助病人确诊，明确疾病等。

3. 教育大数据的应用

随着互联网的发展，信息技术在教育领域有了越来越广泛的应用：考试、课堂、师生互动、校园设备合作、家校关系等。在教育行业的应用能够对学生学习生涯中各个时期的学习行为、考试成绩及职业规划进行详细的关联分析和研究。还可以通过对学生的历史行为、习惯等，分析得出学生的学习兴趣、特长和爱好等，当然还可以分析得出学生存在的问题，避免产生不良结果等。

4. 金融大数据的应用

大数据在金融行业的应用较为广泛，上到国际贸易、金融，下至个人买卖交易，其中所产生的巨大的数据告诉人们大数据正指引金融行为的发展。大数据在金融行业的经典案例有花旗银行利用 IBM 沃森电脑为财富管理客户推荐产品；招商银行对客户刷卡、存取款、电子银行转账、微信评论等行为数据进行分析，每周给客户发送针对性的广告信息，其中可能含有客户感兴趣的产品或优惠信息。中国银保监会设立的消费者权益保护局最有力地保障大数据金融的发展。通过掌握企业的交易数据，借助大数据自动分析，判定是否给予企业贷款，全程不出现人工干预等。因此，利用大数据技术，有助于金融行业业务水平的提高，从而促进其发展。

5. 农业大数据的应用

农业大数据是指以大数据分析为基础，运用大数据的理念、技术及方法处理农业生产、销售整个链条中所产生的大量数据，从中得到有用信息以指导农业生产经营、农产品的流通和消费的过程。大数据的应用与农业领域的相关科学研究相结合，可以为农业科研、政府决策、涉农企业发展等提供新方法和新思路。如可以根据农业生产的供需平衡来预测农产品市场的需求，辅助农业决策；可以根据实时卫星影像数据，分析农作物当前的长势；可以对农业生产的历史数据和实时监控数据进行分析，提高对农作物的种植面积、进度、产量、环境条件、灾害强度等的关联监测能力；还可以用来监控农产品的生产商、供应商、运输者等，以保障食品安全。

6. 旅游大数据的应用

旅游大数据主要由结构化大数据和非结构化大数据两部分组成。结构化大数据主要指各旅游企业的 ERP 数据、财务系统数据等。非结构化大数据则指所有格式的文本、网页、音频等。这些数据是重要的资源，可以对这些数据进行分析处理，以预测旅游产业的发展趋势和预测国内假期居民外出旅游计划，以有针对性地对人流、交通、车辆、拥堵、安全等方面做出预案。

7.气象大数据的应用

气象涉及人类活动的各个方面，包括农牧的发展等。借助大数据技术，天气预报的准确性和时效性将会大大提高，预报的及时性也将大大提高，同时对于重大自然灾害(如龙卷风、海啸等)，也可以提前预警，帮助人们提高应对自然灾害的能力。而对于天气预报的高准确度和预测周期的延长，将会有利于农业生产的安排。

此外，大数据还在城市建设与规划、环境保护、电力、零售、交通、公共设施、舆情监控、城市治理等方面也得到了广泛应用，涉及现代社会管理、生活、服务等各个方面。因此，结合相关的数据知识，推动行业发展，是驱动大数据发展的重要力量。

1.4 大数据专业技能体系需求

大数据专业培养具有多学科交叉能力的大数据复合型应用人才，不仅要求学生具备一定数学基础和应用能力，计算机编程能力，数据获取、转换和存储等能力，而且要在一定应用领域具有数据分析和数据挖掘等多项综合能力。因此，该专业人才不仅应掌握计算机科学、数学、应用统计学等多学科的交叉知识，还要求具备电商、金融、交通、通信、互联网等应用领域的相关应用技能，才能进行数据分析和自然语言处理，才能在数据获取、存储和检索等方面进行深入了解和实践。

该专业应培养具有以下三方面能力的人才：一是对大数据中数据模型的理解和运用；二是利用现有技术搭建相应大数据平台，并能对平台进行管理维护；三是利用大数据方法解决具体行业应用问题。

该专业致力于培养具备全面能力的学生，使学生掌握扎实的计算机科学、数学、应用统计学和数据科学等相关理论知识，充分适应大数据行业的多元化需求，为之后的工作和学习打下良好的基础。在理论上，需要学生有较强的数理统计基础、数学建模能力，扎实的数据结构和算法基本功，能够很好地理解和掌握各种机器学习和数据挖掘算法，还要求学生掌握处理"大数据"的先进技术和理论，即掌握与云计算相关的大数据处理平台及其生态系统。在实践上，要求学生能利用大数据解决具体行业应用问题，具备海量数据采集、数据存储、数据管理、数据分析与挖掘及数据可视化的工程实践能力，掌握数据处理各个环节的基本技能。在应用上，需要学生掌握与数据来源紧密相关的新技术的融合与互动，即理解和掌握物联网、移动互联网的相关理论和技术，并具备学习能力、沟通能力和团队合作能力，实现毕业后的无缝对接。

通过与社会各行业、企业的调研，目前社会对大数据相关岗位的需求如图1-6所示。

1.4.1 岗位能力需求

根据大数据专业岗位的定位，针对高职学生的特点，适合高职毕业生的岗位包含大数据助理工程师、大数据分析工程师、大数据处理工程师、大数据运维工程师、大数据可视化工程师等，这些岗位及工作内容、能力要求如表1-4所示。

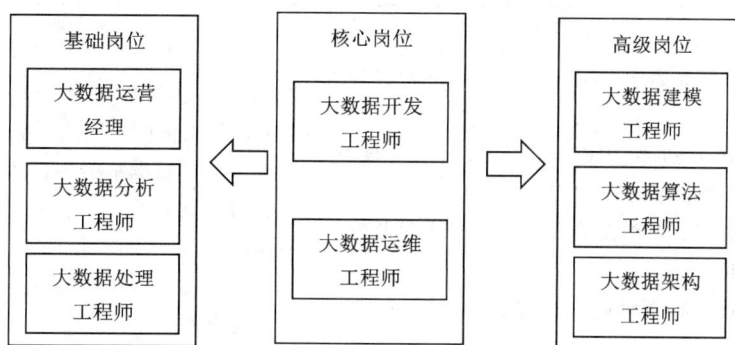

图 1-6 大数据相关岗位需求

表 1-4 大数据专业岗位情况

岗位	工作内容	技能要求
大数据助理工程师	1. 在项目经理的引导下分析业务需求，确定开发的技术架构和技术路线； 2. 完成相应模块软件的设计、开发、编程、测试任务； 3. 负责大数据数据分析和挖掘平台的规划、开发、运营和优化； 4. 根据项目设计开发数据模型、数据挖掘和处理算法； 5. 通过数据探索和模型的输出进行分析，为业务部门的工作开展提供数据支持； 6. 整合外部的第三方数据并生成动态数据库，最终为企业决策提供清晰、准确的数据支撑	1. 对大数据理论、行业应用有深刻认识与研究，了解大数据技术，如 Hadoop、Spark、Storm 等； 2. 能够根据业务类型快速进行产品分析设计，对产品提出系统改进建议； 3. 具备需求调研、产品策划、原型设计、数据分析等产品相关工作的能力； 4. 精通 Office、Visio、Axure、MindManager 等工具软件的使用，至少熟练一种数据库操作，如 MySQL、SQL Server 等； 5. 较强的归纳总结能力，较强的逻辑分析推理能力、沟通表达能力和团队协同能力
大数据分析工程师	1. 运用算法来分析、解决问题，并且从事数据挖掘工作，能够让数据道出真相； 2. 帮助开发数据产品，推动数据解决方案的不断更新； 3. 为公司项目提供数据支持、数据决策分析、支持公司战略决策的数据分析	1. 对基于 Hadoop、Spark 的数据分析和处理有一定的经验； 2. 熟悉一门以上开发语言（Python、Scala、Java），熟悉主流 MySQL、Oracle 数据库，对主流分布式存储和运算有一定的了解和项目经验； 3. 熟练使用 SPSS、SAS 或其他数据挖掘软件，具备一定数据建模和分析理论知识和经验，熟悉常用数据结构和数据处理算法

续表1-4

岗位	工作内容	技能要求
大数据处理工程师	1.熟悉智能推荐各类算法，能参与平台建设和应用； 2.能负责 Hadoop、HBase 等大数据平台规划、建设、维护、优化等工作； 3.根据需求将数据在非关系型和关系型数据库之间转化； 4.能应用各种 Hadoop 大数据自动化运维与监控工具； 5.能利用大数据平台对海量数据进行分析、建模、展现和应用，挖掘数据价值	1.精通 SQL、熟悉 Hadoop、Hive、Spark、HBase 等大数据主流技术平台及开源框架； 2.有一定的数据结构和算法基础，掌握至少一门高级语言编程，有 Hadoop 等系统源代码阅读经验； 3.熟悉 Shell、Linux 开发环境和 MySQL 等关系型数据库； 4.精通 Java 后台程序设计，有实际操作经验者优先
大数据运维工程师	1.参与项目技术平台安装部署、运行维护与故障处理及组件补丁升级管理； 2.平台的部署、运维、监控、告警处理，收集 Hadoop 的各项 metrics，确保集群正常运转； 3.能够针对 Hadoop 生态系统的批量部署场景进行调优，完善运维工具，合理使用，监控报警，提高大数据平台品质； 4.负责任务调度平台配置及运维管理，协助管理大数据平台运维工作	1.掌握数据仓库理论知识，具有较强的数据仓库模型设计和 ETL 设计能力； 2.熟悉 Hadoop 平台运维、调优、保障线上集群稳定可靠； 3.熟悉编写 Linux 下的 shell 脚本和相关的安全管理工具； 4.了解网络运维和存储，有 Spark、HBase、Hive 等平台的运维能力； 5.能利用相关的开源软件搭建云服务，并进行相关的测试
大数据可视化工程师	1.负责大数据系统设计与开发工作； 2.配合需求人员，完成功能模块、支撑日常业务数据需求，负责系统优化、问题跟进并及时解决； 3.负责在收集到高质量数据中，利用图形化工具及手段，挖掘数据中的复杂信息，帮助企业更好地进行大数据应用开发	1.有较强的编程能力，熟悉 C、Python，以及设计和搭建大数据平台的能力； 2.较强的逻辑思维能力及软件、算法实现能力，以及抽取、清洗、加工数据的能力； 3.能够设计基于云架构的数据仓库模型，基于大数据平台进行研发、运维、管理等； 4.熟悉数据库、应用服务器和相关开发语言，有良好的数据库设计能力
大数据开发工程师	1.负责集群日常运作、系统监测和配置、Hadoop 与其他系统的集成； 2.基于 MySQL/Redis/Kafka/Hadoop/Hive 搭建、开发大数据分析平台后台服务，支持数据接入、落地、统计、分析业务； 3.构建基于 Spark/Storm 的实时数据处理平台，以支撑上层业务； 4.负责数据平台的设计、开发、维护与优化，不断创新，以满足上层数据运营各项需求	1.熟悉 Linux 的 Shell 命令，灵活运用 Shell 做文本处理和系统操作，以及熟悉分布式计算架构的能力； 2.有 SQL 优化和使用经验； 3.具有海量数据 ETL 加工处理的能力； 4.熟悉搭建 Hadoop 集群环境，熟悉 HDFS 文件系统，有编写 MapReduce 能力者优先； 5.熟悉 Hadoop、HBase、Hive 的原理并具有管理、配置和运维能力； 6.掌握 Scala 语言，熟悉 Python 脚本语言

续表1-4

岗位	工作内容	技能要求
大数据架构工程师	1. 负责公司数据中心整体架构设计和研发,负责大数据平台的架构选型、设计及搭建工作; 2. 负责海量数据存储与处理、高性能计算项目的架构设计及撰写文档; 3. 负责实时数据的收集、监控,业务数据报表的制作; 4. 制订大数据产品总体架构,攻克技术难关和主导关键性技术决策	1. 熟悉 Linux 操作系统及分布式系统或数据库系统的原理及工作机制,了解网络、数据存储等原理; 2. 熟悉 Java 或 Python 编程语言; 3. 熟悉 Hadoop 数据平台架构设计搭建,熟悉一种大数据技术,如 Flume、Spark 等; 4. 有大数据技术平台的架构设计与平台调优和云平台落地经验,具有云环境部署实施工作经验优先; 5. 了解信息安全理论,具备相关信息安全经验者优先
大数据系统研发工程师	1. 负责大数据产品的研发管理,打造完备的大数据技术体系; 2. 负责大数据核心产品的设计规划(系统架构、技术选型、关键技术研发); 3. 负责数据采集、数据分析、数据挖掘等大数据相关的技术研究及应用; 4. 负责参与大数据监控、运维系统等的架构设计、详细设计及代码编写; 5. 大数据生态技术研究与探索,跟踪业界大数据发展演进趋势; 6. 以大数据技术为核心,研发基于大数据的应用程序及行业解决方案	1. 有较强的数据分析能力、解决问题和抗高压的能力; 2. 精通 Linux 操作系统,能熟练使用 Python、C++等编程语言; 3. 熟悉 Hadoop、HBase、Spark 工作原理,能熟练解决分布式计算实施过程中的问题; 4. 熟悉常见的数据存储相关技术; 5. 负责大数据平台的性能参数调整和优化; 6. 根据业务需求,编制各类图表、撰写项目分析文档和分析报告; 7. 能够根据数据工程理论提升企业数据管理能力

根据对上述岗位的综合分析,其核心方向及应具备的专业能力如表 1-5 所示。

表 1-5　大数据核心岗位专业能力需求

序号	核心方向	应具备的专业能力
1	大数据开发方向	1. 熟悉 Hadoop、Spark、Storm 等主流大数据平台的核心框架; 2. 具有编写 MapReduce 作业及作业流的管理完成对数据的计算的能力和通用算法的能力; 3. 熟悉 Hadoop 整个生态系统的组件以实现对平台的监控,辅助运维系统的开发; 4. 具有学习能力,通过学习面向开发者的 Hadoop、阿里云等大数据平台开发技术,能够设计开发大数据系统或平台的工具和技能,并能从事分布式计算框架、集群的搭建、开发、管理工作

续表1-5

序号	核心方向	应具备的专业能力
2	大数据运维方向	1. 了解 Hadoop、Spark、Storm 等主流大数据平台的核心框架； 2. 熟悉 Hadoop 的核心组件，并具备大数据集群环境的资源配置等能力； 3. 熟悉大数据平台部署、搭建、故障诊断、日常维护、优化及数据的采集、清洗、存储等； 4. 熟练使用 Flume、Sqoop 等工具将外部数据加载进入大数据平台，以实现数据共享共用
3	大数据分析方向	1. 理解掌握统计学、数据挖掘算法和技术； 2. 精通 SPSS，熟悉 Hive 和 MySQL 及相关的数据挖掘平台； 3. 熟练使用 MATLAB/R/Python/Excel VBA 或 Java 等编程语言进行数据统计及大数据分析； 4. 具有丰富的海量数据挖掘项目实施经验，能独立完成挖掘项目的规划和实施

1.4.2 知识与能力需求

根据对企业的核心岗位分析，分解出知识和能力要求如下。

1. 知识要求

(1) 掌握计算机基本结构、工作原理，计算机网络的基本概念和技术。
(2) 掌握软件工程的基本知识，熟悉软件工程每个阶段的任务和工具。
(3) 掌握操作系统的特点及功能，熟悉存储系统、网络系统的结构和原理。
(4) 掌握数据库系统的特点及功能，熟悉数据库表的设计和操作。
(5) 熟悉面向对象的程序设计方法。
(6) 熟悉网络应用部署、网站建设及维护的相关技术。
(7) 熟悉分布式系统的特点和核心技术，熟悉相关协议。
(8) 了解虚拟化、大数据相关技术。
(9) 熟悉大数据分析处理技术，包含数据获取、存储、开发、挖掘和分析、数据可视化等。
(10) 熟悉大数据相关系统的框架、工作原理和使用技术。
(11) 熟悉信息安全相关标准及法规。
(12) 了解业内大数据系统常用架构，以及企业级解决方案。

2. 能力要求

(1) 具有设计、开发、测试和部署 Web 应用的能力。
(2) 具有为软件系统开发 REST 接口的能力。
(3) 具有操作和使用大数据相关系统的能力。
(4) 具有使用 ETL 工具对数据进行预处理的能力。

(5)具有保障质量地完成数据分析项目的能力。

(6)具有合理有效的设计数据可视化展示系统的能力。

(7)具有根据企业行业情况、设计方案，完成数据清洗、分析、处理和效果评估的能力。

3. 综合素养

通过调查形成各岗位的综合素养如下。

(1)对本职工作有较高的热情，具有较好的团队合作精神。

(2)具有较强的学习能力和沟通能力。

(3)具有较好的应变能力和抗压能力。

(4)具有较好的事业心、责任心和积极工作态度。

4. 毕业生达到的要求

(1)具有人文社会科学素养、社会责任感和职业道德。

(2)具有从事大数据工作所需要的相关数学、分析及实践管理知识。

(3)掌握工程基础知识和本专业的基本理论知识，具有系统的实践学习经历；了解本专业的前沿发展现状和趋势。

(4)具备设计和实施实验的能力，并能对实验结果进行分析。

(5)掌握基本的外部的方法，有创新意识；具有运用理论和技术手段设计系统和过程的能力，设计过程中能够综合考虑经济、环境、法律、安全、健康、伦理等因素。

(6)掌握文献检索、资料查询及运用现代信息技术获取相关信息的基本方法。

(7)具有一定的组织管理能力、表达能力、人际交往能力和团队协作能力。

(8)具有不断学习与适应发展的能力。

(9)具有国际视野和跨文化的交流、竞争与合作能力。

1.5　总结

本章介绍了大数据发展历史、大数据的概念、大数据的特征与性质及关键技术，让读者对大数据有一个基本了解；接着概述了大数据的处理过程、大数据处理的关键层次架构及大数据技术的应用领域；最后就大数据专业的基本要求和培养目标、大数据专业相关岗位及应具备的知识和能力等进行了梳理。通过对本章的学习，可以为进一步学习大数据技术建立初步基础。

扩展阅读

第1章扩展阅读

课后习题

一、简答题

1. 请阐述什么是大数据。

2. 大数据有哪些性质？

3. 大数据有什么特征？

4. 试阐述结构化数据、非结构化数据的区别和联系。

5. 简述大数据的处理流程。

6. 什么是数据挖掘？其主要功能有哪些？

7. 举例说明大数据的关键技术。

8. 大数据有哪些数据类型？

9. 大数据有哪些应用？

10. 大数据有哪些影响？

二、选择题

1. 下面哪个选项属于大数据技术的"数据存储和管理"技术层面的功能(　　　)。

A. 利用分布式文件系统、数据仓库、关系数据库等实现对结构化、半结构化和非结构化海量数据的存储和管理

B. 利用分布式并行编程模型和计算框架，结合机器学习和数据挖掘算法，实现对海量数据的处理和分析

C. 构建隐私数据保护体系和数据安全体系，有效保护个人隐私和数据安全

D. 把实时采集的数据作为流计算系统的输入，进行实时处理分析

2. 在大数据的计算模式中，流计算解决的是什么问题(　　　)。

A. 针对大规模数据的批量处理

B. 针对大规模图结构数据的处理

C. 大规模数据的存储管理和查询分析

D. 针对流数据的实时计算

3. 大数据产业指(　　　)。

A. 一切与支撑大数据组织管理和价值发现相关的企业经济活动的集合

B. 提供智能交通、智慧医疗、智能物流、智能电网等行业应用的企业

C. 提供数据分享平台、数据分析平台、数据租售平台等服务的企业

D. 提供分布式计算、数据挖掘、统计分析等服务的各类企业

4. 信息科技为大数据时代提供的技术支撑有(　　　)。

A. 存储设备容量不断增加

B. 网络带宽不断增加

C. CPU 处理能力大幅提升

D. 数据量不断增大

5. 下面属于大数据应用领域的是(　　　)。

A. 智能医疗研发

B. 监控身体情况

C. 实时掌握交通状况

D. 金融交易

6. 大数据的两个核心技术是(　　　)。

A. 分布式存储

B. 分布式应用

C. 分布式处理

D. 集中式存储

7. 大数据对社会发展的影响有(　　　)。

A. 大数据成为一种新的决策方式

B. 大数据应用促进信息技术与各行业的深度融合

C. 大数据开发推动新技术和新应用的不断涌现

D. 大数据对社会发展没有产生积极影响

课后习题参考答案

第1章大数据概述

第 2 章

数据采集与数据可视化

2.1 数据的采集与处理

大数据的产生是计算机技术和网络技术发展的必然结果，特别是随着云计算、移动互联网、物联网和遥感技术的发展，数据来源日益丰富，大数据开启了一个大规模生产、分享和应用数据的时代，它给技术和商业带来了巨大的变化，其在核心领域的渗透速度有目共睹。然而调查显示，未被使用的信息比例高达 99.4%，很大程度都是由于高价值的信息无法获取采集。因此在大数据时代背景下，如何从大数据中采集出有价值的信息是大数据发展的关键因素之一。

2.1.1 数据采集方式

大数据采集，又称数据获取，是指从传感器和其他待测设备等模拟和数字被测单元、企业在线或离线系统、社交网络和互联网平台等自动采集信息、获取数据的过程。

传统的数据采集一般是从传统企业的客户关系管理系统、企业资源计划系统及相关业务系统中获取数据，数据来源单一，且需要存储、管理和分析的数据量也相对较小，大多采用关系型数据库和并行数据仓库即可处理。在大数据时代，数据采集过程的主要特点和挑战是高并发，如火车票售票网站和淘宝的并发访问量在峰值时可达到百万人次，所以在采集端需要部署大量数据库才能支撑，Redis、MongoDB 和 HBase 等 NoSQL 数据库常用于大数据的采集。在依靠并行计算提升数据处理速度方面，传统的并行数据库技术追求的是高度一致性和容错性，从而难以保证其可用性和扩展性。大数据的采集通常是指利用多个数据库或存储系统接收来自客户端（Web、App 或者传感器形式等）的数据。例如，电商会使用传统的关系型数据库 MySQL 和 Oracle 等来存储每一笔事务数据，故在这些数据库之间进行负载均衡和分片是需要深入思考和设计的。

在数据的组织结构上，传统数据采集系统采集的数据都是结构化数据，而大数据采集系统需要采集大量的视频、音频、照片等非结构化数据，以及网页、博客、日志等半结构化数据。根据数据源的不同，大数据采集方法也不相同。但是为了满足大数据采集的需要，大数据采集时都使用了大数据的处理模式，即 MapReduce 分布式并行处理模式或基于内存的流式处理模式。大数据的主要来源为：企业系统，如客户关系管理系统、企业资源计划系统、库存系统、销售系统等；机器系统，如智能仪表、工业设备传感器、智能设备、视频监控系统等；互联网系统，如电商系统、服务行业业务系统、政府监管系统等；社交系统，如微信、QQ、微博、博客、新闻网站、朋友圈等。大数据的采集方法有以下几大类。

1. 数据库采集

实现数据的采集汇聚，开放数据库是最直接的一种方式。开放数据库方式可以直接从目标数据库中获取需要的数据，准确性高，实时性也能得到保证，是最直接、最便捷的一种方式。传统企业会使用传统的关系型数据库 MySQL 和 Oracle 等来存储数据。随着大数据时代的到来，Redis、MongoDB 和 HBase 等 NoSQL 数据库常用于数据的采集。企业通过在采集端部署大量数据库，并在这些数据库之间进行负载均衡和分片，来完成大数据采集工作。如果多个数据库在同一个服务器上，只要用户名设置正确，就可以直接相互访问，只需在 select * from 后将其数据库名称及表的架构所有者带上即可。如果多个数据库不在同一个服务器上，可采用链接服务器的形式处理，或者使用 OPENROWSET 和 OPENDATASOURCE 的方式，但需要对数据库的访问进行外围服务器的配置。此外，开放数据库方式需要协调各个软件厂商开放数据库，难度较大；一个平台如果同时连接多个软件厂商的数据库，并实时获取数据，这对平台性能也是巨大的挑战，并且出于安全性考虑，软件厂商一般不会开放自己的数据库。

2. 基于底层数据交换的数据直接采集方式

通过获取软件系统的底层数据交换、软件客户端和数据库之间的网络流量包，基于底层 IO 请求与网络分析等技术，采集目标软件产生的所有数据，将数据转换与重新结构化，输出到新的数据库，供软件系统调用。基于底层数据交换的数据直接采集方式，摆脱了对软件厂商的依赖，不需要软件厂商配合，不需要投入大量的时间、精力与资金，不用担心系统开发团队解体、源代码丢失等导致系统数据采集无法顺利进行；无须原软件厂商配合，可直接从各式各样的软件系统中采集数据，源源不断获取精准、实时的数据，自动建立数据关联，输出利用率极高的结构化数据，让不同系统的数据源有序、安全、可控地联动流通，提供决策支持、提高运营效率、产生经济价值。

3. 系统日志采集

许多公司的平台每天都会产生大量的日志，并且一般为流式数据，如搜索引擎的 PV 和查询等。系统日志采集主要是收集公司业务平台日常产生的大量日志数据，供离线和在线的大数据分析系统使用。高可用性、高可靠性、高可扩展性是日志收集系统所具有的基本特征。处理这些日志需要特定的日志系统，这些系统需要具有以下特征：①构建应用系统和分析系统的桥梁，并将它们之间的关联解耦。②支持近实时的在线分析系统和分布式并发的离线分析系统。③具有高可扩展性，即当数据量增加时，可以通过增加节点进行水平扩展。目前使用最广泛的、用于系统日志采集的海量数据采集工具有 Hadoop 的 Chukwa、Apache 的 Flume、Facebook 的 Scribe 和 LinkedIn 的 Kafka 等。系统日志采集工具均采用分布式架构，能够满足每秒数百 MB 的日志数据采集和传输需求。

4.感知设备数据采集

感知设备数据采集是指通过传感器、摄像头和其他智能终端自动采集信号、图片或录像来获取数据。大数据智能感知系统需要实现对结构化、半结构化、非结构化的海量数据的智能化识别、定位、跟踪、接入、传输、信号转换、监控、初步处理和管理等。其关键技术包括针对大数据源的智能识别、感知、适配、传输、接入等。

2.1.2 数据爬取

数据爬取是网络数据采集的一种方式，是指通过网络爬虫或网站公开 API 等方式从网站上获取数据信息的过程。在互联网时代，网络爬虫主要是为搜索引擎提供最全面和最新的数据，如果将互联网比作一张大网，爬虫便是在这张网上爬来爬去的蜘蛛，如果它遇到资源，那么它就会抓取下来。比如它在抓取一个网页时，在这个网中发现了一条道路，其实就是指向另一个网页的超链接，那么它就可以爬到另一个网页上来获取数据，其原理示意图如图 2-1 所示。

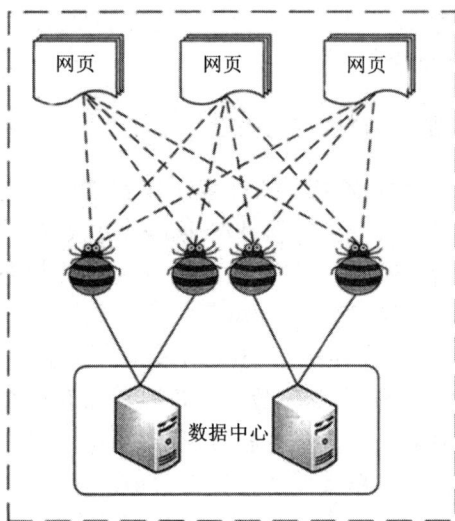

图 2-1　网络爬虫原理示意图

该方法可以将非结构化数据从网页中抽取出来，将其存储为统一的本地数据文件，并以结构化的方式存储。它支持图片、音频、视频等文件或附件的采集，附件与正文可以自动关联，可将非结构化数据、半结构化数据从网页中抽取出来，存储在本地的存储系统中。

在大数据时代，网络爬虫更是从互联网上采集数据的有力工具。目前已经知道的各种网络爬虫工具已经有上百个，网络爬虫工具基本可以分为 3 类。

➤ 分布式网络爬虫工具，如 Nutch。

➤ Java 网络爬虫工具，如 Crawler4j、WebMagic、WebCollector。

➤ 非 Java 网络爬虫工具，如 Scrapy(基于 Python 语言开发)。

网络爬虫的工作原理是按照一定的规则，自动抓取 Web 信息的程序或者脚本。它可以自动采集所有其能够访问到的页面内容，为搜索引擎和大数据分析提供数据来源。从功能上来讲，爬虫一般有数据采集、处理和存储三个功能。网页中除了包含供用户阅读的文字信息外，还包含一些超链接信息。网络爬虫系统正是通过网页中的超链接信息不断获得网络上的其他网页。

网络爬虫从一个或若干初始网页的 URL 开始，获得初始网页上的 URL 后，在抓取信息的过程中，不断从当前页面上抽取新的 URL 放入队列，直到满足系统的停止条件。爬虫系统一般会选择一些比较重要的、出度(网页中链出的超链接数)较大的网站的 URL 作为种子 URL 集合，然后以这些种子 URL 集合作为初始 URL，开始数据的抓取。因为网页中含有链接信息，通过已有网页的 URL 会得到一些新的 URL。可以把网页之间的指向结构视为一个森林，每个种子 URL 对应的网页是森林中的一棵树的根节点，这样网络爬虫系统就可以根据广度优先搜索算法或者深度优先搜索算法遍历所有的网页。但由于深度优先搜索算法可能会使爬虫系统陷入一个网站内部，不利于搜索比较靠近网站首页的网页信息，因此一般采用广度优先搜索算法采集网页。其工作的基本步骤为：首先将种子 URL 放入下载队列，并简单地从队首取出一个 URL 下载其对应的网页，得到网页的内容并将其存储后，经过解析网页中的链接信息得到一些新的 URL。其次，根据一定的网页分析算法过滤掉与主题无关的链接，保留有用的链接并将其放入等待抓取的 URL 队列。最后，取出一个 URL，对其对应的网页进行下载，然后再解析，如此反复进行，直到遍历了整个网络或者满足某种条件后才会停止。

因为网络爬虫是模拟用户在浏览器或者 App 上的操作，并把操作的过程实现自动化的程序，故通常有以下 4 个基本流程。

(1)发起请求

通过 HTTP 库向目标站点发起请求，也就是发送一个 Request，请求可以包含额外的 headers 等信息，等待服务器响应。

(2)获取响应内容

如果服务器能正常响应，会得到一个 Response，Response 的内容便是所要获取的页面内容，可能是 HTML、JSON 字符串、二进制数据(图片或者视频)等类型。

(3)解析内容

得到的内容可能是 HTML，可以用正则表达式、页面解析库进行解析；可能是 JSON 字符串，可以直接转换为 JSON 对象解析；也可能是二进制数据，可以做保存或者进一步处理。

(4)保存数据

保存形式多样，可以存为文本，也可以保存到数据库，或者保存为特定格式的文件。

爬虫可以抓取某个网站或者某个应用的内容，提取有用的信息；也可以模拟用户在浏览器或者 App 上的操作，实现自动化的程序。以下行为都可以用爬虫实现：

➤ 咨询报告(咨询服务行业)。

➤ 抢票神器。

➤ 预测(股市预测、票房预测)。

- ➤ 国民情感分析。
- ➤ 社交关系网络。
- ➤ 政府部门舆情监控。

简单来说，网络爬虫要做的就是实现浏览器的功能。通过指定 URL，直接返回给用户所需要的数据，而不需要人工一步步去操纵浏览器获取。

2.1.3 数据预处理

数据预处理主要包括数据清洗(data cleaning)、数据集成(data integration)、数据转换(data convert)和数据缩减(data reduction)。数据清洗是指消除数据中存在的噪声及纠正其不一致的错误，数据集成通常是指将来自多个数据源的数据合并到一起构成一个完整的数据集，数据转换是指将一种格式的数据转换为另一种格式的数据，数据缩减是指通过删除冗余特征或聚类消除多余数据。数据预处理将数据划分为结构化数据和半结构化/非结构化数据，分别采用传统 ETL 工具和分布式并行处理框架来实现，其总体架构如图 2-2 所示。

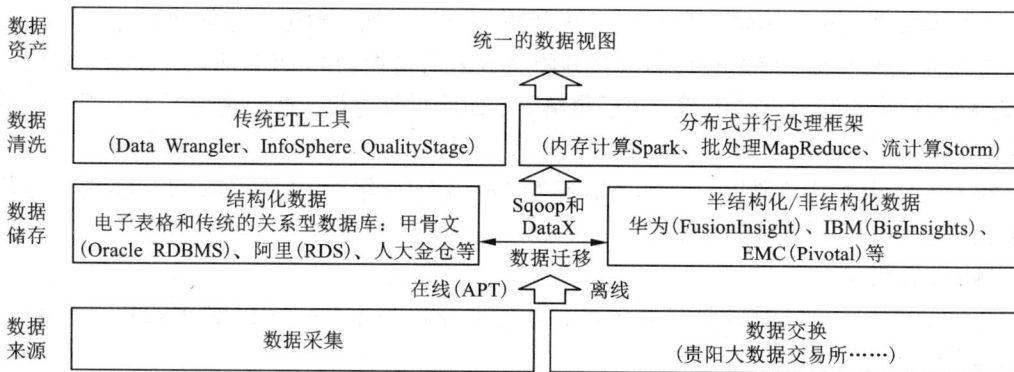

图 2-2　ETL 工具和分布式并行处理框架

结构化数据可以存储在传统的关系型数据库中。关系型数据库在处理事务、及时响应、保证数据的一致性方面有天然的优势。非结构化数据可以存储在新型的分布式存储系统中，如 Hadoop 的 HDFS。半结构化数据可以存储在新型的分布式 NoSQL 数据库中，如 HBase。分布式存储在系统的横向扩展性、存储成本、文件读取速度方面有着显著的优势。结构化数据和非结构化数据之间的数据可以按照数据处理的需求进行迁移。例如，为了进行快速并行处理，需要将传统关系型数据库中的结构化数据导入到分布式存储系统中。可以利用 Sqoop 等工具，先将关系型数据库的表结构导入分布式数据库，然后再向分布式数据库的表中导入结构化数据。

数据清洗，在汇聚多个维度、多个来源、多种结构的数据之后，对数据进行抽取、转换和集成加载。在以上过程中，除了更正、修复系统中的一些错误数据之外，更多的是对数据进行归并整理，并储存到新的存储介质中。其中，数据的质量至关重要。常见的数据质量问题可以根据数据源的多少和所属层次(定义层和实例层)分为 4 类。

(1)单数据源定义层

违背字段约束条件(例如,日期出现 9 月 31 日),字段属性依赖冲突(例如,两条记录描述同一个人的某一个属性,但数值不一致),违反唯一性(同一个主键 ID 出现了多次)等。

(2)单数据源实例层

单个属性值含有过多信息,拼写错误,存在空白值,存在噪声数据,数据重复,数据过时等。

(3)多数据源定义层

同一个实体的名称不同(如同一个属性有 custom_id、custom_num 两个名称),同一种属性的不同定义(如字段长度定义不一致、字段类型不一致等)。

(4)多数据源实例层

数据的维度、粒度不一致(例如,有的按 GB 记录存储量,有的按 TB 记录存储量;有的按照年度统计,有的按照月份统计),数据重复,拼写错误等。

数据清洗的处理过程通常包括填补遗漏的数据、平滑有噪声的数据、识别或去除异常值,以及解决不一致问题。有问题的数据将会误导数据挖掘的搜索过程。尽管大多数数据挖掘过程均包含对不完全或噪声数据的处理,但它们并不完全可靠且常常将处理的重点放在如何避免所挖掘出的模式对数据过分准确的描述上。因此进行一定的数据清洗对数据处理是十分必要的。

数据集成就是将来自多个数据源的数据合并到一起。由于描述同一个概念的属性在不同数据库中有时会取不同的名字,所以在进行数据集成时常常会引起数据的不一致或冗余。例如,在一个数据库中,一个顾客的身份编码为"custom_number",而在另一个数据库中则为"custom_id"。命名的不一致常常也会导致同一属性的值不同。例如,在一个数据库中一个人的姓取"John",而在另一个数据库中则取"J"。大量的数据冗余不仅会降低挖掘速度,而且会误导挖掘进程。因此,除了进行数据清洗之外,在数据集成中还需要注意消除数据的冗余。

数据转换主要是对数据进行规格化操作。在正式进行数据挖掘之前,尤其是使用基于对象距离的挖掘算法时,如神经网络、最近邻分类等,必须进行数据规格化,也就是将其缩至特定的范围之内,如[0,1]。例如,对于一个顾客信息数据库中的年龄属性或工资属性,由于工资属性的取值比年龄属性的取值要大许多,如果不进行规格化处理,基于工资属性的距离计算值显然将远远超过基于年龄属性的距离计算值,这就意味着工资属性的作用在整个数据对象的距离计算中被错误地放大了。

数据缩减的目的就是缩小所挖掘数据的规模,但不会影响(或基本不影响)最终的挖掘结果。现有的数据缩减方法如下。

①数据聚合(data aggregation),如构造数据立方。

②维数缩减(dimension reduction),如通过相关分析消除多余属性。

③数据压缩(data compression),如利用编码方法(如最小编码长度或小波)。

④数据块缩减(numerosity reduction),如利用聚类或参数模型替代原有数据。此外,利用基于概念树的泛化(generalization)也可以实现对数据规模的消减。

这些数据预处理方法并不是相互独立的,而是相互关联的。例如,消除数据冗余既可以看成是一种数据清洗,也可以认为是一种数据消减。

2.2 数据可视化

数字永远是枯燥的、抽象的,比起枯燥乏味的数值,人们对大小、位置、颜色、形状等能够有更好、更快的认识。数据可视化是指将大型数据集中的数据以图形、图像形式表示,并利用数据分析和开发工具发现其中未知信息的处理过程,以便能够借此分析或报告数据的特征或属性之间的关系。可视化的目标是形成可视化信息的人工解释和信息的意境模型。经过可视化之后的数据能够加深对数据的理解和记忆,增加信息的可传播性。数据可视化是关于数据视觉表现形式的科学技术研究,它为大数据分析提供了一种更加直观的挖掘、分析、解释和展示手段,从而让大数据更有意义,更容易解释和贴近大多数人,因此大数据可视化是艺术与技术的结合。数据可视化将各种数据用图形化的方式展示给人们,是人们理解数据、诠释数据的重要手段和途径,因此从本质上讲,数据可视化是帮助用户通过认识数据,进而发现这些数据所反映的实质。

与传统的立体建模的特殊技术方法相比,数据可视化所涵盖的技术方法要广泛得多,它是以计算机图形及图像处理技术为基础,将数据转换为图形或图像形式显示到屏幕上,并进行交互处理的理论、方法和技术。它涉及计算机视觉、图像处理、计算机辅助设计、计算机图形学等多个领域,并逐渐成为一种研究数据表示、数据综合处理、决策分析等问题的综合技术。

数据可视化将大量不可见的内容转换为可见的图形符号,并帮助人们发现规律和获取知识。因此大数据的研究领域中数据可视化异常活跃,一方面,数据可视化以数据挖掘、数据采集、数据分析为基础;另一方面,它还是一种新的表达数据的方式,是对现实世界的抽象表达。

2.2.1 数据可视化的发展历史

1.数据可视化起源

在远古时期,我们的先祖就已学会画画,他们基于自己对周边生活环境的认知,将人、鸟、兽、草、木等事物,以及狩猎、耕种、出行、征战、祭祀等日常活动刻画在岩石上、洞穴中。数据可视化的作品最早可追溯到10世纪。当时一位不知名的天文学家绘制了一幅作品,其中包含了许多现代统计图形元素,如坐标轴、网格、时间序列,如图2-3所示。

2.数据可视化拉开帷幕

随着欧洲进入文艺复兴时期(14—17世纪),出现了很多科学家和各种测量技术,在数学学科中出现了早期的数学坐标图表,例如笛卡儿解析几何坐标系等。

法国哲学家、数学家笛卡儿(1596—1650)创立了解析几何,他将几何曲线与代数方程相结合,打开了数据可视化发展的大门。图 2-4 显示了笛卡儿坐标图。

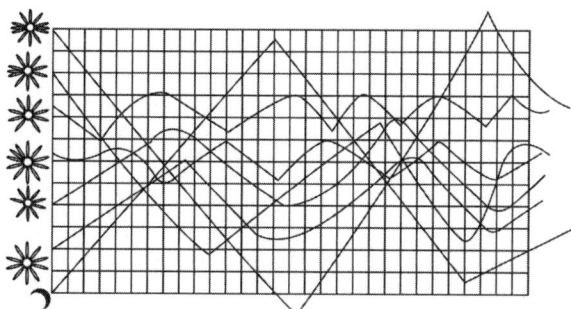

图 2-3　数据可视化的起源

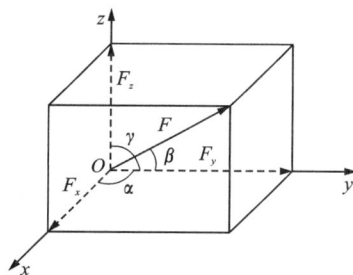

图 2-4　笛卡儿坐标图

3.最早的地图和图表产业

随着 18 世纪社会的进一步发展与文字广泛应用,微积分、物理、化学、数学等开始蓬勃发展,统计学开始萌芽。数据价值开始被人们重视,人口、商业、农业等经验数据开始被系统地收集整理与记录,用各种图表和图形表示。苏格兰工程师 William Playfair(1759—1823),创造了今天人们比较熟悉的几种基本可视化图形——折线图、条形图、饼图。折线图如图 2-5 所示,饼图如图 2-6 所示。

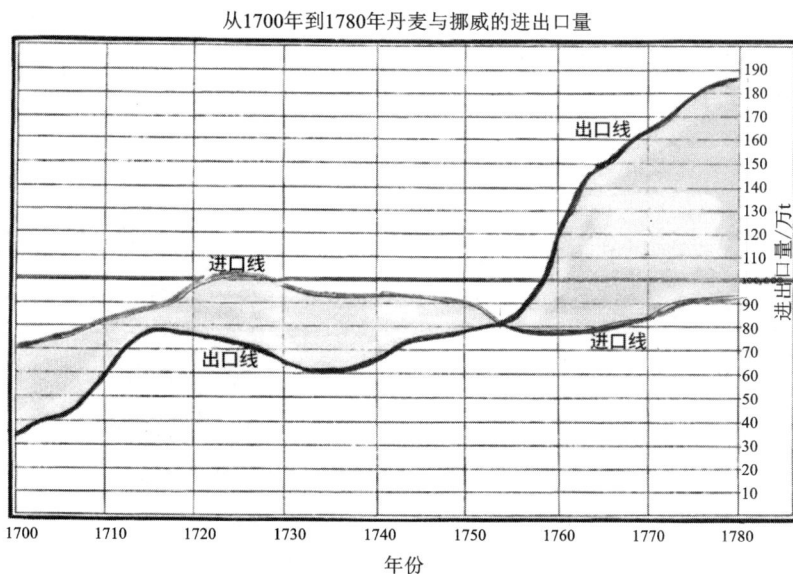

从1700年到1780年丹麦与挪威的进出口量

横坐标以年划分,纵坐标以进出口量划分

图 2-5　William Playfair 绘制的折线图

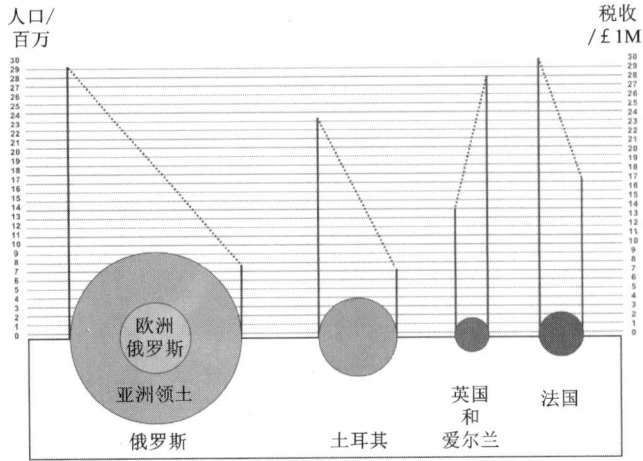

图 2-6　William Playfair 绘制的饼图

4. 数据绘图广泛应用

19 世纪以后，随着科技迅猛发展，工业革命从英国扩散到欧洲大陆和北美。社会对数据的积累和应用的需求加剧，现代的数据可视化技术慢慢成熟，统计图形和主题图的主要表达方式在这几十年间逐渐出现。在此期间，统计图形方面，散点图、直方图、极坐标图和时间序列图等当代统计图形的常用形式都已基本形成；主题图方面，主题地图和地图集成为这个年代展示数据信息的一种常用方式，应用领域涵盖社会、经济、疾病、自然等各个主题。

其中，数据可视化最经典的案例是 1858 年南丁格尔在克里米亚战争后，为统计英军伤亡人数而绘制的可视化图形，如图 2-7 所示，此可视化图形命名为南丁格尔玫瑰图。

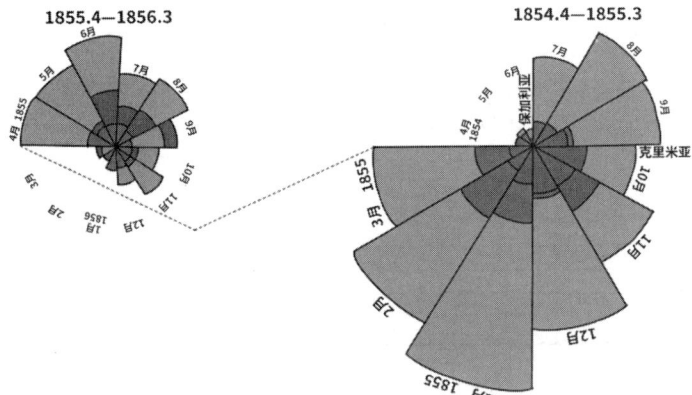

每块扇形代表着各个月份中的死亡人数，面积越大代表越多死者。

图 2-7　南丁格尔玫瑰图

5.可视化绘图步入低谷期

20 世纪初,数据可视化绘图进入了低谷期,主要原因在于"一战""二战"的爆发对社会经济产生了巨大的影响。另外,数理统计诞生,许多科学家将追求数理统计的数学基础作为首要目标,而图形作为一个辅助工具则被搁置起来。直到 20 世纪后期,随着计算机技术的兴起和工业技术的快速发展,数据和统计问题又逐渐被放到重要的位置,在各行各业的实际应用中图形表达又重新被重视起来。图 2-8 显示了最早的伦敦地铁图,至今还在使用。

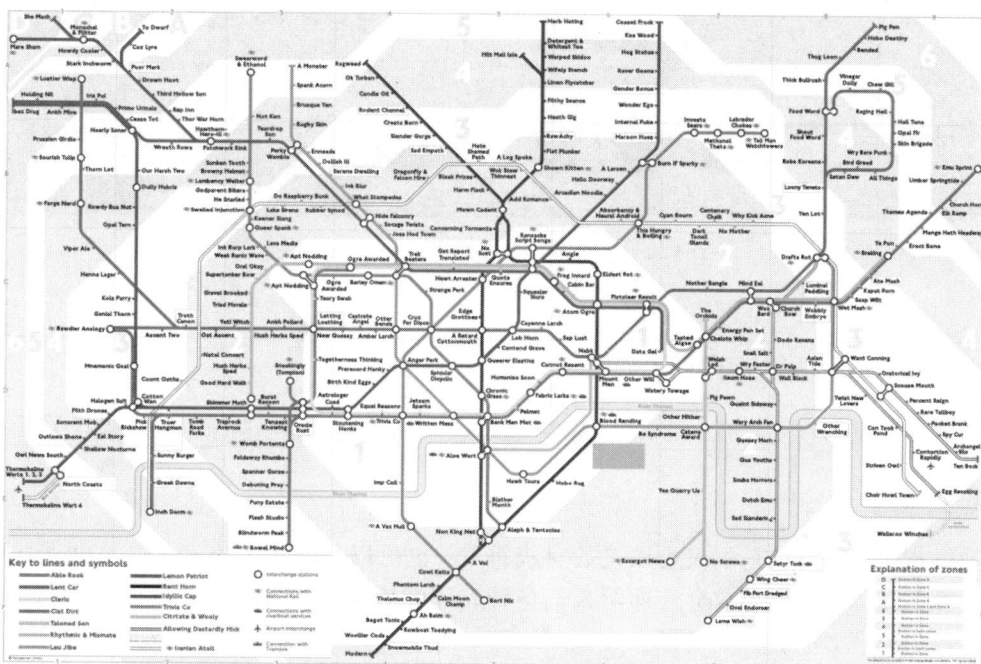

图 2-8　最早的伦敦地铁图

6.大数据可视化日新月异

进入 21 世纪以来,随着计算机技术的发展,数据规模不断呈指数级增长,数据内容和类型日渐丰富,均极大地改变了人们分析和研究世界的方式,也给人们提供了新的可视化素材,从而推动了数据可视化领域的发展。数据可视化在计算机技术发展的基础上,焕发出前所未有的生命力,并进入一个新的黄金时代。

目前,VR、AR、MR、全息投影等较为热门的数据可视化技术已应用到教育、游戏、房地产等各行各业。数据可视化越来越被人们所接受并认识到其重要性,更加注重交叉学科的发展,并根据商业、科学等领域的需求来进一步推动大数据可视化的大力发展。图 2-9 显示了大数据可视化在金融业中的应用。

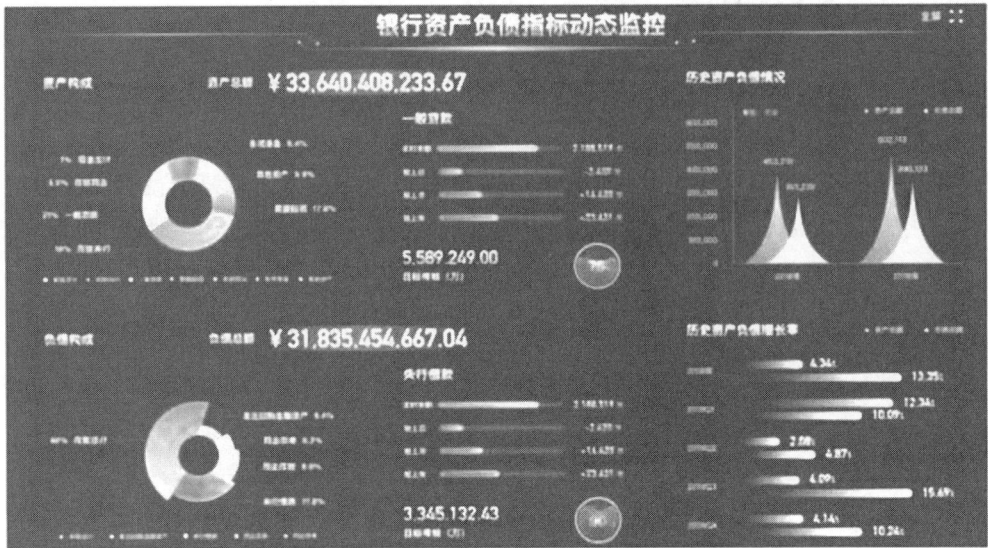

图 2-9   大数据可视化在金融业中的应用

2.2.2   数据、图形与可视化

在讨论数据可视化之前,必须了解清楚数据、图形的概念及它们之间的相互关系。

1. 数据

数据常指数据值,它不仅可以是数字或符号,也可以是图像或声音等。它更是人们对现实世界的认识,数据通常会传递给人们各种有用的信息。现实生活中常见的数据集主要包括各种表格、文本资料集及社会关系网络等。

2. 图形

图形一般指一个二维空间中的若干空间形状,可由计算机绘制的图形有直线、圆、曲线、图标及各种组合形状等。

3. 数据可视化

数据可视化通过对真实数据进行采集、清洗、预处理、分析等建立数据模型,并最终将数据转换为各种图形,来打造较好的视觉效果;也可以根据不同的需求分别绘制不同的图形,以达到较好的欣赏效果。目前使用较多的有地图、柱形图、条形图、折线图、散点图、饼图、时间线、树形图等。图 2-10 显示了使用柱形图和饼图来呈现学生学习方式的人数。

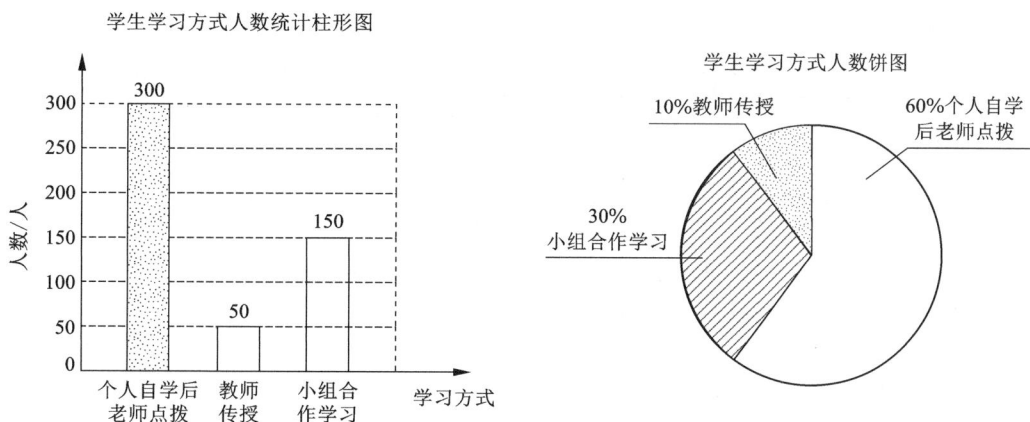

学生学习方式人数统计柱形图

学生学习方式人数饼图

图 2-10　柱形图和饼图呈现学生学习方式的人数

2.2.3　数据可视化的作用

在大数据时代，随着数据容量和复杂性的不断增加，普通用户很难从大数据中直接获取价值信息。而数据可视化就是对大数据进行更直接、更直观的分析，并能以简单友好的图形形式呈现在人们面前，让数据变得更加通俗易懂，让用户更加方便地理解数据价值信息，有效参与复杂的数据分析流程，提高数据分析效率，提高数据分析的效果。因此各行各业对数据可视化的需求愈演愈烈。

大数据发展到今天，可视化技术可以实现多种不同的目标。其具体作用如下。

1. 用于观测、跟踪数据

大数据在各行各业的应用非常普遍，且数据量大大超出人类大脑可以理解和消化的能力范围，对于动态的多个不同的参数值，若还是以枯燥数值的方式加以呈现，势必引起人们的反感。因此，利用动态变化的参数数据，生成实时可视化图表，让人们根据动态参数直观地跟踪各种参数数值，在实际应用中就显得非常重要。如百度地图提供的交通实时服务，可以了解各大城市的实时交通路况信息。

2. 用于数据分析

在大数据研究领域，可以充分利用可视化技术实时呈现当前的分析结果，引导用户参与分析过程，并根据用户反馈信息执行后续操作，以完成用户与分析算法的全程交互，实现数据分析算法与用户领域知识的完美结合。图 2-11 是一个可视化分析过程的典型案例，数据首先被转化为图像呈现给用户，用户通过视觉系统进行观察分析，同时结合领域知识对可视化图像进行认知，从而理解和分析数据的内涵与价值。另外，用户还可以根据分析结果，通过改变可视化系统的设置，来交互式地改变输出的可视化图像，从而让用户从自己需求的角度对数据进行理解。

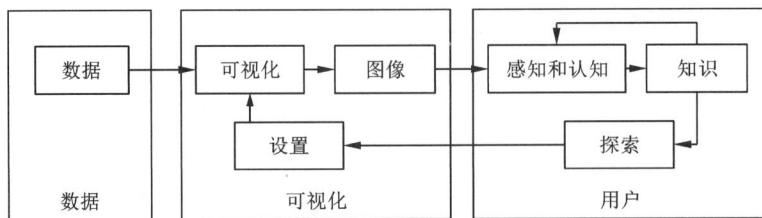

图 2-11　用户参与的可视化分析过程

3. 辅助理解数据

在实际应用中，还可以根据不同色彩、不同图形动态显示变化过程，以帮助用户更快、更直观地理解数据背后的含义。微软亚洲研究院设计开发的"人立方"关系搜索，能从超过10 亿个中文网页中自动抽取出人名、地名、机构名及中文短语，并通过相应的算法计算出他们之间的关联性，最终以可视化关系图形显示。

4. 增加数据吸引力

人们面对枯燥的数据感触不大，但若将枯燥的数据制作成具有强大视觉冲击力和说服力的图像，就能极大提高人们的兴趣，也可以大大增强读者的感受。在海量的新闻信息面前，若仍然使用传统单调的讲述方式已不能吸引读者的兴趣，这时就需要更加直观、高效的图表、动画来对内容加以呈现，才能够在短时间内被读者消化和吸收，极大提高读者对知识的理解效率。

数据可视化的主要作用分为数据表达、数据操作和数据分析三个方面，这也是可视化技术支持计算机辅助数据认知的三个基本阶段。

（1）数据表达

数据表达通过计算机图形技术更加友好地展示数据信息，以便人们理解和分析数据。数据表达的常见形式有文本、图像等。借助有效的图形展示工具，数据可视化能够在小空间中呈现大规模数据。

（2）数据操作

数据操作是以计算机提供的界面、接口和协议等条件为基础完成人与数据的交互需求，数据操作需要友好便捷的人机交互技术、标准化的接口和通信协议来完成对多数据集的操作。目前，基于可视化的人机交互技术发展迅速，包含自然交互、可触摸、自适应界面和情景感应等在内的多种新技术极大地丰富了数据操作方式。

（3）数据分析

数据分析是通过计算机获得多维、多源、异构和海量数据所隐含信息的核心手段，它是数据存储、数据转换、数据计算和数据可视化的综合应用。数据可视化作为数据分析的后续环节，直接影响着人们对数据的认识和应用。它不但能够帮助人们推理和分析数据背后隐藏的信息与客观规律，还有助于知识和信息的传播。

2.2.4　数据可视化的手段

数据可视化，是指用图形的方式来展示数据，从而更加清晰有效地传递信息，主要包括图表类型的选择和图表设计的准则。随着计算机技术、物联网技术及现代各种智能终端技术的发展，我们的工作和生活等各个方面，每时每刻都在产生大量的数据，大数据时代已经到来。大到企业、政府部门，小到个人，每天都在进行着"读数"，各种纷繁复杂的数据信息充斥着人们的眼球，这就需要一种有效的方法将有用的信息从海量信息中提取出来，并能即时生成某种关联结果，以供决策者做出正确的决策。数据可视化作为一种有效传递信息的手段，被越来越广泛地应用到各个领域。如果想要让数据发挥更大的价值，那么合理地运用数据可视化的方法和工具就显得特别重要。因此数据可视化技术实为可视化技术在大数据方面的应用，是将数据信息转化为视觉形式的过程，以此增强数据呈现的效果，用户可以以更加直观的交互方式进行数据观察和分析，从而发现数据之间的关联性。

数据可视化技术是在计算机图形学发展后出现的，最基本的条件就是通过计算机图形学创造出了直观的数据图形、图表。如今，我们所研究的大数据可视化主要包括数据可视化、科学可视化和信息可视化。

1. 数据可视化

数据可视化是指通过计算机技术把大型数据库中纷繁复杂的数据经过一系列处理并找出其关联性，预测数据的发展趋势，最终呈现在用户面前的过程。通过直观图形的展示可以让用户更直接地观察和分析数据，实现人机交互。数据可视化过程涉及的技术主要有几何技术、分布式技术、图表技术等。

2. 科学可视化

科学可视化是指利用计算机图形学及图像处理技术等来展示数据信息的可视化方法。一般的可视化包括利用色彩差异、网格序列、网格无序、地理位置、尺寸等。但是传统的数据可视化技术不能直接应用于大数据中，需要借助计算机软件技术提供相应的算法对可视化进行改进。目前比较常见的可视化算法有分布式绘制和基于 CPU 的快速绘制算法。

3. 信息可视化

信息可视化是指通过用户的视觉感知、理解抽象的数据信息，加强用户对信息的理解。信息可视化处理的数据需要具有一定的数据结构，并且是一些抽象数据，如视频信息、文字信息等。对于这类抽象信息的处理，首先需要进行数据描述，再对其进行可视化呈现。

数据可视化技术在应用过程中，多数非技术驱动，而是目标驱动。

按目标分类的常用数据可视化方法如下：

➤ 对比。比较不同元素之间或不同时刻之间的值。

➤ 分布。查看数据分布特征，是数据可视化最为常用的场景之一。

➤ 组成。查看数据静态或动态组成。

➤ 关系。查看变量之间的相关性，常常与统计学相关性分析方法结合使用，通过视觉结合使用者专业知识与场景需求判断多个因素之间的影响关系。

大规模数据可视化一般认为是处理数据规模达到 TB 或 PB 级别。经过数十年的发展，大规模数据可视化经过了大量研究，目前常用的有并行可视化和原位可视化。

（1）并行可视化

并行可视化通常包括 3 种并行处理模式，分别是任务并行、流水线并行、数据并行。任务并行将可视化过程分为独立的子任务，同时运行的子任务之间不存在数据依赖。流水线并行采用流式读取数据片段，将可视化过程分为多个阶段，计算机并行执行各个阶段，加速处理过程。数据并行是一种"单程序多数据"方式，将数据划分为多个子集，然后以子集为粒度并行执行程序，处理不同的数据子集。

（2）原位可视化

原位可视化是在数值模拟过程中生成可视化，用于缓解大规模数值模拟输出瓶颈。根据输出不同，原位可视化分为图像、分布数据、压缩数据与特征。输出为图像的原位可视化，是在数值模拟过程中，将数据映射为可视化，并保存为图像；输出为分布数据的原位可视化，是根据使用者定义的统计指标，在数值模拟过程中计算统计指标并保存，后续进行统计数据可视化；输出为压缩数据的原位可视化采用压缩算法降低数值模拟数据输出规模，将压缩数据作为后续可视化处理的输入；输出为特征的原位可视化采用特征提取方法，在数值模拟过程中提取特征并保存，将特征数据作为后续可视化处理的输入。

（3）时序数据可视化

时序数据可视化是帮助人类从数据的视角观察过去、预测未来，例如建立预测模型，进行预测性分析和用户行为分析。面积图可显示某时间段内量化数值的变化和发展，最常用来显示趋势。气泡图可以将其中一条轴的变量设置为时间，或者把数据变量随时间的变化制成动画来显示。蜡烛图、OHLC 图通常用作交易工具。甘特图通常用作项目管理的组织工具。热图通过色彩变化来显示数据。直方图适合用来显示在连续间隔或特定时间段内的数据分布。折线图用于在相等时间间隔或时间跨度上显示定量数值，最常用来显示趋势和关系。南丁格尔玫瑰图绘制于极坐标系之上，适用于周期性时序数据。螺旋图沿阿基米德螺旋线绘制基于时间的数据。堆叠式面积图的原理与简单面积图相同，但它能同时显示多个数据系列。量化波形图可显示不同类别的数据随时间的变化。另外，具有空间位置信息的时序数据常常将上述可视化方法与地图结合，例如轨迹图。

数据的可视化过程如下：

①数据可视化模型。

在数据可视化模型中，数据可视化的流程为：最初的原始数据→数据表→可视化的数据结构→数据视图。

②数据可视化过程。

数据可视化模型将数据的可视化过程分为 3 个基本阶段。

➤ 数据预处理阶段。

这是数据可视化过程的一个基本阶段，数据预处理是指将收集到的数据进行一些简单的预处理加工，把相关联的数据整合，并进行模块化处理。具体来说，数据预处理包括对数据进行基本的格式化和标准化、进行数据相关变换、将数据压缩和解压缩等。对于不同领域，有些数据还要进行异常值检查、聚类等处理。

➤ 绘测阶段。

绘测指的是将信息数据转换成几何图象，此阶段需要考虑不同用户群的需求。

➤ 显示和交互。

显示功能指的是将绘测阶段生成的数据图形和图像按照用户的要求输出结果。这一阶段除了单纯的显示数据图像信息，还要传递数据之间的关联性及数据发展趋势，并把用户的反馈信息传递到软件层，以实现人机交互。

面对海量的纷繁复杂的数据，研究人员需要从中找出某领域内相关的、有价值的数据并进行处理，这项工作无疑是枯燥并且艰难的。因为大数据时代下的数据具有规模庞大且结构复杂的特点。对于用户而言，他们需要在最短的时间内得到对这些数据最客观和全面的分析结果。数据可视化技术可以快速有效地提取数据信息并进行数据关联性处理，生成数据之间的关系图，并呈现在用户面前，帮助用户观察与分析数据。因此，在大数据时代下数据可视化技术是一门十分有效的数据综合处理技术。

2.2.5 数据可视化技术的特征与应用

1. 数据可视化技术的特征

数据可视化主要有 3 个特征，即功能特征、使用人群特征、应用场景特征。

（1）功能特征

从功能特征上，数据可视化首先要做到艺术呈现，即美观；其次是高效传达，保证数据可视化系统有用；同时允许用户根据自身业务的需求进行交互，自行挖掘数据价值。

（2）使用人群特征

根据使用人群特征，可以将数据可视化系统分为 3 类：第一类是运营监测人员；第二类是分析调查人员；第三类是决策人员。因此在搭建系统时，要从用户角度进行思考，把握数据之间的整体规律，从而帮助用户做出真正的决策。

（3）应用场景特征

根据应用场景特征，可以将数据可视化系统分为 3 类：一是监测指挥；二是分析研判，主要与分析员有关，常用在特定的交互分析场景；三是汇报展示，主要是向领导或主管汇报工作。

2. 数据可视化技术的应用

目前大数据的可视化应用十分广泛，从政府机构到金融行业，从医学到工业及电子商务等各行各业均有数据可视化的影子。

（1）政府机构

我国"十三五"规划纲要中明确指出，要实施国家大数据战略，这充分体现了政府对大数据的重视。该战略不仅推动了大数据的发展，而且政府推动数据、数字治理，以提高政府实现科学决策和高效治理。而数据可视化能更直观为政府在短时间内采取高效、准确的治理手段和管理决策提供帮助。

（2）金融行业

在当今互联网金融的激烈竞争下，市场形势瞬息万变，金融行业面临诸多挑战。通过引入数据可视化可以对企业各地的日常业务动态实时掌控，对客户数量和借贷金额等数据进行有效监管，帮助企业实现数据实时监控和管理；通过对核心数据多维度的分析和对比，指导企业科学地制订运营策略及发展方向，不断提高企业风控管理能力和竞争力。

（3）工业生产

数据可视化在工业生产中有着重要的应用，例如可视化智能硬件的生产与使用。可视化智能硬件通过软硬件结合的方式使设备具有智能化的功能，并对硬件采集来的数据进行可视化的呈现，因此智能化后的硬件具备了大数据等附加值。随着相关技术的发展，可视化技术出现在智能电视、智能家居、智能汽车、医疗健康、智能机器人、智能教育等各个应用领域。图2-12呈现了数据可视化技术在工业生产中的应用。

图2-12　数据可视化技术在工业生产中的应用

（4）现代农业

随着计算机技术、物联网技术及人工智能技术的不断发展，农业也向智能化方向发展。将智能物联网设备应用到现代农业的整个生产过程，采集现代农业现场的空气温湿度、天气、土壤温湿度、光照数据、二氧化碳及物流等一系列数据并公开，让消费者用得放心，吃得放心。同时还充分利用电商平台为农户销售农产品，并大力发展智慧农业数据可视化。数据可视化在现代农业中应用如图2-13所示。

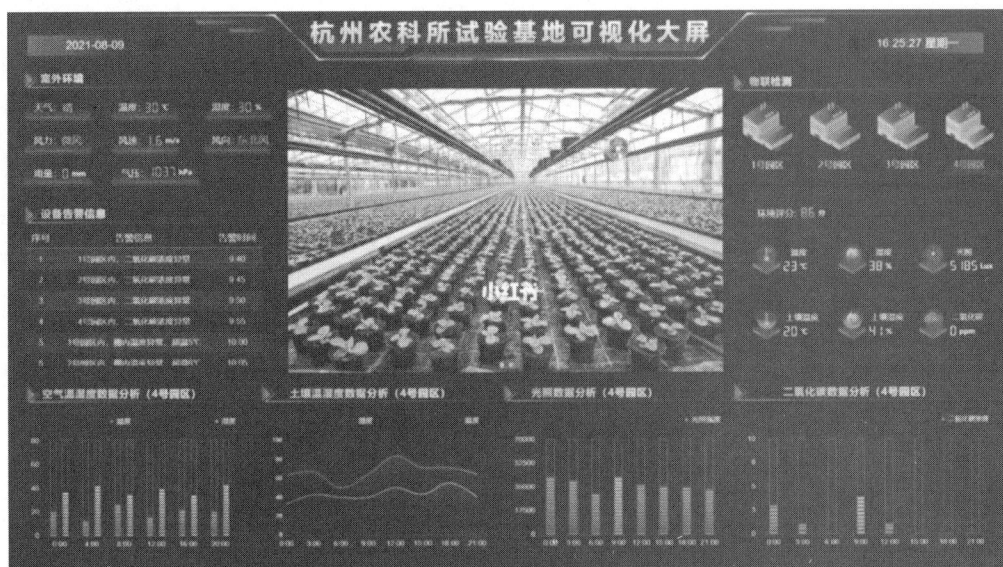

图 2-13　数据可视化在现代农业中的应用

（5）医疗

数据可视化可以辅助医生对病人诊断，如应用于诊断和外科手术中的精准建模；还可以对重大疫情数据进行可视化，以还原患者的行为轨迹；将可穿戴设备采集的人体心率、血压等身体指标的数据可视化。同时，数据可视化还可以对医院之前分散、凌乱的数据加以整合，构建全新的医疗管理体系模型，以帮助领导快速解决关注的问题。图 2-14 显示了数据可视化在医疗方面的应用。

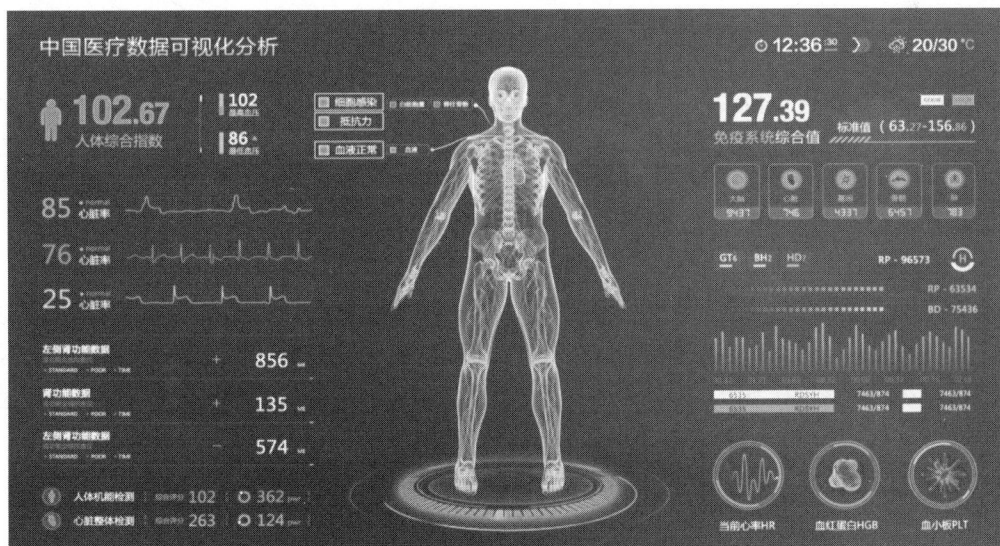

图 2-14　数据可视化技术在医疗中的应用

（6）教育

在计算机技术快速发展的今天，可视化教学逐渐部署在有人教学模式中。可视化教学是在计算机辅助下，将被感知、被认知、被想象、被推理的事物及其发展变化的形式和过程用仿真化、模拟化、形象化及现实化的方式在教学过程中尽量呈现出来，有助于学生更好地获取、存储、重组知识，并能将知识迁移应用，以促进多元思维的养成。图2-15呈现了数据可视化技术在教育中的应用。

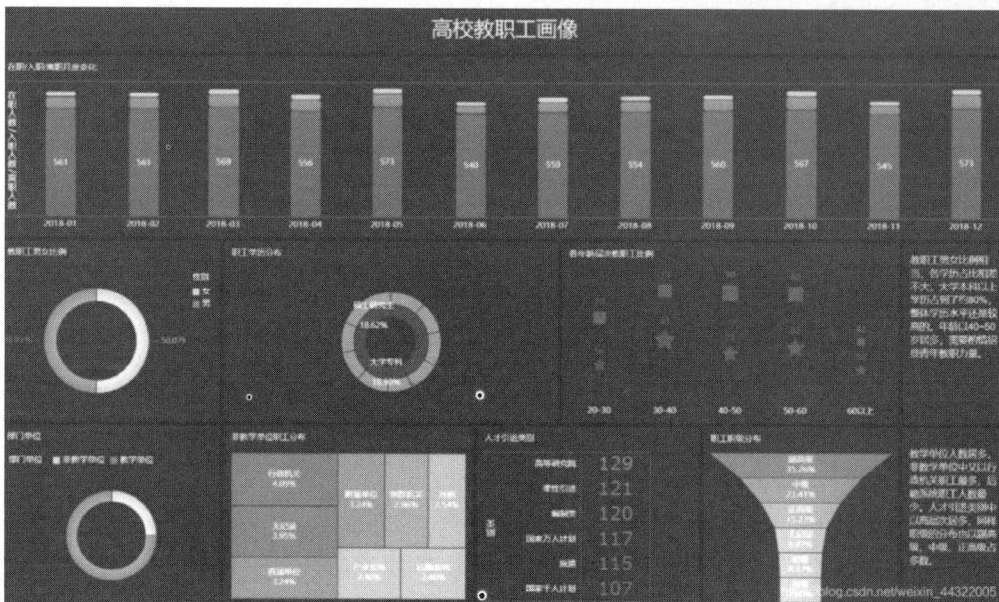

图2-15　数据可视化技术在教育中的应用

（7）电子商务

大数据可视化技术在电子商务中有着重要的作用。对于电商企业，对商品开展数字化的运营分析，是商家日常必要的工作，通过可视化技术可以很直观地提供销售和交易的数据，为商家提供决策。同时，还可以根据用户对商品的关注度或个人喜好，呈现出可视化数据，供商家为其推荐比较感兴趣的商品，以提高销售业绩等。

（8）其他领域

数据可视化技术还可以在气候、天体、股票交易、汽车运行、物流管理、卫星运行监测、城市交通管理、城市轨道交通监控、现代旅游等多方面加以应用。如气候可视化可以集地理信息、视频监控、警力警情数据于一体，助力城市的社会治安管理等。图2-16呈现了数据可视化技术在旅游中的应用。

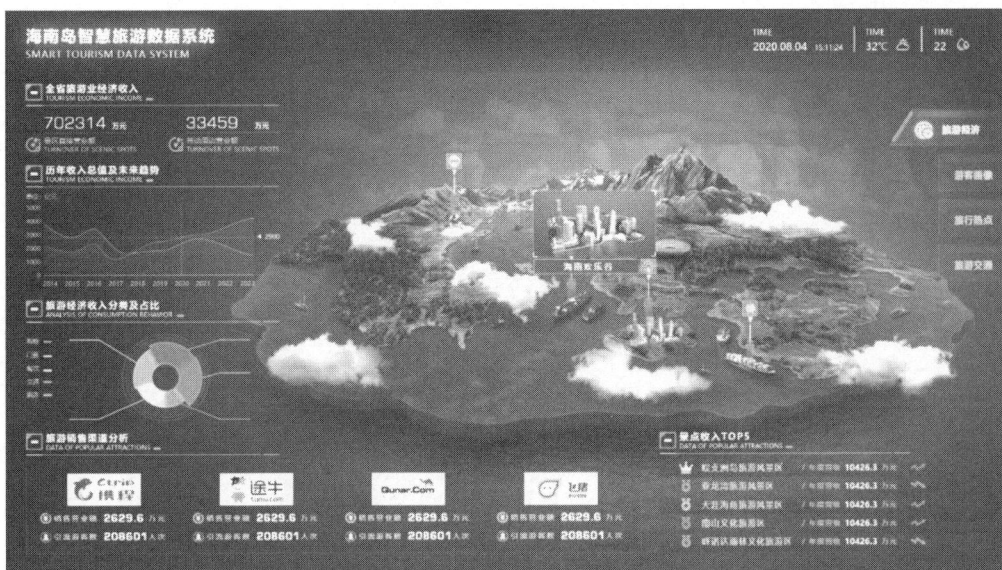

图 2-16 数据可视化技术在旅游中的应用

2.3 总结

数据收集和数据存储技术是大数据处理的基础，本章就数据采集、数据爬取、数据预处理、数据可视化技术的特征及应用加以介绍。数据可视化是利用计算机图形学及图像处理技术将数据转换为图形或图像并显示到屏幕上进行交互的理论、方法和技术，其涉及计算机视觉、图像处理、计算机辅助设计、计算机图形学等多个领域，在大数据领域中应用非常广泛。通过本章的学习，应该掌握数据可视化定义、数据采集方法、数据爬取及预处理、数据可视化技术的特征，数据可视化技术在政府机构、金融行业、工业生产、现代农业、医疗、教育、电子商务及城市建设等各行各业中均得到了广泛应用。

扩展阅读

第2章扩展阅读

课后习题

1.在现实世界的数据中,元组在某些属性上缺失值是比较常见的。讨论处理这一问题的方法。

2.简述数据采集的基本形式结构并比较其特点。

3.简述网络爬虫基本工作流程。

4.简述数据可视化的意义及流程。

5.简述数据可视化中数据模型和概念模型的区别和联系。

6.简述数据可视化常用三种数据类型。

7.数据可视化有哪些作用?

8.试简述数据可视化的发展历史。

9.什么是数据可视化?

10.请举出几个数据可视化的案例。

11.数据可视化技术的特征有哪些?

课后习题参考答案

第2章数据采集
与数据可视化

第 3 章

机器学习

3.1 机器学习基础

机器学习隶属于人工智能领域，是一门通过综合利用生物学、统计学、概率论、认知科学、哲学、控制论等学科知识使得机器达到甚至超过人类学习行为、能力及效果的交叉学科。在 20 世纪，机器学习刚刚开始萌芽时，匮乏的数据资源、糟糕的硬件条件使得"让机器如人一般学习、表现"这样的目标看上去充满了科幻小说似的魔幻色彩，但是当下，我们可以体验到机器学习在生活中愈发展现出的魅力。在医疗诊断、金融商业、交通等领域，机器学习皆展现出了比人类更快、更智能的效果。然而，机器是如何做到这一点的呢？这也是这一章节所希望覆盖的内容。

机器学习的过程与人类学习过程有着异曲同工之妙。人类新生儿不是出生就对世间万物具有正确的认知，其认知过程往往是通过过往的经验对问题形成总结，之后利用"总结模型"对新的问题形成判断。以小孩对小狗的认知为例，一开始人类小孩并不认识眼前的动物，但是他联系到自己看过的连环画中曾出现过和眼前动物很相似的角色，在那本书中，眼前的动物应该叫作"狗"，当然，此时他并不确定，因为两者的大小、毛色似乎并不完全相同，但是在之后的一个月中，在散步时，在看电视时，小孩反复看见这些相似的动物，他的父母会告知他这些都是"狗"，此时小孩成功总结关于动物"狗"的相关规律，并从此具有识别"狗"的能力。而作为一门致力于达到或超过人类认知水平的学科，机器对事物的学习过程其实是与人类类似的：计算机从大量训练样例中总结经验、建立模型并应用学习到的概念、模型在未知的样本上。这样的具备"输入、处理、输出"三阶段的过程，并可以使得所建立的模型在一定性能度量下逐渐随着经验增加而改善性能的计算机程序被称为机器学习。

图 3-1 总结了机器学习的基本流程。在将机器学习建立好的模型应用于实际问题之前，需要经过问题定义，数据收集、清洗、标注、特征工程，模型训练，模型验证这几个步骤。在确定好所要解决的问题是什么、需要达成什么样的目标之后，需要根据问题导向收集并处理合适的数据，这些数据之间或彼此冗余，或存在差错，因此需要一个重新审查和校验的过程。同时这些数据的维度可能很大，从而对计算形成较大的压力，因此需要使用合适的表示学习算法转换特征空间或者选择出重要特征以加快运算速度，最后将处理好的

数据输入诸如神经网络、支持向量机等机器学习模型并训练模型以得到合适的模型参数。整个模型训练的过程是迭代进行的，可以根据模型训练或者特征表示过程的结果来重新调整前一步骤的训练过程，直至模型取得较好结果为止。训练并验证好的模型可以直接用于对未知数据样本的学习、分类、回归、预测，从而真正地服务于现实生活。

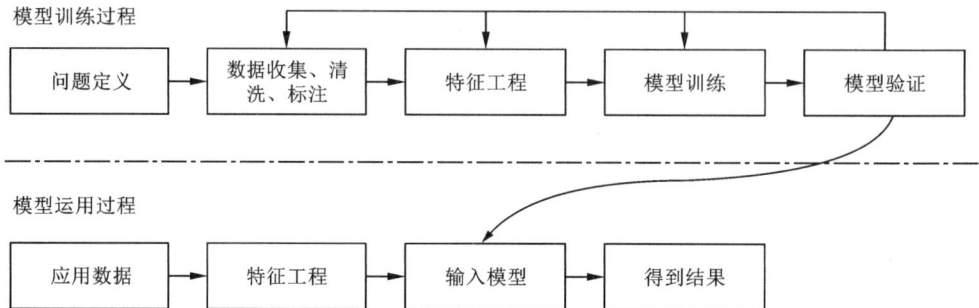

图 3-1　机器学习基本流程

机器学习有着较长的研究历史。图 3-2 展示了机器学习在近一百年以来涌现出的诸多优秀算法。自 20 世纪 50 年代初，在人工智能的基础上就逐渐发展出了机器学习理论，当时阿瑟·萨谬尔在内存仅为 32 K 的晶体管计算机上研制出了最初版本的西洋棋跳棋程序，他在达特茅斯会议上介绍自己的工作时，首次使用了"机器学习"这样的词语。之后机器学习的发展结合已有的人工智能相关领域基础，逐渐衍生出了以下三大主义。

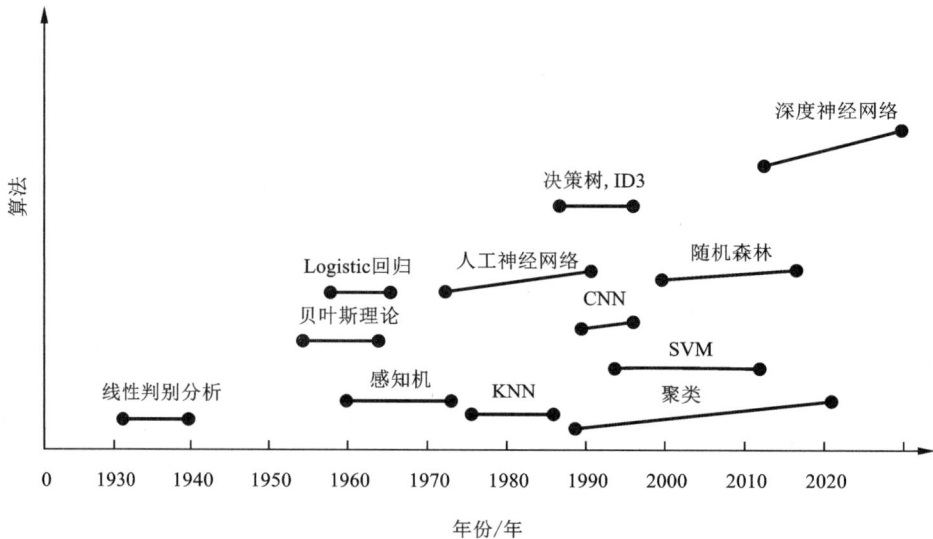

图 3-2　机器学习发展时间轴

（1）符号主义

符号主义又被称为逻辑主义。该主义将计算机视为一个物理符号系统，同时认为人类的认知和思维的基本单元也是符号，因此可用符号上的运算来模拟人类的认知过程。20 世纪 60—70 年代，在符号主义的基础上逐渐衍生出了概念学习，概念学习利用特殊的对象和事件的集合搜寻出对象和事件的概念的一般定义。表 3-1 展示了一个概念学习的例子，面对在什么情况下去运动的问题，学习器需要从所有可能假设的集合 H 中找到一个假设 h，使得对于实例集 X 中的任意样本 x，利用假设 h 对其做出的判断 $h(x)$ 都等于目标概念 $c(x)$。常见的概念学习算法有 Find-S 算法、候选消除算法等。

表 3-1　概念学习示例

序号	天气	心情	风速	温度/℃	最近是否忙碌	是否打球
1	小雨	好	小	20~30	否	是
2	晴	好	小	10~20	是	是
3	中雨	好	大	10~20	是	否
4	晴	好	小	10~20	否	是

（2）连接主义

连接主义又称为仿生学派或生理学派，其认为机器学习算法应该将视线转移至神经网络及神经网络间的连接机制与学习算法。其代表算法是感知机算法，感知机是一种对人类神经元的初始模仿，更是著名的人工神经网络的前身。图 3-3 展示了感知机的示意图，设输入数据 $X \in R^n$，其中 $x_i \in X$ 表示数据 X 的特征，对应于输入空间的点，若能使用合适的权重 w 和偏置 b 使得输入数据经过模型 $f(x) = \text{sign}(wx+b)$ 后可以得到输出 $y \in Y = \{+1, -1\}$，则称这样的模型为感知机。感知机可以处理线性二分类问题，并能进行"并""与""非"等逻辑运算，在当时一度引发研究热潮，只不过受其效果的限制，研究热情才逐渐消退。不过 1986 年提出的 BP 神经网络以及现在的深度神经网络研究热潮又将"连接主义"思想捧上了新的高峰。

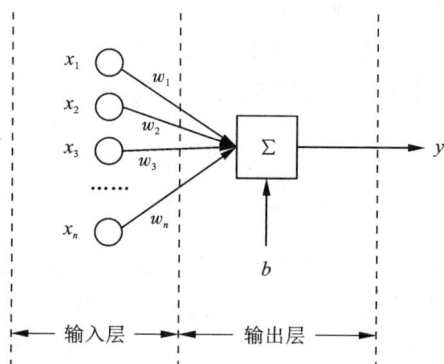

图 3-3　感知机示意图

（3）行为主义

行为主义又称为进化主义或控制论学派，该名词最早来源于20世纪的心理学流派，认为行为是有机体用以适应环境变化的各种身体反应的组合。因此行为主义早期的研究工作重点是将机器视为行为主体，并研究行为主体在复杂环境中如何根据环境刺激采取合适的行动。比较典型地体现了"行为主义"思想的机器学习模型有遗传算法和强化学习方法，前者以适应度作为环境导向诱发主体产生交叉、变异等行动，后者则是直接研究行为主体如何在复杂环境下取得累积奖励最大值。

但以"主义"争霸的时代已经过去，现在更常见的做法是采用不同的方法解决不同的问题。机器学习领域比较常见的算法有决策树算法、贝叶斯算法、神经网络算法、支持向量机算法等。按照学习范式对这些算法进行分类，机器学习可以被划分为有监督学习、无监督学习、半监督学习和强化学习，这一划分方式也是最常见的划分模式，本章对机器学习的简介将主要围绕这种方式来进行，具体可见3.3小节。另一种使用比较广泛的分类方式是按学习目标对机器学习算法进行划分，如刚刚提及的Find-S算法，其学习的目标为概念，因此隶属于概念学习。另外，还有目标为规则的规则学习，如决策树算法，目标为函数的神经网络算法以及目标为数据样本标签的类别学习。

自西洋跳棋提出以来，机器学习科学家从未停止过想让机器与人类对弈的兴趣，2016年谷歌（Google）旗下 DeepMind 公司戴密斯·哈萨比斯团队开发的围棋对弈程序 AlphaGo 首次击退人类顶尖围棋选手柯洁，其内核算法就是强化学习思想和深度神经网络。现在支付宝、小区全面铺开的人脸识别也是通过机器学习相关算法来实现的。现在自动驾驶已经被公认为将会成为未来汽车中必备的辅助系统以确保乘客和行人的生命安全，而在自动行驶系统中如何寻找路径，如何控制方向、油门、刹车、灯光，如何识别道路场景都离不开对机器学习的运用。

随着技术的不断成熟，机器学习的重要性越发凸显。2003年，美国国防部高级研究计划局（DARPA）启动 PAL 计划，将机器学习的重要性上升到美国国家安全的高度来考虑，机器学习和统计学为数据挖掘提供数据分析技术；在世界大学学科排名榜中计算机排第三的卡耐基梅隆大学于2006年成立了世界上第一个机器学习系；2014年，中国计算机学会（CCF）大数据专家委员会上结合机器学习等智能计算技术的大数据分析技术被推选为大数据领域第一大研究热点；2017年，国务院正式印发了《新一代人工智能发展规划》。如今，与机器学习相关的学术活动空前活跃，机器学习已经成为新一轮产业变革的核心驱动力，也将为社会和产业的发展建设提供新的机遇与发展空间。

3.2 最优化问题

最优化方法的目标是解决诸如怎样设计运输方式使得总花费最小、如何设计乘车方式使旅程时间最短等最优化问题。这些最优化方法在一系列约束条件下，搜寻到一系列参数或变量，使得最优化问题中的目标函数达到最优从而为实际问题提供最优的解决方案。根据问题是否有约束，最优化问题的数学模型可以被分别表示为式(3-1)和式(3-2)。

无约束优化问题：

$$\min_{[x_1, x_2, \cdots, x_n]^T \in \psi} f(x_1, x_2, \cdots, x_n) \tag{3-1}$$

有约束优化问题：

$$\begin{cases} \min\limits_{[x_1, x_2, \cdots, x_n]^T \in \psi} f(x_1, x_2, \cdots, x_n) \\ \text{s. t.} \\ g_i(x_1, x_2, \cdots, x_n) \geq 0, \qquad i = 1, 2, \cdots, l \\ h_j(x_1, x_2, \cdots, x_n) = 0, \qquad j = 1, 2, \cdots, m \end{cases} \tag{3-2}$$

式（3-1）描述的是无约束优化问题，其中 $f(\cdot)$ 为目标函数，一般的最优化问题需要找到一组参数 $x_1, x_2, \cdots, x_n$ 使得目标函数 $f(\cdot)$ 可以最小化（最大化问题往往也可以被转化为最小化问题求解）。式（3-2）中的 $g_i(x_1, x_2, \cdots, x_n) \geq 0$，$i = 1, 2, \cdots, l$，$h_j(x_1, x_2, \cdots, x_n) = 0$，$j = 1, 2, \cdots, m$ 被称为优化问题的约束，满足所有约束的参数被称为可行解，这样的点不止一个，其集合被称为可行域。

若目标函数和约束函数都是线性函数，这样的优化问题就是线性规划问题，反之则是非线性规划问题。由于生活中绝大多数的问题均为非线性问题，很多求解最优化的方法都为求解非线性规划问题而设计。大多数优化方法的思路都可以被总结为以下几个步骤：①厘清问题，确定目标函数；②猜测初始估计 X_0；③迭代产生新估计 X_T，直至问题收敛。在整个过程中，不同的优化方法可能确定的搜索方向不一、时间复杂度不一，但是好的搜索方法应该尽量使搜索在尽可能短的时间内搜索到全局最优解。在这一小节中，我们将主要介绍两种非常经典的优化方法——梯度下降法和牛顿法，并介绍一种启发式优化方法——遗传算法。

在本章第一节中，我们曾提及可以使得所建立的模型在一定性能度量下逐渐随着经验增加而改善性能的计算机程序被称为机器学习。在这样的理论框架下，很多机器学习问题都可以被视为最优化问题，机器学习中的性能度量方式即为最优化问题中目标函数，两者皆希望通过一定方式在可行域内搜寻到使问题达到最优解的参数。因此，我们可以看到在第一小节中所提及的围棋程序的目标函数可以是使得棋局输的概率最小化，其需要寻求的参数是每一步的走法，而每一次的"合法"走子则等同于最优化问题中的搜索空间。同样地，机器学习中的分类问题可以被视为目标函数为误分率最小化的优化问题，聚类可以被视为使得簇内样本距离最小、簇间样本距离最大的优化问题。很多机器学习算法是一种优化、搜索的过程，比如第一节中提及的概念学习可以被视为对搜索空间不断缩小的一个过程，神经网络是以最小化误差函数为目标的优化模型，支持向量机是以最大化间隔同时保持识别正确率的有约束优化问题。由此可见，最优化方法在机器学习中起着非常重要的作用。理解机器学习中最优化方法及思想所起的作用也是这一章节的学习要点之一。

3.2.1　梯度下降法

梯度下降法是一种寻找目标函数最小化的下降迭代方法。所谓迭代方法是指下一时刻的参数 $x^{(k+1)}$ 由上一时刻的参数 $x^{(k)}$ 所决定，同时随着迭代次数的增加，参数 $x^{(k)}$ 能够逐渐减小函数 $f(x)$ 的取值以满足问题需求。根据以上定义，我们可知，设 n 维参数 $x^k \in \mathbb{R}^n$ 是

梯度下降法 k 时刻上的迭代点，则下一时刻的迭代点可表示为式(3-3)，其中，$\Delta x^{(k)}$ 为两次迭代间的变化量，也被称为迭代的搜索方向，$\lambda \in (0, \delta)$，$\delta > 0$ 为自定义参数，用于限制在搜索方向上的搜索速度，也被称为步长。

$$x^{(k+1)} = x^{(k)} - \lambda \Delta x^{(k)} \tag{3-3}$$

当利用式(3-3)迭代地去求解最优化问题的最优参数时，还需要满足以下两个条件：

①搜索方向 $\Delta x^{(k)}$ 是 $f(x)$ 的下降方向，应使得 $f(x^{(k)} - \lambda \Delta x^{(k)}) < f(x^{(k)})$。

②设 $x^{(k)}$ 在可行域 ψ 内，则 $x^{(k)} - \lambda \Delta x^{(k)}$ 应同样属于可行域 ψ。

当同时满足以上两点时，$\Delta x^{(k)}$ 也被称为可行下降方向。

此时，优化问题就进一步演变为如何设置合理的步长 λ 和搜索方向 $\Delta x^{(k)}$。其中步长是用于限制搜索速度的，当参数 λ 设置过大时，迭代搜索时很容易直接跨过全局最优解，从而使优化问题难以收敛，因此步长不宜设置过大。当然，当步长设置过小时，每次迭代间的变化量都会很小，从而增加了收敛时间，不利于实际应用，因此如何设置步长参数也是实际应用中需要根据经验和相关考量去思索的地方。

而搜索方向则应该尽量使得函数增长或减小速度增快，以便尽快找到最优解。从数学知识可知，某一点处的任意方向的变化率可被表示为式(3-4)，这样的变化率也被称为方向导数。

$$f_l(p_0) = \lim_{|p-p_0| \to 0^+} \frac{f(p) - f(p_0)}{|p-p_0|} \tag{3-4}$$

式(3-4)表示以点 p_0 为起点作一射线 l，p 为射线上的另一点，当两点间距离 $|p-p_0|$ 趋近于零时，若比值 $\frac{f(p) - f(p_0)}{|p-p_0|}$ 的极限存在，则称此极限为函数 $f(\cdot)$ 在点 p_0 处沿方向 l 的方向导数。同时设函数 $f(x_0^{(0)}, x_1^{(0)}, \cdots, x_n^{(0)})$ 在可行域 ψ 内具有一阶连续偏导数，则对于每一个点 $d_0 = (x_0^{(0)}, x_1^{(0)}, \cdots, x_n^{(0)}) \in \psi$ 都可以确定一个向量，该向量被表示为式(3-5)，也被称为函数 $f(x_0^{(0)}, x_1^{(0)}, \cdots, x_n^{(0)})$ 在点 d_0 处的梯度，记为 $\mathrm{grad}f(d_0)$ 或 $\nabla f(d_0)$。

$$\nabla f(x_1, x_2, \cdots, x_n) = \begin{bmatrix} \frac{\partial f}{\partial x_1}(x_1, x_2, \cdots, x_n) \\ \frac{\partial f}{\partial x_2}(x_1, x_2, \cdots, x_n) \\ \vdots \\ \frac{\partial f}{\partial x_n}(x_1, x_2, \cdots, x_n) \end{bmatrix} \tag{3-5}$$

梯度和方向导数间的关系可表示为：

$$f_l(d_0) = |\mathrm{grad}f(d_0)| \cdot \cos \theta \tag{3-6}$$

其中 $\cos \theta$ 为向量 l 的方向余弦。根据这样的公式可以看出，只有当 θ 为 0°时，方向导数最大，此时它的方向和梯度方向平行。由此可见，梯度方向是函数增加最快的方向，沿着梯度方向可以找到函数的最大值，反之，沿着梯度方向的相反方向则可以找到函数的最小值。现可总结梯度下降算法的一般步骤如下：

①根据实际问题的需求，设置合理的目标函数模型 $\min f(x)$。

②随机初始化初始点 $x^{(k)}=(x_0^{(k)},x_1^{(k)},\cdots,x_n^{(k)})$，其中 $k=0$，设置算法终止条件以及步长 λ。

③确定当前位置的损失函数 $f(x)$ 的梯度 $\nabla f(x_0^{(k)},x_1^{(k)},\cdots,x_n^{(k)})$。

④更新所有参数，使得：

$$x^{(k+1)}=x^{(k)}-\lambda\,\nabla f(x_0^{(k)},x_1^{(k)},\cdots,x_n^{(k)})$$

⑤若 $|x^{(k+1)}-x^{(k)}|<\varepsilon$，则算法终止；否则 $k=k+1$，重复步骤③。

梯度下降法还逐渐发展出了其他算法，例如：

①批量梯度下降法：其基本形式与梯度下降法相同，但更新参数时采用一批数据，而不是使用一个数据。

②随机梯度下降法：在传统的梯度下降法中，每次更新参数均需遍历所有的数据，当数据量过大或者无法一次性取得全部数据时，传统的梯度下降法将无法运行，此时可采用随机梯度下降法，通过随机在数据集中选取数据来更新目标函数中的参数。

3.2.2　牛顿法

设有最优化问题

$$\min f(x),\ x\in R^n \tag{3-7}$$

其中目标函数 $f(x)$ 为二次可微函数。在求解该最优化问题时，最开始输入 x 的值并不一定能满足目标函数的需要，但是我们希望求出 x 的变化方向，使目标函数值可以逐渐快速下降。为达到以上目的，牛顿法使用函数 $f(x)$ 的泰勒级数的前面几项在实数域和复数域上来近似求解寻找方程 $f(x)=0$ 的根，则有：

$$f(x)\approx Q(x)=f(x^{(k)})+\nabla f(x^{(k)})^{\mathrm T}(x-x^k)+\frac{1}{2}(x-x^{(k)})^{\mathrm T}\nabla^2 f(x^{(k)})(x-x^{(k)}) \tag{3-8}$$

在式（3-8）中，$\nabla f(x^{(k)})$ 是迭代点 $x^{(k)}$ 的一阶导数，$\nabla^2 f(x^{(k)})$ 是其二阶导数，也被称为海塞矩阵，可被表示为式（3-9）：

$$\nabla^2 f(x^{(k)})=\begin{bmatrix}\dfrac{\partial^2 f(x^{(k)})}{\partial x_1\partial x_1}&\cdots&\dfrac{\partial^2 f(x^{(k)})}{\partial x_1\partial x_n}\\ \vdots&\cdots&\vdots\\ \dfrac{\partial^2 f(x^{(k)})}{\partial x_n\partial x_1}&\cdots&\dfrac{\partial^2 f(x^{(k)})}{\partial x_n\partial x_n}\end{bmatrix} \tag{3-9}$$

设函数 $Q(x)$ 的驻点 $x^{(k+1)}$ 是 $Q(x)$ 的极小点，这也是我们需要去求出的点，对函数 $Q(x)$ 求导并使其等于零，可得此最小点：

$$\nabla Q(x)=\nabla f(x^{(k)})+\nabla^2 f(x^{(k)})(x-x^{(k)})=0 \tag{3-10}$$

此时可得：

$$x^{(k+1)}=x^{(k)}-\frac{\nabla f(x^{(k)})}{\nabla^2 f(x^{(k)})} \tag{3-11}$$

其中 $-\dfrac{\nabla f(x^{(k)})}{\nabla^2 f(x^{(k)})}$ 即为参数 x 的搜索方向，也被称为牛顿方向。与梯度下降法类似，在确定每次迭代的方向之后，牛顿法的基本步骤可被总结为：

①根据实际问题的需求，设置合理的目标函数模型。

②随机初始化初始点 $x^{(k)}=(x_0^{(k)}, x_1^{(k)}, \cdots, x_n^{(k)})$，其中 $k=0$，设置算法终止误差值 ε。

③确定当前位置的一阶导数和二阶导数，并求出牛顿方向 $-\dfrac{\nabla f(x^{(k)})}{\nabla^2 f(x^{(k)})}$。

④更新所有参数，使得：

$$x^{(k+1)}=x^{(k)}-\frac{\nabla f(x^{(k)})}{\nabla^2 f(x^{(k)})}$$

⑤若 $|x^{(k+1)}-x^{(k)}|<\varepsilon$，则算法终止；否则 $k=k+1$，重复步骤③。

牛顿法的收敛速度很快。海森矩阵的逆在迭代过程中不断减小，可以起到逐步减小步长的效果。但是牛顿法的缺点也很显而易见，其要求目标函数必须二次可微，同时海塞矩阵的逆计算也较为复杂。

3.2.3　遗传算法

遗传算法（genetic algorithm）是美国 Holland 教授于 20 世纪 60 年代提出的一种模仿自然界中的优胜劣汰和遗传机制的智能仿生算法。"现代遗传学之父"孟德尔曾在著名的豌豆实验中得出结论，生物的性状是由遗传因子决定的，且在形成配子时，决定同一性状成对的遗传因子彼此分离，决定不同性状的遗传因子自由组合。模仿生物学中的遗传规律，遗传算法通过设定种群个体的表现形式，初始化种群，设定适应度函数评价种群中个体的方式，淘汰掉每一代种群中的"低质量"个体，并模仿生物繁衍的方式，通过对个体"染色体"的选择、交叉、变异，一次次生成新的种群，从而辅助搜寻出所关心问题的最优解。表 3-2 展示了生物学中相应概念和遗传算法中相关概念含义上的对比。

表 3-2　生物学遗传理念和遗传算法有关概念的对应关系

	生物遗传概念	遗传算法概念
个体	参与遗传的最小单位；表现性的承载者	优化问题中的一个解
种群	相同类型的个体的集合叫作种群	多个解的集合
基因型	个体基因的具体序列	解的基本的组成单位
染色体	细胞在有丝分裂或减数分裂时 DNA 存在的特定形式	解的编码形式
适应度	个体适应当前环境的评价指标	用以衡量个体的优劣程度
变异	对子代进行基因突变的操作	解的某个或某些组成单位发生突变
交叉	选取父代群体中的两个个体（父亲和母亲）进行交叉遗传交换基因操作	通过交换产生新解
选择	对父代群体进行选择个体操作	对最优化问题中的解进行选择使其进入下一代

为和我们之前讲述过的梯度下降法和牛顿法相对应，这里设遗传算法需要解决的优化问题为：

$$\min_{[x_1,\ x_2,\ \cdots,\ x_n]^T \in \psi} f(x_1,\ x_2,\ \cdots,\ x_n),$$

s. t.

$$\begin{cases} g_i(x_1,\ x_2,\ \cdots,\ x_n) \geqslant 0, & i = 1,\ 2,\ \cdots,\ l \\ h_j(x_1,\ x_2,\ \cdots,\ x_n) = 0, & j = 1,\ 2,\ \cdots,\ m \end{cases} \tag{3-12}$$

其中，$f(x)$ 是目标函数，$g(x)$、$h(x)$ 是约束函数。为了求解该函数，按照如图 3-4 所示的遗传算法的基本框架，其步骤分为以下几步。

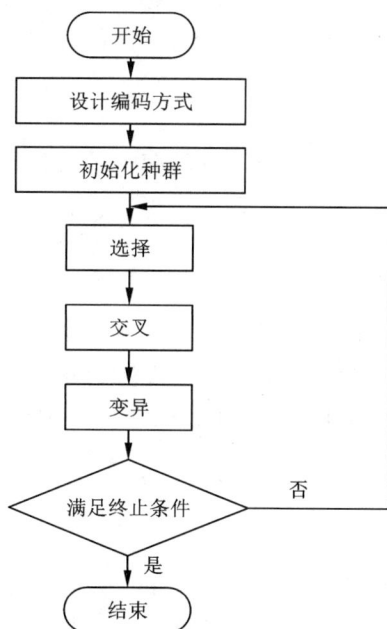

图 3-4　遗传算法的流程图

1. 确定个体的表达方式

生物界中个体拥有不同的基因，因此也决定了生物的不同特性。与生物界中的个体相同，遗传算法中的不同个体同样应该具备不同的基因表示，且由于遗传算法本质是一个数学问题，其个体的表达方式原则上应该方便后续的选择、交叉、变异操作。现在比较常用的个体编码方式有以下几种。

（1）二进制编码法

这是最常见的一种编码方式，其将个体的表达视为二进制编码符号串，每个寻优问题解空间中的可行解均使用二进制进行表达，编码长度和解空间的大小有关。设在某空间中，有可能解 8、7、2，且对该解空间而言，最优编码长度为 4，则个体的编码方式如下所示：

$$8\rightarrow1000 \quad 7\rightarrow0111 \quad 2\rightarrow0010$$

二进制表示法简单易行，且十分有利于之后的选择、交叉与变异，因此是最为常见的编码方式。

（2）浮点数编码法

对于很多实际问题而言，比如利用遗传算法求解加权融合算法中的权重，其个体并不能很好地利用二进制编码法进行表达，此时可以采用浮点数编码法进行表征。浮点数编码法就是一种使得个体的每个基因值用某一范围内的一个浮点数进行表达的方式。以刚才所说的加权融合算法为例，设分类器池 H 中有三个分类器，即 $H=\{h_i|i=1,2,3\}$，这里的 h_i 表示分类器，加权融合算法就是要求出每个分类器的合理权重，此处的一种可能的权重组合可以表示为<0.1, 0.3, 0.6>，表示第三个分类器具备较高的权重，其输出的影响力更大，该权重组合也被视为遗传算法中的一个个体，遗传算法的种群就是由多个这样的个体所组成的。

（3）符号编码法

符号编码法主要针对非数值优化问题，其编码方式采用只有代码含义的符号集，如字母表 $\{A, B, \cdots, Z\}$ 等。

2. 设置种群

确定个体编码方式后，需要确定种群的大小和种群中每个个体的基因型表达以作为求解的搜索范围。例如，在算法参数设置时，可设置初始种群大小为5，即初始种群中包含5个个体，每个个体的表达方式分别是 $x_1=<1000>$，$x_2=<0100>$，$x_3=<1100>$，$x_4=<0001>$，$x_5=<1111>$。

3. 适应度函数

与生物学中的遗传一样，遗传算法的根本目的是要选择出"优良的"个体。而个体优良与否主要通过适应度函数进行衡量。通常情况下，适应度函数为求最大优化或最小优化问题，具体适应度函数的设置应该依据所求解的问题来设置。

4. 选择

遗传算法中的选择就是选择父辈中的某些个体遗传到下一代，一般选择的原则是保证适应度更高的个体有更多的可能性被保留到下一代，常见的选择方法有：

①赌轮保存法：根据个体适应度分配个体被选中的概率，适应度更高的个体有更大可能被选择，适应度低的个体虽然被选中概率低，但仍有一定可能被选择。

②最优保存法：最优保存法的基本思想是直接将迄今为止适应度最高的个体保存到下一代，若当前群体存在个体比当前最优个体的适应度更高，则替换最优个体。

③排序选择法：将种群中个体按其适应度大小从大到小进行排列，并按排列顺序对个体进行选择。

5. 交叉

如果只对原始种群中的个体进行选择,那么种群将缺少多样性,此时可采用交叉操作,交换个体间基因型,从而生成更多的个体。交叉的方式同样有很多种,包括单点交叉、多点交叉等。图 3-5 和图 3-6 分别展示了单点交叉和多点交叉的具体过程。单点交叉在个体编码串中设置单交叉点,比如在图 3-5 中,交叉点在编码串的第四位,然后两个个体通过交换交叉点两边的编码串来生成新的个体。多点交叉的操作与单点交叉类似,只不过相比单点交叉,多点交叉设置了更多的交叉点。

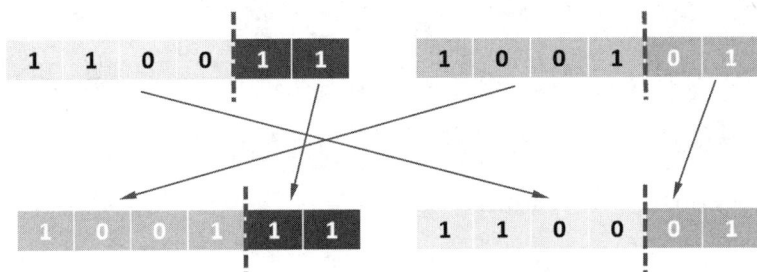

图 3-5　遗传算法单点交叉过程

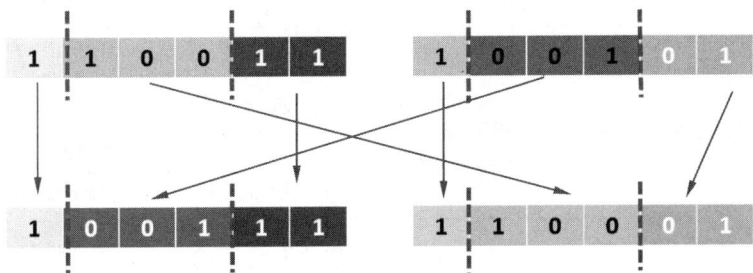

图 3-6　遗传算法多点交叉过程

6. 变异

为进一步增加个体多样性,防止优化问题提前落入局部最优点,因此有必要在遗传算法过程中加入变异操作。常见的变异方式是指在个体编码中,以变异概率 P 挑选出一个或多个基因进行改变,例如个体 0 1 1 1 1 0 1,设随机选择该个体的第三个基因进行改动,则变异后的个体为 0 1 0 1 1 0 1。

遗传算法就是按照以上步骤,迭代式地通过交叉、变异产生新的个体,增加对问题解空间的搜索,这样的过程将重复多次,直到搜索出满足问题所需、适应度足够高的个体时才结束。

3.3 机器学习算法

图 3-7 为机器学习基本分类，表 3-3 为机器学习策略比较。

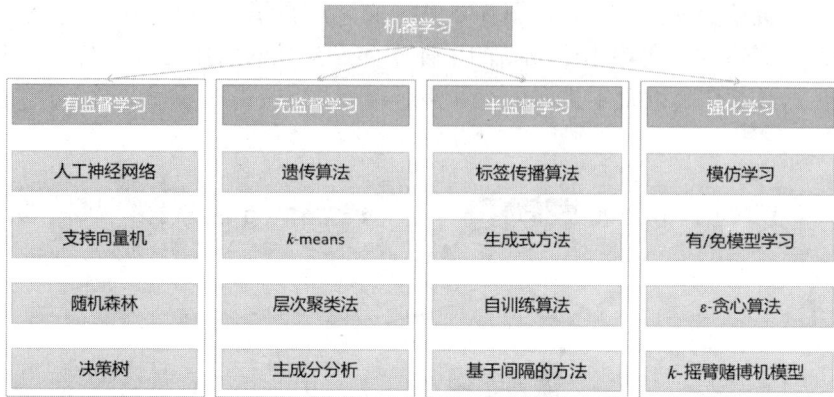

图 3-7 机器学习基本分类

表 3-3 机器学习策略比较

学习类型	数据处理任务	代表算法
有监督学习	分类/回归	贝叶斯模型
		马尔可夫模型
		支持向量机
		BP 神经网络
无监督学习	聚类/预测	k-means
		高斯混合模型
		主成分分析
半监督学习	分类/回归	自训练
		标签传播算法
强化学习	决策	Q-learning
		TD learning

在本章第一小节中，我们曾说过按照学习方式进行划分，机器学习算法可以被分为有监督学习、无监督学习、半监督学习以及强化学习。其中有监督学习是指训练数据具有标签，即当我们拿到的图像、视频、音频数据，我们明确地知道该数据是在表达什么的时候，比如标签为"笑"的笑脸图像，这样的数据被称为有标记数据，对这样的数据进行学习，就

被称为有监督学习。但是，由于给数据分配真实可信的标签是一件比较困难的事情，花费的代价也比较高，因此，有标签数据集的数量与规模往往上不去。但是对于很多算法而言，数据量将决定模型的质量，因此，如何利用上存在比例更大的无标签数据，也是机器学习领域的重要研究领域，即衍生出了无监督学习和半监督学习，其中无监督学习面向的就是无标签数据，而半监督学习则是结合有限的有标签数据和更多的无标签数据去共同建立模型。与前三者不同，强化学习不强调输入数据是否有"标注"，而是一种强调智能体在与环境交互过程中如何取得最大回报的方法论。在这一小节我们将重点学习机器学习中的这四种学习方式。

3.3.1　有监督学习

有监督学习是对有"标注"数据进行建模的学习方式，在这一小节将主要介绍两种经典的有监督学习方法——BP 神经网络和支持向量机。

1. BP 神经网络

BP 神经网络是一种典型的有监督学习算法。和上一小节提及的遗传算法相似，BP 神经网络也是一种对生物特性进行模仿的算法。信号被传递进神经元中，并在神经元中进行计算和处理，处理好的信号又逐层传递进下一层的神经元，直至得到网络输出，图 3-8 即为经典的神经网络。神经网络分为输入层、隐含层和输出层，信号通过输入层进入神经网络，并在隐含层得到处理，最后在输出层输出神经网络的处理结果。

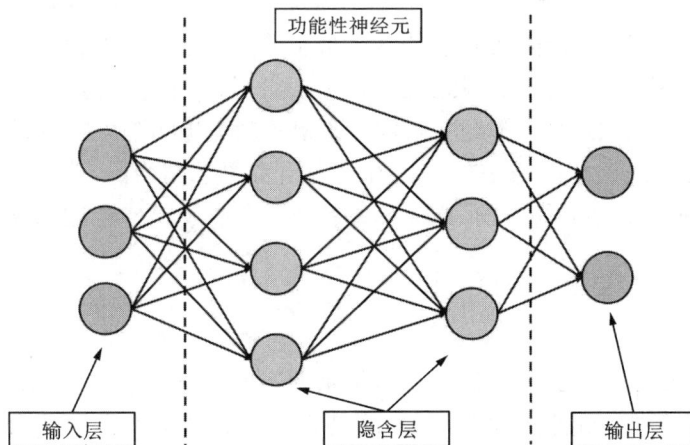

图 3-8　神经网络基本结构

式(3-13)描述了神经元处理信号的过程，信号 x_i 输入网络后，与对应的权重 w_{ij} 相乘并加和，所得结果通过激励函数以得到第 j 个神经元的输出。

$$y_j = f\left(\sum_i w_{ij} x_i + b \right) \tag{3-13}$$

式中：$f(\cdot)$ 为激励函数，用以使得神经元具有处理非线性问题的能力，从而使得神经网络具备更强大的处理能力。常用的激励函数有以下几种形式：

sigmoid 函数：

$$f(x)=\frac{1}{1+e^{-x}} \tag{3-14}$$

tanh 函数：

$$\tanh(x)=\frac{e^{x}-e^{-x}}{e^{x}+e^{-x}} \tag{3-15}$$

ReLU 函数：

$$ReLU(x)=\max(0,x) \tag{3-16}$$

信号从输入层到输出层逐层传递，直至输出层中所有神经元都产生输出，这样的过程就称为前向传播。当然，我们会期待输入信号经过功能性神经元的计算并通过输出层输出的内容符合问题所需。以分类问题为例，我们希望输入数据进入输入层后，输出层可以给出对该数据的判断标签，且该标签最好在绝大多数情况下与数据的真实标签一致，因此，神经网络的目标函数应与该目标一致。以下面两种常见的神经网络目标函数为例：

交叉熵目标函数：

$$\min E=-\sum_{x}y_i\ln\hat{y_i} \tag{3-17}$$

均方目标函数：

$$\min E=\frac{1}{n}\sum_{i=1}^{n}(y_i-\hat{y_i})^2 \tag{3-18}$$

在这两个公式中，y_i 为数据的真实标签，$\hat{y_i}$ 为网络对数据的判断标签，只有当这两者的区别尽可能小的时候，目标函数 E 才能达到最小值。由于在经典神经网络的目标函数中需要用到训练数据的真实标签 y_i，因此，经典神经网络属于有监督学习。

在确定网络目标函数之后，神经网络这一典型的最优化问题可以通过 3.2 节中提及的梯度下降法等优化算法求解网络中的权值和偏置等参数，网络的权值和偏置就是算法在"有标注"数据上所建立的模型，之后遇到新的样本，只需要将样本输入网络，就可以得到网络对其的判断。

2. 支持向量机

线性支持向量机是一种致力于区分样本类别的经典分类模型。其基本思想是期望在两类样本之间找出一个决策超平面 $W^{T}x_i+b=0$，使得在决策超平面右端的数据为正例，在决策超平面左端的数据为负例。这个过程可以被表示为式(3-19)，式中，x_i 为数据样本，y_i 表示数据 x_i 的标签，$y_i=+1$ 表示该数据为正例样本，反之则为负例样本。$W^{T}x_i+b$ 是支持向量机所需要建立的模型，其中 W 为法向量，决定超平面的方向；b 为位移量，决定超平面与原点间的关系。

$$\begin{cases} W^{T}x_i+b\geqslant+1, & y_i=+1 \\ W^{T}x_i+b\leqslant-1, & y_i=-1 \end{cases} \tag{3-19}$$

显然，对于一个用于分类的模型，其建立决策超平面应该满足以下两项条件：①要能正确将正负样例划分开；②需要具备一定的泛化能力，以应对未来未知的数据样本。

假设超平面能将训练样本正确地分类，即对于训练样本(x_i, y_i)，支持向量机对样本的预测输出$W^T x_i + b$应与样本的真实标签一致，即应满足下式：

$$y_i(W^T x_i + b) \geq 1, \ \forall i \tag{3-20}$$

只要能满足式(3-20)的法向量W及位移量b都是能使支持向量机正确区分正负样本的可行参数。如图3-9所示，这样的超平面参数有多种可行解，并不唯一，而在诸多可行解中，我们希望找到其中一种可以使得模型不仅能正确区分所有样本，更能保持最大的泛化能力以应对更多的未知的样本。

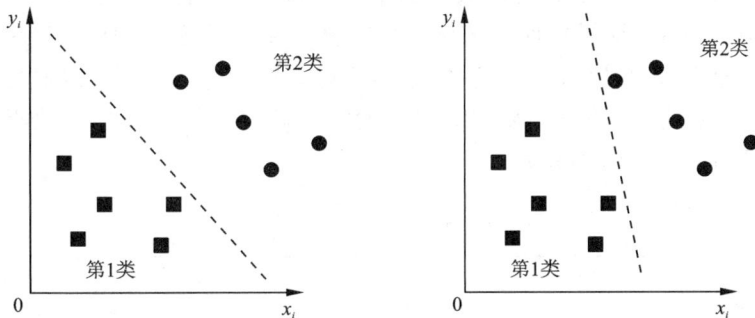

图 3-9　正确区分正负样本的决策超平面可能有多个

其中一种想法即为可使得正负样例距离决策超平面的距离尽可能地远，也即使得处于$W^T x_i + b = +1$以及$W^T x_i + b = -1$两条边界上的样本点(也被称为支持向量)间的间隔最大，此时模型泛化能力最强。而这即属于一种最优化问题。

因为支持向量到决策超平面之间的间隔可以使用两个异类支持向量的差在W方向上的投影来表示，即间隔M的计算公式为：

$$M = \frac{(\vec{x_+} - \vec{x_-})}{\|W\|} = \frac{1 - b + 1 + b}{\|W\|} = \frac{2}{\|W\|} \tag{3-21}$$

由于使间隔$\frac{2}{\|W\|}$最大化等效于使其倒数最小化，因此，支持向量机所建立的模型应该满足下式：

$$\min \frac{1}{2}\|W\|^2$$

s.t. $$y_i(W^T x_i + b) \geq 1, \ \forall i \tag{3-22}$$

一般可用拉格朗日乘子法求解上面目标函数的法向量和位移量。在上式中，我们可以看出，要求这样的一个目标方程，我们除了需要训练数据以外，也需要知道其对应的正负标签，因此，这样的一个二分类线性支持向量机是属于有监督问题的。同时值得注意的是，虽然线性支持向量机是一个二分类模型，但是该模型同样可以处理多分类问题，只需要将数据划分为多个二分类问题即可。同时经过改良，支持向量机同样可以处理非线性问题，只需要引入核技巧和软间隔最大化思想即可。

3.3.2 无监督学习

与有监督学习相反,无监督学习将缺失训练样本所对应的标签,只利用数据本身发现其规律与性质。

1.聚类算法

聚类算法是最典型的无监督学习算法。聚类算法被用于将无标签数据划分为不同的数据簇,簇中数据样本彼此相似,簇间数据样本彼此不同。由于聚类可以发现无标签数据潜在的数据分布,因此在生活中有着极大的需求。比如,商业上,聚类算法常用于分析用户画像,以根据用户类别,提供更加精细化的客户服务和需求分析;医疗上则常被用于分析病人证候,在新冠病毒感染病症的检测中亦不乏对聚类算法的使用。除此之外,在图像分割、智能推荐、数据处理等领域,聚类算法均大放异彩(图3-10)。根据聚类算法的所采用的基本思想的不同,其具体划分如下。

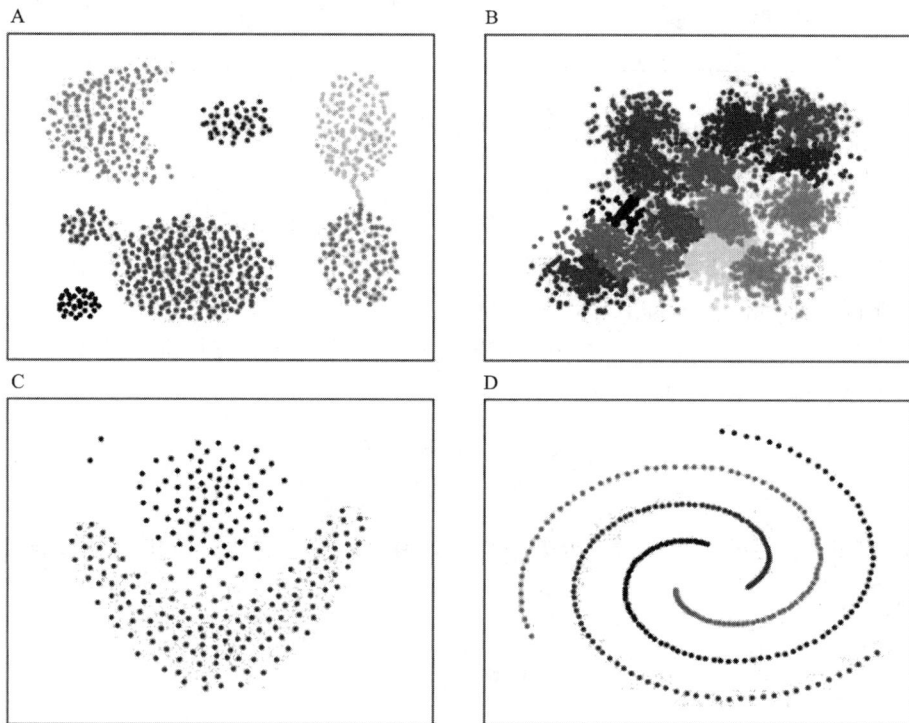

图3-10 使用聚类算法对数据进行划分

基于划分的聚类算法:其基本思想是将数据点预先划分为 K 个类别,并在之后的迭代过程中逐渐调整聚类中心点和对数据簇的划分以达到更好的聚类效果,其代表性算法是 k-means 算法、亲密度传播算法等。

基于层次的聚类算法：这类算法分为自顶向下和自底向上的层次聚类法，最底层将每个样本视为一类，之后往上的层次将距离最小的两个类合并为一个类，最顶层为整个数据样本集，因此，自顶向下就是一个逐渐将数据进行划分的过程，而自底向上则是一个逐渐合并数据的过程。其代表算法有 BIRCH 算法、CURE 算法等。

基于密度的聚类算法：这类算法计算数据的分布密度，将密度大于阈值的相邻数据点连接起来组成数据簇，这类算法比之其他聚类算法的好处在于可以发现任意形状的簇，因此有着较为广泛的应用，代表算法有 DBSCAN 算法、CURD 算法等。

基于网格的聚类算法：这类算法将数据空间划分为网格单元，通过将数据对象映射到网格单元中，并计算每个单元的密度，根据预设的阈值判断每个网格单元是否为高密度单元，由邻近的稠密单元组成类，代表算法有 STING 算法、CLIQUE 算法等。

聚类算法种类很多，这里以聚类算法中最简单的 k-means 算法为例简单阐述聚类算法的基本思想。k-means 算法是基于划分的聚类方法，其通过确定簇的数目 k 和每个簇的簇中心位置从而将数据划分到离其最近的簇中。表 3-4 展示了 k-means 算法的基本流程，从该流程可以看出，在该聚类算法中只要确定好 k 值、初始中心点以及相似性测量方法，即可对数据进行划分。在整个过程中，只需要用到数据的"特征"，而无须用到数据的"标签"，因此聚类算法是非常典型的无监督学习算法。

表 3-4　k-means 算法基本流程

输入：无标签数据集 $D=\{(x_{\text{train}})\}$，聚类数 k
输出：数据簇划分

①随机初始化聚类中心点 Center$=\{x_1, x_2, \cdots, x_k\}$，聚类中心点数等同于聚类数 k
②计算剩余所有数据点与聚类中心点的距离，并将剩余所有数据划分为 k 个簇
③重新计算每个簇的中心点
④重复步骤②③，直至簇中心不再发生变化

2. 受限玻尔兹曼机

受限玻尔兹曼机是一种基于能量的生成式模型，模型的主要目的是建立输入信号与输出信号之间的联合分布，并对在已知输入样本 v 时隐含层的概率分布 $p(h|v)$ 和已知隐含层时可见层的概率分布 $p(v|h)$ 做出评估。其基本结构如图 3-11 所示，其网络结构分为隐含层和可见层两层，层内神经元互不相连，层间神经元全连接。$W \in \mathbb{R}^{n_h \times n_v}$ 表示神经元间相互连接的权值。

对于在受限波尔兹曼机中的一组由可见层和隐含层输出所组成的状态对 (v, h)，可对其定义如下能量函数：

$$E_\theta(v, h) = -\sum_{i=1}^{n_v} a_i v_i - \sum_{j=1}^{n_h} b_j h_j - \sum_{i=1}^{n_v}\sum_{j=1}^{n_h} h_j w_{ji} v_i \tag{3-23}$$

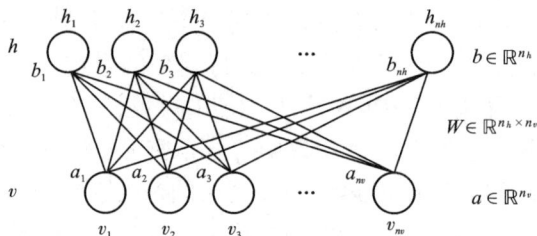

图 3-11 受限玻尔兹曼机基本结构

利用能量函数 $E_\theta(v, h)$，可以给出状态对 (v, h) 的联合概率分布，且有：

$$P_\theta(v, h) = \frac{1}{Z_\theta} e^{-E_\theta(v, h)} \tag{3-24}$$

式中：

$$Z_\theta = \sum_{v, h} e^{-E_\theta(v, h)} \tag{3-25}$$

是归一化因子。同时在已知输入样本 v 时隐含层的概率分布 $p(h|v)$ 和已知隐含层时可见层的概率分布 $p(v|h)$ 的评估函数如下所示：

$$P(h_k = 1 | v) = \mathrm{sigmoid}(b_k + \sum_{i=1}^{n_v} w_{ki} v_i) \tag{3-26}$$

$$P(v_k = 1 | h) = \mathrm{sigmoid}(a_k + \sum_{j=1}^{n_h} w_{jk} h_j) \tag{3-27}$$

由于在受限玻尔兹曼机中，对于隐含层神经元的输出仅根据输入信号本身来决定，和输入信号的标签无关，因此受限玻尔兹曼机是非常典型的无监督学习算法。

3.3.3 半监督学习

半监督学习(semi-supervised learning，SSL)是模式识别和机器学习领域研究的重点问题，是监督学习与无监督学习相结合的一种学习方法。半监督学习使用大量的未标记数据，以及同时使用少量的标记数据，来进行模式识别工作。图 3-12 阐述了在很多领域为什么要使用半监督学习算法，设 d1、d2、d3、d4 为有标签数据，根据这四个有标签数据的分布，机器学习模型可能会建立如图 3-12(左)所示的线性判定决策面将这四个数据分为两类，但是，由于数据量太少，这样建立的判决模型不一定足以应对未知样本。图 3-12(右)展示了如果可以将更多的无标签数据加入建模考虑中，则更能发现潜在的数据分布，从而建立更好的判决模型。在半监督学习中，共有三大假设：

①平滑假设：相似的数据具有相同的标签。
②聚类假设：处于同一个聚类下的数据具有相同标签。
③流形假设：处于同一流形结构下的数据具有相同标签。

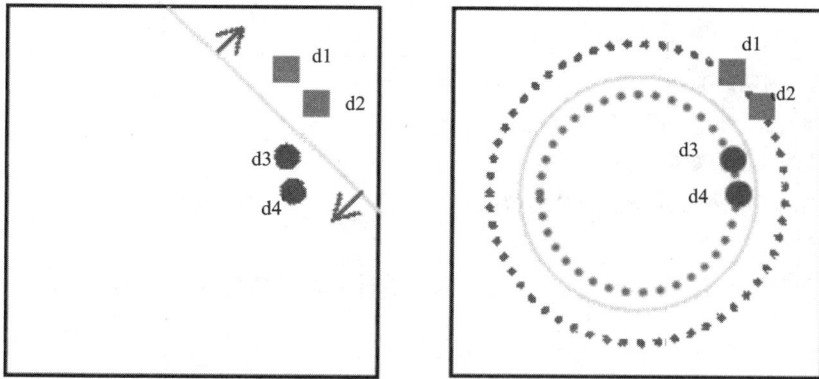

图 3-12 需要采用半监督算法的原因

基于这三种假设，半监督学习方法的基本思路可以被归结为基于分类的、基于聚类的、基于流形的和其他，图 3-13 展示了常见的一些半监督学习算法及其分类。这一小节将简述两种半监督学习方法——自训练算法和标签传播算法。

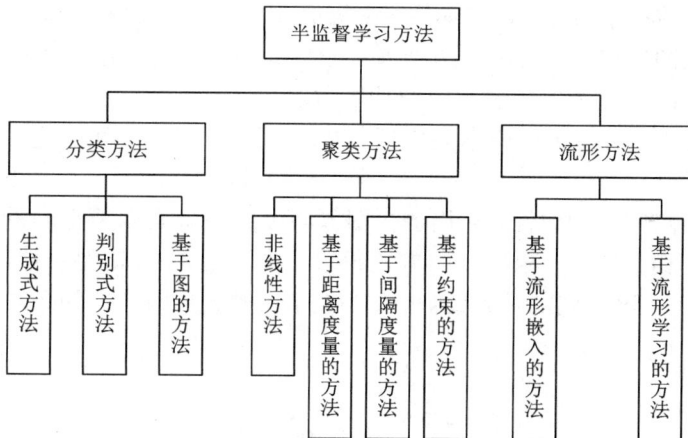

图 3-13 半监督学习算法基本分类和部分典型算法列举

1. 自训练算法

自训练的基本过程是，利用已有训练集数据建立分类器模型，若该模型在初始阶段不能满足分类问题所需，则利用该模型预测未标识数据，并将预测结果可信度较高的未标识数据合并入训练集样本之中，以达到同时利用有标签数据和无标签数据的目的。自训练算法可总结为表 3-5。

表 3-5　自训练算法

输入：训练集样本 $D = \{(x_{\text{train}}, y_{\text{train}})\}$，训练预期标准
while 训练未达到预期标准 do
①利用 $D = \{(x_{\text{train}}, y_{\text{train}})\}$ 训练分类器 C_{int}
②使用 C_{int} 预测未标识数据 x_u 的标签 y_u
③在预测的结果中选择出可信度较高的数据 $C = \{(x_{\text{conf}}, y_{\text{conf}})\}$，其中 $C = \{(x_{\text{conf}}, y_{\text{conf}})\} \in U = \{(x_u, y_u)\}$
④将预测结果可信度较高的数据 $(x_{\text{conf}}, y_{\text{conf}})$ 与已有的训练数据集合并，使 $D = \{(x_{\text{train}}, y_{\text{train}})\} \leftarrow \{(x_{\text{train}}, y_{\text{train}})\} \cup \{(x_{\text{conf}}, y_{\text{conf}})\}$
end

2. 标签传播算法

标签传播算法的基本思想是越相似的样本越有更大的可能标签相同，因此可以根据数据相邻节点的标签来推测无标签数据的标签，这样的过程可以用关系完全图模型来刻画，关系完全图中的节点为数据样本，分为有标签数据和无标签数据，边为数据间的相似度。因此和很多基于图的半监督学习算法相似，标签传播算法的基本步骤可以被分为以下四步：①标记图的顶点；②衡量两个顶点间的相似性；③构造聚类图；④感染未标记数据。下面分别介绍这几个主要步骤中的常用做法：

①标记图的顶点：可将训练样本集中所有"有标记"数据和"无标记"数据均视为图上的一个顶点。

②衡量两个顶点间的相似性：利用加权图 $G = (X, W)$ 来表示节点间的相似性，节点的边即为两节点间的相似性，求相似性的方式很多，式（3-28）为其中一种计算方式，式中，$\| x_i - x_j \|^2$ 表示样本 x_i 和 x_j 间的欧式距离，α 为调节参数，当两样本间距离越大时，其边的权重 w_{ij} 越小。

$$w_{ij} = \exp\left(-\frac{\| x_i - x_j \|^2}{\alpha^2}\right) \tag{3-28}$$

③标签的传播：边的权重越大，表示两个节点越相似，那么标签就越容易传播过去。因此可以定义一个 $(l+u) \times (l+u)$ 的概率转移矩阵 $\boldsymbol{P}$，这里的 l 表示有标签数据的数量，u 表示无标签数据的数量。概率矩阵中的元素 p_{ij} 表示标签从节点 i 传播到节点 j 的概率，计算过程可以表示为式（3-29）。

$$p_{ij} = p(i \rightarrow j) = \frac{w_{ij}}{\sum\limits_{k=1}^{l+u} w_{ik}} \tag{3-29}$$

④定义大小为 $(l+u) \times c$ 的标注矩阵 $\boldsymbol{L}$，$\boldsymbol{L}_{ic}$ 表示第 i 个样本被标记为类别 c 的概率。

⑤遍历所有的训练样本，统计其邻居节点中标签为 c 的概率和

$$L_{ij} = \sum\limits_{k=1}^{l+u} p_{ij}, \ 1 \leq i \leq l + u, \ 1 \leq j \leq C \tag{3-30}$$

⑥把有标记数据的标签重置为其真实标签，并重复步骤⑤，直至标签传播趋于稳定。

标签传播算法是一种典型的半监督学习算法，其只使用少量的有标签数据作为引导，利用大量无标签数据获得数据的内在结构和分布规律，在文本信息标注、社区发现等多个领域均有着广泛的应用。

3.3.4　强化学习

图 3-14 为主流的强化学习分类。

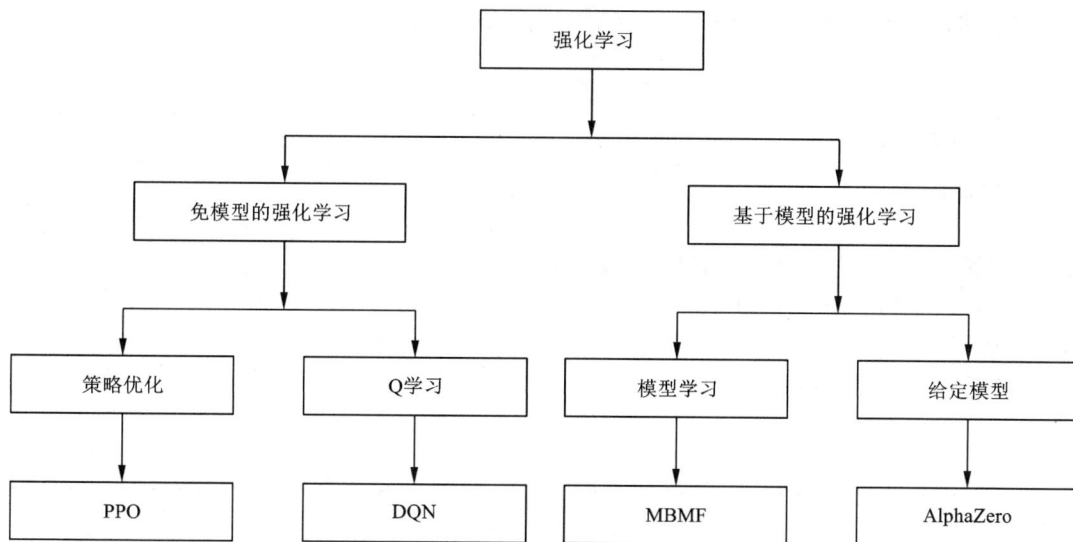

图 3-14　主流的强化学习分类

强化学习又被称为再励学习，用于描述和解决智能体（agent）在与环境的交互过程中通过学习策略以达成回报最大化或实现特定目标的问题。其基本思想来源于生物行为学相关理论，如巴甫洛夫条件反射实验等，生物在与环境的交互过程中会存在趋利避害的行为，而强化学习同样通过环境给予有机体相应的惩罚和刺激，从而形成对刺激的预期，进而诱导生成能获得最大利益的习惯性行为。几乎所有的强化学习都具有以下行为模式：①智能体与环境进行不断交互；②智能体搜索环境；③环境根据智能体行为模式给予即时或延迟奖励。下面以 Q-learning 算法为例简述强化学习的基本思想。

Q-learning 算法中有四个基本组成成分：Q 表，定义动作，环境反馈，环境更新。其中 Q 表也是 Q-learning 算法的核心，其定义了在某一时刻 t 时，设当前环境的状态处于 $s(s \in S)$，此时若采取行动 $a(a \in A)$，其所能取得的收益 $q(s, a)$ 情况。一个典型的 Q 表构造如表 3-6 所示。

表 3-6　*Q* 表

	*a*1	*a*2	*a*3	*a*4
*s*1	$q(s1, a1)$	$q(s1, a2)$	$q(s1, a3)$	$q(s1, a4)$
*s*2	$q(s2, a1)$	$q(s2, a2)$	$q(s2, a3)$	$q(s2, a4)$
*s*3	$q(s3, a1)$	$q(s3, a2)$	$q(s3, a3)$	$q(s3, a4)$

通过 *Q* 表，我们可以得知在状态 *s* 下采取行动 *a* 到底是好还是坏，并可以据此诱导智能体的行动，因此，*Q*-learning 算法可以表示为表 3-7。

表 3-7　**Q-learning 算法**

输入：迭代次数 epoch

for *i* = 1：epoch
初始化状态 *s*
根据 ε-贪心原则，根据 *Q* 表选择在状态 *s* 下能最大化当前收益的行动 *a*
采取行动 *a*，观察回报 *r* 和状态的改变
更新 *Q* 表，使得：
$$Q(s, a) \leftarrow Q(s, a) + a\left[r + \gamma \max_{a'} Q(s', a') - Q(s, a)\right]$$

$s \leftarrow s'$
end

3.4　机器学习常用方法

3.4.1　集成学习

集成学习也被称为多分类器系统、基于委员会的学习等。集成学习通过构建并结合多个学习器来完成学习任务。对于集成系统而言，其系统中的每一个学习器在学习能力上可能存在偏差，通过采用某些策略将不同的学习器组合起来，就有可能取得比系统中任一单学习器更好的性能。图 3-15 展示了集成学习的基本框架。

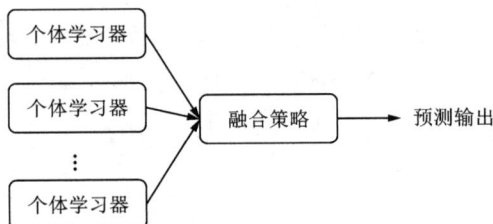

图 3-15　集成学习基本框架

由图 3-14 可知，集成学习的基本步骤为：①生成个体学习器并构建学习器池。这里的个体学习器通常被称为弱学习器、基学习器或组件学习器。生成个体学习器的方法一般有两种，一种是同质集成，这类方法采用相同的学习算法生成学习器池中所有个体学习器，仅通过输入扰动、改变学习器参数等手段增加学习器间多样性。如采用神经网络生成多个个体学习器，并通过修改网络层数、神经元个数等参数使得学习器间具有差异性。另一种构建学习器池的方式是异质集成，这类方法采用不同的学习算法生成个体学习器。如在学习器池中可能同时存在支持向量机模型和神经网络模型。②采取合适的融合策略合并个体学习器预测输出。个体学习器的能力有强有弱，在不同的场景下会有不一样的表现。融合策略需要根据具体需求综合个体学习器的输出。常用的融合策略包括大多数投票法、Dempster-Shafer 融合、贝叶斯定理等。

1. Boosting

Boosting 的主要思想是将弱分类器提升为强分类器，代表性方法有 Gradient Boosting、AdaBoost、XGBoost 等。Boosting 训练过程为阶梯状，其基本步骤为：①赋予样本相同的权重。②基于初始分布从数据集中训练学习器，并根据学习器误差更新样本权重。③迭代第②步，直到满足预定的学习器数量或预定的预测精度。

2. Bagging

Bagging 的主要思想是通过自助采样法采样出 T 个含 m 个训练样本的采样集，然后基于每个采样集训练一个基学习器，再将这些学习器进行结合。

3. Stacking

Stacking 就是当用初始训练数据学习出若干个基学习器后，将这几个学习器的预测结果作为新的训练集，来学习一个新的学习器。

4. 融合策略

采用合适的融合策略能够提升多分类器的融合效果，有效处理决策间的冲突，常用的融合策略有贝叶斯融合、DS 证据理论、DSmT 组合规则、模糊集合理论、随机集理论、神经网络、遗传算法等。

5. 多样性

要想获得好的集成效果，个体学习器间应"好而不同"。对于样本 x，学习器和集成系统 $H(x)$ 间的差异可用式(3-31)表示：

$$D(h_i|x) = (h_i(x) - H(x))^2 \qquad (3-31)$$

设分类器池中共有 T 个学习器，则个体学习器间的加权多样性可用 $\overline{D} = \sum_{i=1}^{T} w_i D_i$ 表示。设学习器 h_i 对样本 x 的预测输出为 $h_i(x)$，样本 x 的真实标签为 $f(x)$，则个体分类器间的平方误差可用式(3-32)表示：

$$E(h_i|x) = (f(x) - h_i(x))^2 \tag{3-32}$$

对集成系统而言,加权误差可表示为 $\bar{E} = \sum_{i=1}^{T} w_i E_i$。此时可观察到集成系统的平方误差 $E(H|x) = (f(x) - H(x))^2$ 等价于加权误差与加权多样性之差。当学习器准确率高,多样性强时,集成系统的平方误差就会低,这一过程表示为式(3-33)。

$$E = \bar{\bar{E}} - \bar{\bar{A}} \tag{3-33}$$

好的集成系统需要兼顾个体学习器的准确率和多样性。然而这两者间本来就存在冲突,当准确率较高后,多样性就必然受到影响;同理,当致力于提高多样性时,准确率也必然会下降。集成系统的设计环节中必须将对这两者的兼顾权衡考虑在内。当前对集成系统多样性的评价方式主要有成对多样性度量和非成对多样性度量两种。

(1)成对多样性度量

成对多样性度量主要用于衡量学习器 h_i 和学习器 h_j 间的差距。集成系统的多样性可用成对多样性的均值表示。常用的成对多样性计算方法有 Q 统计、双错法等。计算方式如式(3-34)及式(3-35)所示,式中:N^{11} 表示两个分类器均作出正确判定;N^{00} 表示两个分类器均错误;N^{10} 表示分类器 h_i 分类正确,分类器 h_j 分类错误;N^{01} 同理。

Q 统计:

$$Q_{ij} = \frac{N^{11}N^{00} - N^{10}N^{01}}{N^{11}N^{00} + N^{10}N^{01}} \tag{3-34}$$

不一致度量:

$$\text{dis} = \frac{N^{10} + N^{01}}{N^{11} + N^{00} + N^{10} + N^{01}} \tag{3-35}$$

(2)非成对多样性度量

非成对多样性度量直接计算分类器池的多样性,常用的非成对多样性度量方法有 Kohavi-Wolpert 方差、熵度量等。

Kohavi-Wolpert 方差:

$$KW = \frac{1}{NL^2} \sum_{j=1}^{N} l(x_j)(L - l(x_j)) \tag{3-36}$$

式中:N 为样本个数;$l(x_j)$ 表示对样本 x_j 正确分类的分类器数目;L 为总分类器数。

熵度量:

$$E = \frac{1}{N} \sum_{j=1}^{N} \frac{1}{[L - (L/2)]} \min\{l(x_j), L - l(x_j)\} \tag{3-37}$$

3.4.2 表示学习

原始数据中往往包含许多冗余信息,例如一张大小为 256 像素×300 像素的图片共有 76800 个特征,这些特征并不都有利于后续学习,且大量的特征还容易引发维度灾难。在这种情况下,如何有效提取出特征并且将其表达出来就显得非常重要。特征工程通过特征选择、特征变换、特征清洗等一系列方式,重新表达数据,达到提升模型效果的目的。经典的特征处理方法有 PCA、LDA 等。图 3-16 展示了传统特征工程的基本流程,值得注意的是,在传统特征工程中,特征提取与分类器预测往往是分开的,且很多时候,特征的提取将依赖于人工及先验知识。表示学习脱胎于特征工程,特指利用机器学习方法将原始数据转换为有利于后续任务的数学表达形式的方法。与传统特征工程不太相同之处在于,表示学习将特征学习与后续的学习任务结合起来,并避免了人工的参与。表示学习目前受到很大的关注,并应用于语音识别和信号处理、目标识别、自然语言处理、多任务学习等多机器学习领域。

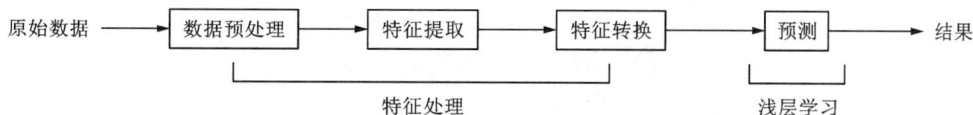

原始数据 → 数据预处理 → 特征提取 → 特征转换 → 预测 → 结果
特征处理　　　　　　　　浅层学习

图 3-16　传统特征工程

表示学习有两个核心:什么是好的表示以及怎么学习好的表示。一般来说,一个好的表示应该可以包含更高层的语义信息,能使后续学习任务变得简单,并具备一定的耐抗性。常用的表示学习方法有深度学习、流行学习、概率图模型等。

1.流形学习

流形学习(manifold learning)假设数据是均匀采样于一个高维欧氏空间中的低维流形,流形学习通过从高维采样数据中恢复低维流形结构,即找到高维空间中的低维流形,并求出相应的嵌入映射,以实现维数约简或者数据可视化。它是从观测到的现象中去寻找事物的本质,找到产生数据的内在规律。常用的流形学习方法有 Isomap、LLE 等。

其中 LLE(locally linear embedding)称之为局部线性嵌入算法,该算法假设数据在较小的局部是线性的,也就是说,可以将样本 x_i 视为邻近样本的线性组合。这个过程可以用式(3-38)表示。

$$x_i = \sum_{j=1, x_j \in KNN(x_i)}^{k} w_j x_j \tag{3-38}$$

LLE 希望将高维数据映射到低维空间,并希望在降维之后数据间的拓扑关系保持不变,即权重系数不变,新的坐标依然保持线性关系。假设样本集 $\{x_1, x_2, \cdots, x_m\}$ 在低维空间中的投影为 $\{y_1, y_2, \cdots, y_m\}$,则在低维空间中期待下式成立:

$$\min J(y) = \sum_{i=1}^{m} \left\| y_i - \sum_{j=1}^{m} w_j y_i \right\| \tag{3-39}$$

将在高维空间中学习到的局部重建权值矩阵代入式(3-39)即可求出样本点在低维空间的投影。LLE 流程图如图 3-17 所示。LLE 计算复杂度小,实现难度小,不过对最近邻样本的选择较为敏感,有时难以达到理想的效果。

2.概率图模型

概率图模型通过结合概率论与图论的知识,利用图来表示与模型有关的变量的联合概率分布。概率图模型理论分为概率图模型表示理论、概率图模型推理理论和概率图模型学

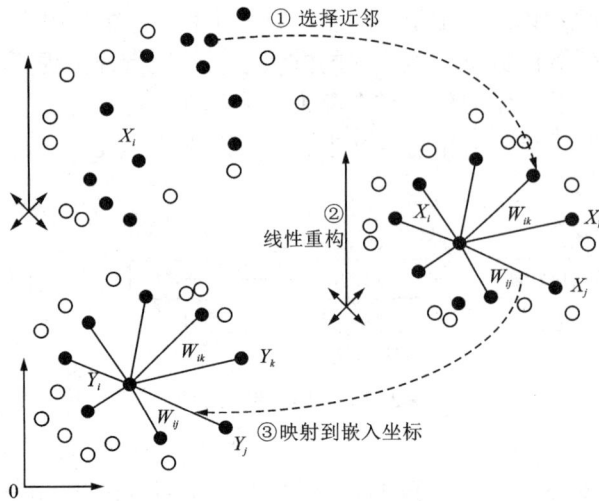

图 3-17   LLE 流程图

习理论。近 10 年它已成为不确定性推理的研究热点,在人工智能、机器学习和计算机视觉等领域有广阔的应用前景。在表示学习中,也可基于概率图模型设计相应的数据表示模型。其代表性算法有基于概率解释的 PCA 算法、受限玻尔兹曼机等。

其中,受限波尔兹曼机(restricted Boltzmann machine, RBM)是一种由可见层和隐含层构成的两层网络结构,在降维、特征学习等领域广泛使用。图 3-18 展示了该模型的基本结构。

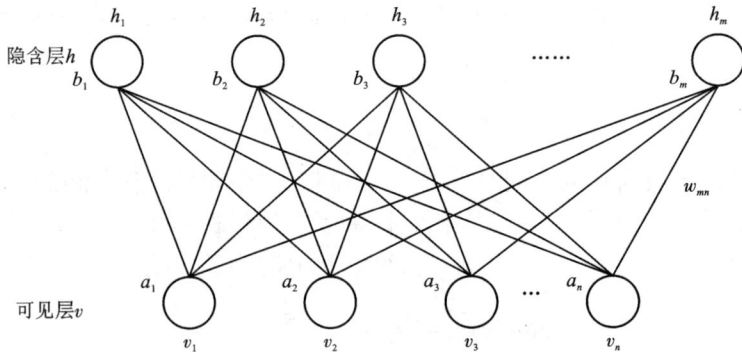

图 3-18   受限玻尔兹曼机的基本结构

受限玻尔兹曼机由可见层和隐含层组成,其中可见层由 m 个神经元构成,即 $v = (v_1, v_2, \cdots, v_m)^{\mathrm{T}}$,$v_i$ 表示可见层第 i 个神经元的激活状态。隐含层由 n 个神经元构成,即 $h = (h_1, h_2, \cdots, h_n)^{\mathrm{T}}$,$h_j$ 表示隐含层第 j 个神经元的激活状态。

受限玻尔兹曼机起源于统计物理学,是一种基于能量函数的建模方法,能够描述变量之间的高阶相互作用，关于可见层和隐含层的能量函数定义为式(3-40)：

$$E(\boldsymbol{v}, \boldsymbol{h}|\theta) = -\boldsymbol{v}_b^{\mathrm{T}}v - \boldsymbol{h}_b^{\mathrm{T}}h - h^{\mathrm{T}}\boldsymbol{W}v \tag{3-40}$$

式中：$\theta = \{\boldsymbol{W}, \boldsymbol{v}_b, \boldsymbol{h}_b\}$，为模型需要训练的参数；$\boldsymbol{W}$ 表示可见层和隐含层之间的权重矩阵；$\boldsymbol{v}_b$ 表示可见层神经元的偏置向量；$\boldsymbol{h}_b$ 表示隐含层神经元的偏置向量。通过对网络参数进行求解，网络具备自动学习数据特征的能力。

3.5 总结

图 3-19 为机器学习与数据科学挑战间的关系。

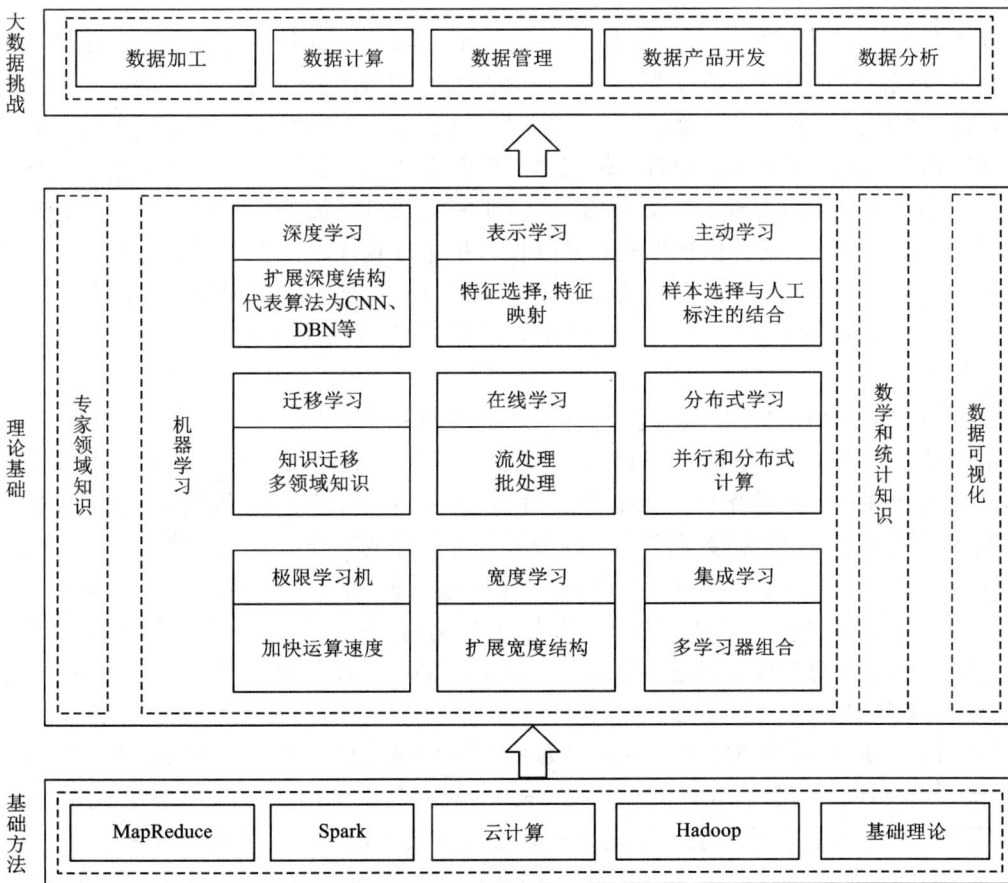

图 3-19　机器学习与数据科学挑战间的关系

机器学习在很多领域都展示出了巨大的优势，但在数据量急剧增加的今天，如何将机器学习应用于大数据处理成为现今机器学习的研究要点，因此，在机器学习领域，以下学习方法逐渐成为研究热点。

①深度学习：深度学习现如今也是研究者最多的机器学习分支之一，指的是通过增加学习模型的层次，即深度来扩展学习模型的学习能力。同时深度学习在不特殊说明的情况下，也指深度神经网络。深度神经网络是我们所学习过的神经网络的扩展，在传统神经网络中，网络通常通过梯度下降法在一次次迭代中逐渐修改网络的权值、偏置等参数。由于网络的学习能力与网络的参数数量相关，因此增加神经网络中隐含层的数量及神经元的数量成为改进神经网络学习表现的首要选择。但是随着神经网络层数和神经元数目的增加，在网络训练中开始逐渐出现梯度消失现象，同时过少的训练数据还会使得网络容易出现过拟合现象，因此深度神经网络的研究重点之一就在于如何有效加深网络层次从而提高网络的研究效果。随着现今数据量的增加和硬件设备的改良，现已涌现出了诸多深度学习算法，如卷积神经网络、AlexNet、GoogLeNet 等，网络层数也逐渐扩展到了 1000 多层，在语音识别、图像恢复等领域表现出了强大的性能。

②表示学习：表示学习也可以被称为特征工程，随着数据量的增多，数据维度的扩张成为更加难以忍受的问题。在机器学习中，数据维度的增加往往会导致模型计算量指数上升，同时当维度上升到一定程度后，学习器的学习效果会不增反降。这种现象也被称为维度灾难现象。因此，表示学习随着对输入数据的日益重视，也逐渐成为一个重要的研究方向。表示学习通过学习数据样本更加稀疏、更加重要或者更加抽象的特征从而使得样本的表示空间得以变换，并通过这种形式有效降低数据维度且往往使得学习更为有效。在这一章中提及过的神经网络、PCA 算法都是表示学习的一种，神经网络的最后一层的输出可以被视为是对样本的另一种表达，PCA 所排列出的重要特征可被视为对数据样本的降维操作。

③分布式学习和并行计算。随着输入数据规模的指数增加，模型复杂度的增加也成为必然的趋势，然而，模型越复杂，数据量越大，计算消耗就越大。因此，在机器学习中应用分布式学习和并行计算技术已成为必然。随着 Hadoop、Spark 等大数据处理框架的普及，如何利用机器学习算法使得数据并行、模型并行也同样成为现在研究的热点。

④迁移学习。迁移学习的目标是将某个领域或任务上学习到的知识或模式应用到不同但相关的领域或问题中。当领域内有公共知识结构时，就可以利用迁移学习减少学习代价。根据迁移方式对迁移学习进行划分，迁移学习又可以被分为基于实例的迁移、基于特征的迁移、基于共享参数的迁移。

⑤主动学习。在大数据时代，有标签数据的取得显得更加难得，例如如果需要对一幅CT 图像进行标注，所需人工时间为 15~20 min，所需费用大概在 50~70 元人民币，因此，如果需要对 1000 幅图片进行标注，则大概需要 5 万元人民币，大概需要 333 h。而如果需要训练一个深度神经网络，这些数据还远远不够，因此，如何利用"未标注"数据成为大数据时代首先需要解决的问题之一。主动学习通过机器学习模型自动筛选出有价值的样本并推送给人工进行标注，从而构建出更好的数据集。半监督学习和主动学习都是利用未标注数据使得模型学习能力更强的一种方法，但它们的基本思想是存在差别的。主动学习过程需要人工参与，且主动学习所选择出的样本往往是更具有争议性的样本；而半监督学习则不需要人工参与，同时半监督学习往往是将标签传递给最不容易判错的样本。

大数据已逐渐在科学和工程领域发挥出其不可替代的作用，机器学习作为一门传统的对数据进行分析处理的学科，如何让其与大数据完美结合焕发出时代的新光芒无疑是当前的研究热点。传统的机器学习方法中有很多值得借鉴分析的地方，但同时也要看到大多数传统的机器学习方法难以应对具有 4V 特征的大数据，这一章回顾了机器学习领域的基本知识，并提出未来能与大数据理想接洽的技术方向，但如何将机器学习与大数据相结合仍有一段路要走。

扩展阅读

第3章扩展阅读

课后习题

1. 智能驾驶彻底改革了人们的出行方式，请试述机器学习在智能驾驶的哪些环节起什么作用。

2. 编程实现 isomap。

3. 查阅基于仿生群体协同的智能技术的相关文献，并完成综述报告。

4. 请使用概念学习中的经典算法 Find-S 获取表 3-8 的最终规则。

表 3-8　概念学习示例

	年龄	学历	收入	信用	购买
1	<30	本科	高	高	买
2	30~40	本科	高	高	买
3	30~40	高中	低	高	不买
4	30~40	本科	低	高	不买
5	>40	高中	高	高	不买

5. 请采用遗传算法解决旅行家问题：在旅行家问题（travelling salesman problem, TSP）中，要求从某一点出发经过其余每一个点之后仍回到该点，在保证每个点只经过一次的情况下，求产生最短路径的城市序列。

6. 假定当甲一个人晚上回家时，在进门之前希望知道妻子是否在家。根据经验，当他妻子离开家时经常把前门的灯打开，但有时候她希望客人来时也打开这个灯。他们还养了一只狗，当无人在家时，这只狗被关在后院，而狗生病时也关在后院。如果狗在后院，就可以听见狗叫声，但有时听到的是邻居家的狗叫声。现在求听见狗叫，狗在后院，狗很健康，灯开着时，妻子不在家的概率（图 3-20）。

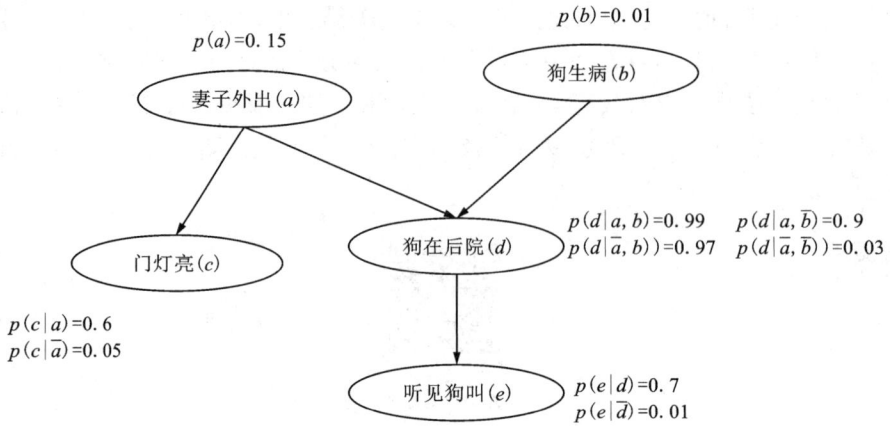

$p(a)=0.15$

狗生病(b) $p(b)=0.01$

妻子外出(a)

门灯亮(c)

狗在后院(d) $p(d|a,b)=0.99$ $p(d|a,\overline{b})=0.9$
$p(d|\overline{a},b))=0.97$ $p(d|\overline{a},\overline{b}))=0.03$

$p(c|a)=0.6$
$p(c|\overline{a})=0.05$

听见狗叫(e) $p(e|d)=0.7$
$p(e|\overline{d})=0.01$

图 3-20

课后习题参考答案

第3章机器学习

第 4 章

深度学习

第 3 章由浅入深介绍了机器学习，本章将介绍与机器学习一样同属于人工智能领域的深度学习。机器学习的表示学习重点关注如何自动找出表示数据的合适方式，以便更好地将输入变换为正确的输出，而本章重点探讨的深度学习是具有多级表示的表示学习方法。

4.1　Python & NumPy

4.1.1　NumPy 基础

我们在机器学习和深度学习的应用场景中进行科学计算时，最终都是要将输入数据转换成数组或矩阵来进行运算。Python 自身包含了列表(list)和数组(array)，并且其自身的嵌套列表结构也可以用来表示矩阵。由于列表的元素可以是任何对象，因此列表中所保存的是对象指针。例如，我们在创建了一个简单列表[1, 2, 3, 4]后，需要 4 个指针和 4 个整数对象才能将其保存。此外，虽然我们可以使用 Python 中 array 模块直接保存数值的 array 对象来作为数组，但由于其一维性以及包含的相关函数较少，使得其在数值运算上的表现较差。显而易见，使用 Python 自身的列表和数组来进行运算，会对整个计算机的内存以及 CPU 资源造成巨大浪费，还会导致计算效率过低。

NumPy(numerical Python)是 Python 科学计算的基础包，它是一个开源的 Python 扩展库，用来支持大量的高维数组和矩阵运算。NumPy 提供了两种基本对象：ndarray (N-dimensional array)和 ufunc(universal functionn)。ndarray 对象是 NumPy 的核心，包含了同种类型的 n 维数据，ufunc 则是可以对数组的每个元素进行运算的函数。

与 Python 列表不同的是，NumPy 数组在创建时具有固定的大小且数组中的元素具有相同的数据类型，因此内存资源占用大小相等。当我们尝试更改 ndarray 的大小时，将会创建出新的数组来替代原始数组，并将其删除。一般来说，NumPy 数组与 Python 列表相比，可以省略很多循环语句，并能够直接对数组和矩阵进行操作。因此，NumPy 代码更少，执行效率更高。可以说，NumPy 包能够改进 Python 在处理多维数据上的缺点，极大地简化了向量与矩阵的操作处理。NumPy 的部分特点如下：

➤ 具有强大矢量算术运算能力的 N 维数组对象 ndarray。

➤ 高级成熟的广播功能函数。

➤ 集成 C/C++和 Fortran 代码的工具包。

➤ 强大的线性代数、傅里叶变换和随机数生成功能。

➤ 能够用于操作内存映射及读写磁盘数据的工具。

4.1.2 生成 NumPy 数组

要想使用 NumPy 包,我们需要在 Python 中先导入 NumPy(np 为 NumPy 的简称):

import numpy as np

在 NumPy 中,最为重要的一个核心是其封装的 N 维数组对象 ndarray。ndarray 是描述同类型元素的集合,可以使用基于 0 的下标进行索引访问集合中的元素。ndarray 中的每个元素占用相同大小的内存,并且每个元素是数据类型对象的对象,称为 data-type。

ndarray 的内部结构如图 4-1 所示,由以下内容组成:

➤ 一个指向数据(内存或内存映射文件中的一块数据)的指针。

➤ 数据类型或 data-type,用来描述在数组中的固定大小值的格子。

➤ 一个表示数组形状(shape)的元组,表示各维度大小的元组。

➤ 一个跨度元组(stride),其中的整数指的是为了前进到当前维度下一个元素需要跳过的字节数。

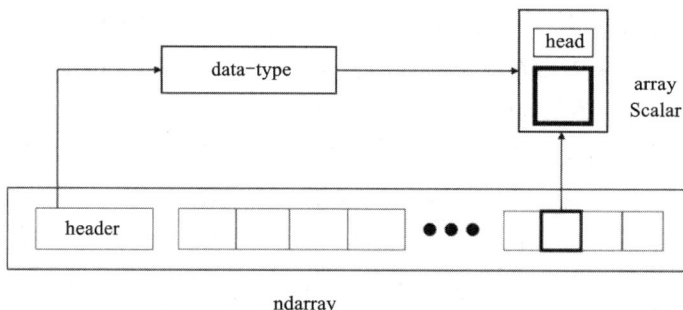

图 4-1　ndarray 的内部结构

ndarray 封装了许多方便使用者进行数据处理、数据分析的数学运算函数,基本的 ndarray 是使用 NumPy 中的数组函数创建的,因此我们需要调用 NumPy 的 array 函数来创建一个 ndarray(相关参数见表 4-1):

numpy. array (object, dtype = None, copy = True, order = None, subok = False, ndmin = 0)

除了使用底层 ndarray 构造器来创建 ndarray 数组外,还可以使用其他方式来创建,例如从已有数组创建,从数值范围内创建,使用 numpy. empty、numpy. zeros、numpy. ones 等函数创建特定形状的多维数组,利用 random 模块创建。下面将一一介绍。

表 4-1 numpy. array 函数参数说明

名称	描述
object	数组或嵌套的数列
dtype	可选择 ndarray 对象的元素类型
copy	可选择对象是否需要复制
order	创建数组的样式，"C"为行方向，"F"为列方向，"A"为任意方向(默认)
subok	默认返回一个与基类类型一致的数组
ndmin	指定生成数组的最小维度

1. 从已有数组创建数组

利用 numpy 模块中的 numpy. asarray 函数可以直接将 Python 中的元组、列表以及嵌套列表等数据类型转换为 ndarray，函数基本格式如下(相关参数见表 4-1，X 为任意形式的输入参数)：

numpy. asarray(X, dtype = None, order = None)

(1)将列表转换为 ndarray：

```
import numpy as np
list1 = [5.20, 2.50, 1, 2]
ndarray1 = np.array (list1)
print (ndarray1)
# [5.2 2.5 1.2.]
"""我们可以使用 Python 内置 type 函数查看生成结果的数据类型"""
print (type(ndarray1))
# <class' numpy.ndarray' >
```

(2)将嵌套列表转换成多维 ndarray：

```
import numpy as np
list2 = [[5.20, 2.50, 1, 2], [1, 2, 3, 4]]
ndarray2 = np.asarray( list2)
print (ndarray2)
# [[5.2 2.5 1.2.]
   [1. 2.3.4.]]
"""使用 Python 内置 type 函数查看生成结果的数据类型"""
print (type(ndarray2))
# <class' numpy.ndarray' >
```

在 NumPy 中除了使用 numpy. asarray 来创建数组，我们还可以使用如 numpy. frombuffer、numpy. fromiter 等函数来实现动态数组或从可迭代对象中建立 ndarray 对象。

2. 从数值范围内创建数组

利用 numpy 模块中的 numpy. arange、numpy. linspace、numpy. logspace 函数能够从数值范围创建 ndarray 数组。

（1）numpy. arange

在 NumPy 包中使用 arange 函数创建数值范围（start 为起始值，stop 为终止值，step 为步长值）并返回 ndarray 对象，函数格式如下：

numpy. arange(start, stop, step, dtype＝None)

下面将通过几个示例说明：

①生成一个 0 到 4 的数组：

```
import numpy as np
array1 = np.arange(5)
print(array1)
"""生成一个 ndarray 时，start 默认为 0，step 默认为 1"""
#[0,  1,  2,  3,  4]
"""上述 dtype 为可选择的数据类型，如将 dtype 设置为 float，生成数组的数据类型便为浮点数"""
print(np.arange(4, dtype = float))
#[0. 1. 2. 3. 4.]
```

②生成数值范围内指定步长的数组：

```
import numpy as np
print( np.arange(5, 20, 5))
#[5,   10,   15]
"""步长也可以设置为小数或负数"""
print( np.arange(5, 20, 5.5))
#[5,   10.5   16]
print( np.arange(20, 5, -5))
#[20,   15,   10]
```

（2）numpy. linspace

在 NumPy 包中使用 linspace 函数可以根据给定的数值范围自动创建一个具有等差数列形式的一维数组，其中生成数组中的元素个数 num 默认值为 50，函数格式如下（相关参数见表4-2）：

```
np. linspace(start, stop, num＝50, endpoint＝True, retstep＝False, dtype＝None)
```

以下将通过示例说明：

```
import numpy as np
array2 = np.linspace(0, 9, 10)
#[0. 1. 2. 3. 4. 5. 6. 7. 8. 9.]
print(np.linspace(0, 1, 10))
```

```
#[0.   0.11111111   0.22222222   0.33333333   0.44444444   0.55555556   0.66666667   0.77777778
0.88888889   1.]
```
"""生成上述结果是因为 linspace 函数生成结果需包含初始值以及终止值，则步长为 (1 - 0)/9 = 0.11111111"""
"""如果希望生成的数组为相同元素，可以将初始值和终止值设置成相同数值"""
```
print(np.linspace(1, 1, 10))
#[1.   1.   1.   1.   1.   1.   1.   1.   1.   1. ]
```
"""如果希望生成的数组不包含终止值，可以将 endpoint 设为 False"""
```
print(np.linspace(10, 20, 5, endpoint = False))
#[10.   12.   14.   16.   18.]
```
"""如果想要查看生成数组的间距，可以将 retstep 设为 True"""
```
print(np.linspace(10, 20, 5, retstep = True))
#(array([10.   12.   16.   18.], 2.0)
```

（3）numpy. logspace

在 NumPy 包中使用 logspace 函数可以根据给定的数值范围自动创建一个具有等比数列形式的一维数组，其中 base 参数为对数 log 的底数，函数格式如下（相关参数见表 4-2）：

```
np.logspace(start, stop, num=50, endpoint=True, base=10.0, dtype=None)
```

logspace 函数使用方法与 linspace 相同，以下将通过示例说明：

```
import numpy as np
array3 = np, logspcae (1.0, 2.0, num = 10)
print(array3)
#[ 10.   12.91549665   16.68100537   21.5443469   27.82559402   35.93813664   46.41588834
59. 94842503   77.42636827   100.]
```
"""logspace 函数中对数 log 的底数默认值为 10，如果希望生成对数底数为其他数值的数列，可以更改 base 的值"""
```
array4 = np.logspcae (0, 9, 10, base = 2)
print(array4)
#[1.   2.   4.   8.   16.   32.   64.   128.   256.   512.]
```

表 4-2　arange、linspace、logspace 函数参数说明

参数	描述
start	起始值
stop	终止值
step	步长
num	要生成的样本数量
endpoint	决定生成数组是否包含终止值
retstep	设定为 True 时，可以查看生成数组
base	对数 log 的底数

3. 创建特定形状的多维数组

我们有时会需要生成一些特定形状的矩阵，使用 NumPy 中的一些函数能很好地满足这个需求，通过表 4-3 能快速查询 NumPy 一些内置函数生成特殊矩阵的功能。

表 4-3　部分生成特殊矩阵的 NumPy 函数

函数	描述
np. empty	创建未被初始化的指定形状、数据类型的数组
np. zeros	创建以元素全为 0 填充的指定大小的数组
np. ones	创建以元素全为 1 填充的指定大小的数组
np. eye	创建以元素对角线为 1 其余为 0 的矩阵
np. full	创建以元素全为指定值填充的数组
np. diag	创建以指定数值填充对角线，其余为 0 的数组

以下将通过一些示例说明：

```
import numpy as np
"""生成一个数据类型为整数的 3 × 3 空矩阵"""
array4 = np.empty([3, 3], dtype = int)
print(array4)
#[[0   0   0]
  [0   0   0]
  [348   0   0]]
"""使用 empty 函数得出的空矩阵中的元素不是 0，而是未被初始化的垃圾值"""
"""生成一个元素全为 0 的 3×3 矩阵"""
print(np.zeros ([3,    3]))
#[[0. 0. 0.]
  [0. 0. 0. ]
  [0. 0. 0. ]
"""输出结果的默认数据类型为浮点数，可将 dtype 设置为其他类型或自定义类型"""
print(np.zeros([3, 3], dtype = [('x', 'i4'), ('y', 'i6')]) )
"""i4 是一种数据类型"""
#[[(0, 0) (0, 0) (0, 0)]
  [(0, 0) (0, 0) (0, 0)]
  [(0, 0) (0, 0) (0, 0)]]
"""生成一个元素全为 1 的 2 × 3 矩阵"""
print(np.ones([2, 3]))
#[[1. 1. 1.]
  [1. 1. 1.]]
```

```
"""输出结果类型和 zeros 函数一致, 数据类型同为可选择项"""
"""生成一个元素对角线为 1, 其余为 0 的 3 × 3 矩阵"""
print(np.eye(3))
#[[1. 0. 0.]
  [0. 1. 0.]
  [0. 0. 1.]]
"""生成一个对角线元素为 1, 3, 5 的 3 × 3 矩阵"""
print(np.diag([1, 3, 5]))
#[[1 0 0]
  [0 3 0]
  [0 0 5]]
```

4. 利用 random 模块创建数组

numPy. random 模块对 Python 内置的 random 进行了补充, 增加了一些用于高效生成多种概率分布的样本值的函数, 如正态分布、泊松分布等。表 4-4 列举了部分 numPy. random 模块的常用函数。

表 4-4 numPy. random 模块常用函数

函数	描述
rand(d0, d1, …, dn)	创建 d0~dn 维度并成为均匀分布的随机数数组, [0, 1)
randn(d0, d1, …, dn)	创建 d0~dn 维度并成为标准正态分布的随机数数组
randint(low[, high, shape])	创建指定形状且范围为[low, high)的随机整数或整数数组
seed(s)	设置随机数种子, s 是给定的种子值
shuffle(a)	随机打乱数组 a 的顺序
permutation(a)	根据随机打乱的数组 a 的顺序来产生新的乱序数组, 不改变数组 a
choice(a[, size, replace, p])	从数组 a 中以概率 p 抽取元素, 创建指定形状的新数组
uniform(low, high. size)	创建均匀分布、指定形状且范围为[low, high)的随机数组
normal(loc, scale, size)	创建正态分布、指定形状的随机数组, loc 为均值, scale 为标准差
poisson(lam, size)	创建泊松分布、指定形状的随机数组, lam 为随机事件发生率
random_sample([size])	返回在[0.0, 1.0)区间的随机浮点数

以下给出部分函数的具体示例。

```
import numpy as np
"""生成一个[0, 1)的 3 × 3 随机数矩阵"""
array5 = np.random.random ([3, 3])
print(array5)
```

```
# [[0.76703432 0.87986418 0.13008489]
  [0.52724935 0.46852532 0.84787971]
  [0.78438013 0.43588256 0.92210851]]
print ("array5 的形状为：", array5.shape)
#array5 的形状为：(3，3)
array6 = np.random.randint(100，200，( 3，4) )
array7 = np.random.randint(100，200，( 3，4) )
print("array6：", array6)
print("array7：", array7)
#array6 = [[124   160   180   195]
           [194   157   106   182]
           [104   178   169   124]]
#array7 =[[134   184   135   185]
          [125   119   110   134]
          [101   112   139   135]]
```

当给定随机数组种子后，产生的随机数组不变，并可以使用 shuffle 函数打乱数组：

```
import numpy as np
np.random.seed(2019)
array8 = np.random.randint(100，200，(3，4))
print("原数组：", array8)
np.random.shuffle(array8)
print("将数组 8 随机打乱后数据：", array8)


np.random.seed(2019)
array9 = np.random.randint(100，200，(3，4))
print("重新生成随机数组：", array9)
np.random.shuffle(array9)
print("将数组 9 打乱：", array9)
#原数组：[[172   131   137   188]
          [162   124   129   115]
          [112   116   148   171]]
#将数组 8 随机打乱后数据：[[112   116   148   171]
                          [162   124   129   115]
                          [172   131   137   188]]
#重新生成随机数组：[[172   131   137   188]
                    [162   124   129   115]
                    [112   116   148   171]]
#将数组 9 打乱：[[112   116   148   171]
                [162   124   129   115]
                [172   131   137   188]]
```

4.1.3 元素索引

在利用 NumPy 模块创建数组之后，我们通常会需要获取数组中的某些元素，这时候需要用到一些方法来获取元素。与 Python 中 list 的切片操作类似，NumPy 中的 ndarray 对象可以通过基于 0 到 n 的下标进行索引，或通过 slice 内置函数进行切片操作，以此来访问或修改数组中的元素。以下将介绍几种常用获取数组元素的方法。

```python
import numpy as np
np.random.seed(2021)
array10 = np.random.random[(10)]
"""获取第 7 个元素"""
print(array10[6])
"""获取间距[2：5]内所有元素"""
print(array10[2：5])
"""获取间隔为 2，间距为[3：7]的元素"""
print(array[3：7：2])
"""将数组进行倒序取数"""
print(array10[：1])
```

除一维数组外，我们还可以获取多维数组中的元素：

```python
import numpy as np
array11 = np.arange(12).reshape([3，4])
"""获取多维数组中第 2 行"""
print(array11[1])
"""获取多维数组中的前三行"""
print(array11[：3 ])
"""获取多维数组的一个区域内数据"""
print(array11[1：3，1：3])
"""获取多维数组中一个值域内的数据"""
print(array11[array11 > 3], array11 < 2)
```

利用 slice 函数进行切割生成一个新数组：

```python
import numpy as np
array12 = np.arange( 10 )
a12 = slice (5，15，5)
"""索引初始值为 5，终止值为 15，步长为 5"""
print(array12)
#[5，10，15]
```

在 NumPy 数组中，获取元素的方法除了上述提出的基于 0 到 n 的下标进行索引，或通过 slice 内置函数进行切片操作外，还可以利用一些函数来进行获取。例如表 4-4 中的 random. choice 函数可以从数组中随机抽取元素，以下将给出该函数的相关使用示例：

```
import numpy as np
from numpy import random as nr

array13 = np.arange(5, 30, dtype = int)
"""随机且不重复抽取数据"""
print(nr.choice(array13, size = (3, 3)))
# [[ 6   28   9]
  [21   27   28]
  [ 7   23   22]]
"""如果希望可以重复抽取数组中的数据，可将 replace 的值设为 False"""
print( nr.choice(array13, size = (3, 3), replace = False))
# [[19   22   5]
  [24   15   25]
  [ 7    5   13]]
"""随机且按概率抽取数据"""
print(nr.choice(array13, size = (3, 3), p = array13/ np.sum(array13) ))
# [[ 5    9   8]
  [11    5   6]
  [ 6    7   5]]
```

4.1.4 数组操作

在我们实际进行机器学习或深度学习的实验中，我们通常会遇到一些输入数据为特定格式的模型，此时，我们需要将数据处理成模型能接收的特定格式，才能进行运算。NumPy 中提供了一些可以对数组进行修改变形操作的函数，大概可以分为以下几类：

➢ 修改数组的形状。

➢ 改变数组的维度。

➢ 连接数组。

➢ 分割数组。

1. 修改数组的形状

在 NumPy 中，修改数组的形状是最常见也最基本的操作之一，表 4-5 给出部分常用来修改数组形状的函数。

表 4-5　部分生成特殊矩阵的 **NumPy** 函数

函数	描述
reshape	修改数组形状且不改变数组数据
resize	修改数组形状且改变数组数据
flatten	将多维数组变为一个新的一维数组，不影响原数组
ravel	将多维数组变成一维数组
transpose	对高维矩阵进行轴转换
array. T	将数组进行转置
squeeze	从数组形状中去除含 1 的维度

以下将给出一些示例。

（1）reshape

修改数组形状且不改变数组数据：

```
import numpy as np
array14 = np.arange(12)
print(array14)
#[ 0  1  2  3  4  5  6  7  8  9 10 11]
"""将数组维度转换为 3 行 4 列"""
print(array14.reshape(3，4))
#[[ 0  1  2  3]
  [ 4  5  6  7]
  [ 8  9 10 11]]
"""可以只指定行数或列数，另外的列数或行数用-1 代替，但必须注意所指定行数或列数能整除"""
print(array14.reshape( 4，-1 ))
#[[ 0  1  2]
  [ 3  4  5]
  [ 6  7  8]
  [ 9  10  11]]
```

（2）rezize

修改数组形状且改变数组数据：

```
import numpy as np
array15 = np.arange(12)
print(array15)
#[ 0  1  2  3  4  5  6  7  8  9  10  11]
"""将数组维度转换为 3 行 4 列"""
array15.resize (3，4))
print(array15)
```

```
# [[  0   1   2   3]
   [  4   5   6   7]
   [  8   9  10  11]]
```

（3）flatten

将多维数组变为一个新的一维数组，不影响原数组：

```
import numpy as np
array16 = np.arange(12).reshape(3，4)
print("原数组:"，array16)
print("展开的数组:")
print(array16.flatten())
"""flatten 默认以行返回展开数组，将 order 设置为 F，可以实现按列展开"""
print("按列展开数组:")
print(array16.flatten(order = "F"))
#原数组：[[  0   1   2   3]
         [  4   5   6   7]
         [  8   9  10  11]]
#展开的数组：[ 0   1   2   3   4   5   6   7   8   9   10   11]
#按列展开数组：[ 0   4   8   1   5   9   2   6   10   3   7   11]
```

（4）ravel

将数组展平：

```
import numpy as np
array17 = np.arange(10).reshape(2，5)
print("原数组:"，array17)
print("按行展平的数组:")
print(array17.ravel( ))
print("按列展平的数组:")
print(array17.ravel(order ="F" ))
#原数组：[[0   1   2   3   4]
         [5   6   7   8   9]]
#按行展平的数组：[0   1   2   3   4   5   6   7   8   9]
#按列展平的数组：[0   5   1   6   2   7   3   8   4   9]
```

（5）array. T

将数组进行转置操作：

```
import numpy as np
array18 = np.arange(8).reshape(2，4)
print("原 2 行 4 列的数组:"，array18)
print("将数组转置成 4 行 2 列:"，array18.T)
#原 2 行 4 列的数组：[[0   1   2   3]
                    [4   5   6   7]]
```

```
#将数组转置成 4 行 2 列：[[0    4]
                        [1    5]
                        [2    6]
                        [3    7]]
```

（6）transpose

对换数组维度：

```
import numpy as np
array19 = np.arange(6).reshape(2，3)
print("原数组：", array19)
print("将数组对换：", np.transpose(array19))
#原数组：[[0    1    2]
         [3    4    5]]
#将数组对换：[[0    3]
             [1    4]
             [2    5]]
```

（7）array.T

数组转置：

```
import numpy as np
array20 = np.arange(12).reshape(3，4)
print("原数组：", array20)
print("将数组转置：", array20.T)
#原数组：[[ 0    1    2    3]
         [ 4    5    6    7]
         [ 8    9    10    11]]
#将数组转置：[[ 0    4    8]
             [ 1    5    9]
             [ 2    6    10]
             [ 3    7    11]]
```

（8）squeeze

从给定的数组形状中去掉包含 1 的维度，主要目的为降维：

```
import numpy as np
array21 = np.arange(12).reshape(1，3，4)
print("arraay21", array20)
array22 = np.squeeze(array21)
print("将 array21 中含 1 的维度删除：", array22)
print("查看 array21、array22 的形状：", array21.shape, array22.shape)
# arraay21：[[[ 0    1    2    3]
             [ 4    5    6    7]
             [ 8    9    10    11]]]
```

```
#将 array21 中含 1 的维度删除：[[ 0    1    2    3]
                              [ 4    5    6    7]
                              [ 8    9    10   11]]
#查看 array21、array22 的形状：(1, 3, 4)   (3, 4)
```

2. 连接数组

连接数组也是常用的数组操作类型之一，表 4-6 给出了几个常用的连接数组的函数。

表 4-6   部分连接数组的 NumPy 函数

函数	描述
append	将一个数组附加到另一个数组的尾部
concatenate	沿着指定轴连接数组
stack	沿着新的轴加入一系列数组
hstack	沿着列方向水平堆叠序列中的数组
vstack	沿着行方向竖直堆叠序列中的数组
dstack	沿着数组第三维方向按顺序堆叠数组

以下将给出部分函数示例。

（1）append

append 函数主要用于合并两个数组，简单来说，就是将一个数组附加到另一个数组的尾部，但此种方法有一个内存占用过大的弊端。需要注意的是，append 函数中有一个 axis 参数，如果 axis 被指定，那么 arr（需要被添加 value 的数组）和 values（添加到数组 arr 中的值，array_like，类数组）都需要保持一致的 shape（形状）。

```
import numpy as np
    arr1 = np.array([1, 2, 3])
    arr2 = np.array([4, 5, 6])
    print("合并 arr1 和 arr2：", np.append(arr1, arr2))
    #合并 arr1 和 arr2：[1   2   3   4   5   6]
```

还有一个值得注意的问题，与 append 函数一样，concatenate 以及 stack 函数也有 axis 参数，axis 参数可以用于控制数组是按行还是按列来连接，其默认值为 0。append 函数除了可以连接一维数组，还可以实现多维数组的连接。

```
import numpy as np
arr3 = np.arange(4).reshape(2, 2)
arr4 = np.arange(4).reshape(2, 2)
arr5 = np.append(arr3, arr4, axis = 0)
```

```
arr6 = np.append(arr3, arr4, axis = 1)
        print("按行合并:", arr5)
        print("查看按行合并后数组维度:", arr5.shape)
        print("按列合并:", arr6)
        print("查看按列合并后数组维度:", arr6.shape)
#按行合并:
[[0  1]
 [2  3]
 [0  1]
 [2  3]]
查看按行合并后数组维度: (4, 2)
按列合并:
[[0  1  0  1]
 [2  3  2  3]]
查看按列合并后数组维度: (2, 4)
```

（2）concatenate

concatenate 函数主要用于沿着指定轴连接两个或多个数组。对于 concatenate 函数来说，与 append 函数一样，待合并数组必须保持行数或列数一致。

```
import numpy as np
arr1 = np.array( [ [1, 2], [3, 4] ] )
arr2 = np.array( [ [5, 6], [7, 8] ] )
print("沿着轴 0 连接两个数组:", np, concatenate((arr1, arr2), axis = 0))
print("沿着轴 1 连接两个数组:", np.concatenate((arr1, arr2), axis = 1))
#沿着轴 0 连接两个数组: [[1  2]
                       [3  4]
                       [5  6]
                       [7  8]]
#沿着轴 1 连接两个数组: [[1  2  5  6]
                       [3  4  7  8]]
```

（3）stack

stack 函数用于沿着新的轴连接数组。

```
import numpy as np
arr1 = np.array( [ [1, 2], [3, 4] ] )
arr2 = np.array( [ [5, 6], [7, 8] ] )
print("沿轴 0 堆叠两个数组:", np.stack((arr1, arr2), axis = 0))
print("沿轴 1 堆叠两个数组:", np.stack((arr1, arr2), axis = 1))
#沿轴 0 堆叠两个数组: [ [ [1  2]
                       [3  4] ]
                     [ [5  6]
                       [7  8] ] ]
```

```
沿轴 1 堆叠两个数组：[ [ [1    2]
                      [5    6] ]
                    [ [3    4]
                      [7    8] ] ]
```

（4）hstack

hstack 函数和 stack 函数使用方法一致，是 stack 函数的变体，沿着列方向水平堆叠序列中的数组。此外，vstack 函数也是 stack 函数的变体，其是沿着行方向竖直堆叠序列中的数组。这里只举例 hstack 函数：

```
import numpy as np
arr1 = np.array( [ [1,    2],    [3,    4] ] )
arr2 = np.array( [ [5,    6],    [7,    8] ] )
print("水平堆叠:", np.hstack( (arr1,    arr2) ) )
#水平堆叠: [[1    2    5    6]
          [3    4    7    8]]
```

3. 分割数组

很多时候我们不只是希望连接数组，在实际操作中我们通常会需要将数组分割开来。表 4-7 给出了部分 NumPy 分割数组的函数。

表 4-7　部分连接数组的 NumPy 函数

函数	描述
split	将一个数组分割为多个子数组
hsplit	沿着列方向水平将一个数组分割成多个子数组
vsplit	沿着行方向垂直将一个数组分割成多个子数组

以下将给出部分函数示例。

（1）split

沿特定轴分割数组：

```
import numpy as np
arr1 = np.arange( 9 )
arr2 = np.split(a, 3)
print("将数组分为三个大小相同的子数组: ", arr2)
"""将数组在设置的断点处切割"""
arr3 = np.split("在位置 4 和位置 7 切割数组: ", arr1, [4, 7])
arr4 = np.split("在位置 2 和位置 5 切割数组: ", arr1, [2, 5])
print(arr3)
print(arr4)
```

```
#将数组分为三个大小相同的子数组：[array([0，1，2])，array([3，4，5])，array([6，7，8])]
#在位置 4 和位置 7 切割数组：[array([0，1，2，3])，array([4，5，6])，array([7，8])]
#在位置 2 和位置 5 切割数组：[array([0，1])，array([2，3，4])，array([5，6，7，8])]
```

（2）hsplit、vsplit

hsplit 和 vsplit 函数都是 split 函数的变体，可以实现沿着列方向或行方向将一个数组分割成多个子数组。

```
import numpy as np
arr1 = np.arange(12).reshape(3，4)
print("原数组"，arr1)
print("按行方向分割数组："，np.hsplit(arr1，2))
print("按列方向分割数组："，np.vsplit(arr1，3))
#原数组：[[ 0  1  2  3]
          [ 4  5  6  7]
          [ 8  9  10  11]]
按行方向分割数组：[array([[0，1]，
                        [4，5]，
                        [8，9]])，
                 array([[ 2，3]，
                        [ 6，7]，
                        [10，11]])]
按列方向分割数组：[array([[0，1，2，3]])，array([[4，5，6，7]])，array([[ 8，9，10，11]])]
```

4.1.5　NumPy 算术运算

NumPy 最强大的功能就是其科学计算与数学处理。在前文提到，NumPy 数组与 Python 列表相比，可以省略很多循环语句，并能够直接对数组和矩阵进行操作，因此，代码更少，执行效率更高。NumPy 算术函数包含常用的加减乘除函数，例如 np. add（）、np. subtract（）、np. multiply（）、np. divide（）和 np. dot（）等。值得注意的是，数组必须具有相同的形状或遵守广播规则才能进行运算。

以下将给出相关函数示例：

```
import numpy as np
arr1 = np.arange(9).reshape(3，3)
arr2 = np.array([10，10，10])
print(' 两个数组相加：'，np.add(arr1，arr2))
print(' 两个数组相减：'，np.subtract(arr1，arr2))
print(' 两个数组相乘：'，np.multiply(arr1，arr2))
print(' 两个数组相除：'，np.divide(arr1，arr2))
print(' 两个数组作点积运算：'，np.dot(arr1，arr2))
```

```
#两个数组相加:[[10   11   12]
                [13   14   15]
                [16   17   18]]
#两个数组相减:[[- 10   - 9   - 8]
                [- 7   - 6   - 5]
                [- 4   - 3   - 2]]
#两个数组相乘:[[ 0   10   20]
                [30   40   50]
                [60   70   80]]
#两个数组相除:[[0.   0.1   0.2]
                [0.3   0.4   0.5]
                [0.6   0.7   0.8]]
#两个数组作点积运算: [ 30   120   210]
```

除了以上所展示的利用函数对数组进行运算,NumPy 数组还可以利用加减乘除等符号(例如+、-、＊、/)直接进行运算,并且数组也可以和标量(单一数值)进行运算。在运算时,标量会与数组中的每个元素进行运算。

利用上述例子中的 arr2 来说明:

```
print(arr2/5.0)
print(arr2＊ 5.0)
# [2.   2.   2.]
   [50.   50.   50.]
```

4.1.6　通用函数

除了前文介绍的 ndarray,NumPy 还有另一个基本对象 ufunc(universal function),ufunc 函数并不是针对 ndarray 对象操作,而是作用于 ndarray 对象的每一个元素。NumPy 中提供了丰富的 ufunc 函数,因为大部分的 ufunc 函数都是在 C 语言级别实现,所以利用这些函数对 ndarray 进行运算时,计算速度相比于使用 Python 的循环或列表推导式要快得多。但值得注意的是,当我们选择对单个数值进行运算时,Math 库运算比 NumPy 的效率更高。表 4-8 给出了一些常用的通用函数。

表 4-8　部分连接数组的 NumPy 函数

函数	描述
abs,fabs	计算整数、浮点型或者复数的绝对值
sqrt	计算元素平方根
square	计算元素平方
exp	指数函数
lg,lg10,lg2	对数函数

续表4-8

函数	描述
ceil	大于等于该值的最小整数
floor	小于等于该值的最小整数
rint	将元素值四舍五入
modf	将数组的小数和整数部分以两个独立数组形式返回
cos，sin	三角函数
arccos，arcsin	反三角函数
var	计算方差
std	计算标准差

ufunc 函数的主要特点有以下几点：

- NumPy 中的许多函数都是 ufunc。
- 它们能够自动对 array 实行向量化运算，不需要 map。
- 向量化运算效率高于 for 和 map，且支持广播特性。
- 用户可以将普通的 Python 函数转换成 ufunc 函数。

1. 构造 ufunc 函数

利用 frompyfunc（）函数可以将普通的 Python 函数转换成 ufunc 函数，下面将给出一个示例：

```
import numpy as np
import math

def f(x)：
    y = x if x >= 0 else 0
    return(y)
    uf = np.frompyfunc(f, 1, 1)
"""三个参数依次为 pyfun, nin, nout"""
print("type(uf)：", type(uf))
    z = uf([1, 2, -1])
"""返回结果的数据元素类型是 object"""
print("z = uf([1, 2, -1))：\n", z)
    print("z.dtype：", z.dtype)
"""使用 array 对象的 astype 方法将其转换成 np.flot32"""
z.astype("f4")
print("z.astype(' f4')：\n", z.astype(' f4' ))
arr1 = np.linspace(0.2 *  np.pi, 5, dtype = "f4")
```

```
print("x：\n", x)
    #type(uf)：<class ' numpy.ufunc' >
#z = uf([1，2，-1))：[1 2 0]
#z.dtype：object
#z.astype(' f4' )：[1. 2. 0.]
```

2. ufunc 函数的优点

（1）ufunc 函数的向量化运算效率高于 for 和 map

以下将通过一个实例测试 ufunc 函数和 math 函数对 x ＝range（1000000）中的每个元素进行求 sin 的速度：

```
import math
import datetime
import numpy as np
x = np.array([i *  0.001 for i in range(3000000)])
def sin_math(x)：
    beg = datetime.datetime.now( )
    for i，t in enumerate(x)：#返回下标和元素。
        x[i] = math.sin(t)
    end = datetime.datetime.now( )
    return end - beg

def sin_np(x)：
    beg = datetime.datetime.now( )
    np.sin(x，x)
    end = datetime.datetime.now( )
    return end - beg

print("math.sin：", sin_math(x))
  print("np.sin：", sin_np(x))
  #math.sin：02.338489
  #np.sin：00.041251
```

由结果可知，numpy. sin 的速度比 math. sin 快了 50 倍。

（2）ufunc 函数支持广播机制

ufunc 函数支持广播特性，即当向量化时参数维度不匹配，自动复制扩展参数维度：

```
import numpy as np
arr1 = np.array([[0, 0, 0, 0],
              [1, 1, 1, 1],
              [2, 2, 2, 2],
              [3, 3, 3, 3]])
```

```
print(' arr1 形状：', arr1.shape)
arr2 = np.array([[1, 2, 3, 4]])
print(' arr2 形状：', arr2.shape)
"""执行上述两个数组相加操作"""
arr_new = arr1 + arr2
print("arr_new:", arr_new)
#arr1 形状：(4, 4)
#arr2 形状：(1, 4)
#arr_new: [[1  2  3  4]
           [2  3  4  5]
           [3  4  5  6]
           [4  5  6  7]]
```

在执行 arr1 与 arr2 相加时，arr2 先由原形状(1×4)自动拓展成(4×4)再与 arr1 相加，得到的结果形状为(4×4)。广播机制的详细内容将在下一节介绍。

4.1.7　广播机制

广播(broadcast)是 NumPy 对不同形状(shape)的数组进行数值计算的方式，对数组的算术运算通常在相应的元素上进行。如果两个数组 arr1 和 arr2 形状相同，那么 a * b 的结果就是 a 与 b 数组对应位相乘。所以在 NumPy 的 ufunc 中，会要求输入数组的 shape 相同。利用一个实例说明：

```
import numpy as np
arr1 = np a = np.array([1, 2, 3, 4])
arr2 = np.array([2, 3, 4, 5])
print (a * b)
# [ 2  6  12  20]
```

但是当我们要运算的两个数组的形状不相等时，NumPy 会自动使用广播机制，例如：

```
import numpy as np
arr3 = np.array([[ 0, 0, 0],
                 [1, 1, 1],
                 [2, 2, 2]])
arr4 = np.array([1, 2, 3])
arr5 = arr3 + arr4
print(arr5)
# [[1  2  3]
   [2  3  4]
   [3  4  5]]
```

以下给出图4-2来展现如何通过广播将 arr3 与 arr4 兼容，以此来直观体现 NumPy 的广播机制。

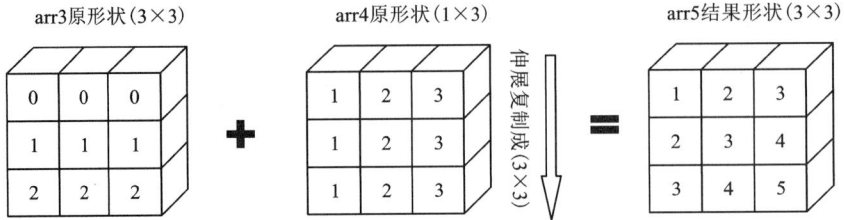

图 4-2　NumPy 广播机制

（3×3）的二维数组与（1×3）的一维数组进行运算时，可以将其运算过程看成一维数组在二维数组上重复 3 次再与二维数组（3×3）运算。如果上述 arr3 的形状为（3×1），当其与 arr4 进行运算时，同样需要将其进行伸展复制成（3×3）才能运算，运算结果为（3×3）。由此，我们可以得出 NumPy 的广播机制具有以下几种规则：

- 即所有的输入数组的 shape 都需要向数组中 shape 最长的数组标齐，不足部分需要进行加 1 补齐。
- 输出数组的 shape 是输入数组 shape 的各个维度的最大值。
- 如果输入数组的某个维度和输出数组的对应维度的长度相同或者其长度为 1 时，这个数组能够用来计算，否则出错。
- 当输入数组某个维度长度为 1，沿此维度运算时都用（或伸展复制）此维度的第一组值。

4.2　卷积神经网络与循环神经网络

4.2.1　卷积神经网络

卷积神经网络（convolutional neural network）是近些年逐步兴起的一种人工神经网络结构，是多层感知机（MLP）的变种，它作为一种前馈神经网络最早可追溯到 1986 年的 BP 算法。1989 年 LeCun 提出 LeNet 模型，该模型虽然很小，但结构还是比较完整的，包括卷积层、池化层、全连接层，这些都是现代 CNN 的基本结构。LeNet 模型被认为是 CNN 的开端。2012 年 Geoffrey 和他学生 Alex 在 ImageNet 的竞赛中，使用 AlexNet 模型刷新了图像分类的纪录，一举奠定了 CNN 在计算机视觉中的地位。2014 年，谷歌研发出基于 CNN 的 VGG 模型，再次惊艳众人并使得 CNN 取得了长足发展。CNN 以其出色的特征提取能力在计算机视觉等领域得到了广泛的应用。

目前，卷积神经网络主要包括输入层（INPUT）、卷积层（CONV）、激活层（RELU）、池化层（POOL）、全连接层（FC）。图 4-3 是一个卷积神经网络架构。

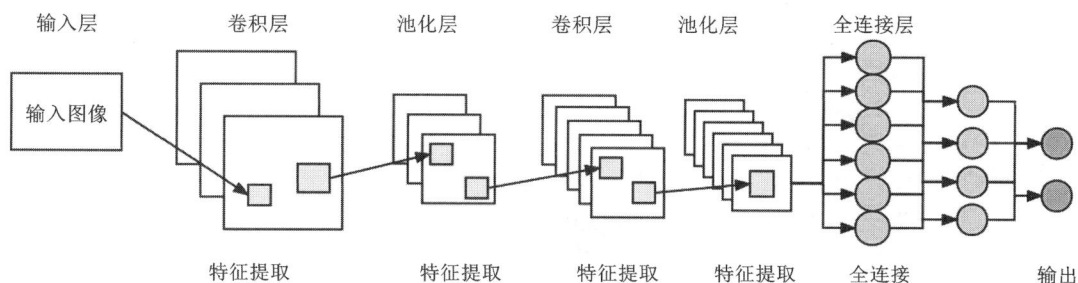

图 4-3 卷积神经网络示意图

卷积神经网络与其他一些深度学习结构相比，它通过局部感受野、权重共享和降采样三种策略，在降低网络模型复杂度同时获得了更好的性能。卷积神经网络还具有对平移、旋转、尺度缩放等形式的不变性，因此被广泛应用于图像分类、目标识别、语音识别等领域。以下就各层的结构、原理等进行详细说明。

1. 卷积层

卷积层是卷积神经网络的核心层，而卷积运算（convolution）又是卷积层的核心。从数学上讲，卷积是一种涉及积分、级数的运算。在泛函分析中，卷积、旋积或褶积是通过两个函数生成第三个函数的一种数学算子，表征两个函数经过翻转和平移的重叠部分的面积。卷积还可以被看作是"滑动平均"的推广。

卷积是对图像处理时用到的主要操作，它能够增强原信号、降低噪声，这一操作通过卷积核（kernel）来实现。卷积核也叫权重过滤器，简称过滤器（filter）。卷积核可以看作对某个局部加权求和，它对应局部感知，它的原理是在观察某个物体时我们既不能观察每个像素也不能一次观察整体，而是先从局部开始认识，这就对应了卷积。卷积核的大小一般有 5×5、3×3 和 1×1，3×3 的卷积核较 5×5 的更常用，主要是因为 3×3 的卷积核较其他卷积核有更低的参数量以及计算复杂度。

一般输入特征图其实就是二维矩阵，由于输入矩阵与卷积核的大小不一样，需要把卷积核作为在输入矩阵上的滑动窗口来实现特征提取（图 4-4）。卷积核的大小如何选择、在输入矩阵中如何移动以及超越边界时又该如何处理，涉及卷积步长和边界填充，在后面会进行说明。

下面以边缘检测来说明卷积核的重要性。

垂直边缘检测过滤器是 3×3 的矩阵，其特点是第 1 列和第 3 列有值，第 2 列为 0。这个过滤器的作用是把原数据垂直边缘检测出来，使得边缘部分高亮，如图 4-5 所示。

水平边缘检测过滤器也是 3×3 的矩阵，与垂直边缘检测过滤器不同，它是第 1、3 行有值，第 2 行为 0。这个过滤器的作用是把原数据水平边缘检测出来，如图 4-6 所示。

以上的卷积核也叫 Prewitt 梯度算子，是比较简单的。在实际应用中还有 Canny 算子、Sobel 算子、Roberts 算子、SUSAN 算子、Laplace 算子等形式的卷积核，它们不仅仅限于垂直和水平边缘特征的检测，比如 Sobel 算子是用来实现 45°角图像边缘检测。在具体的应用

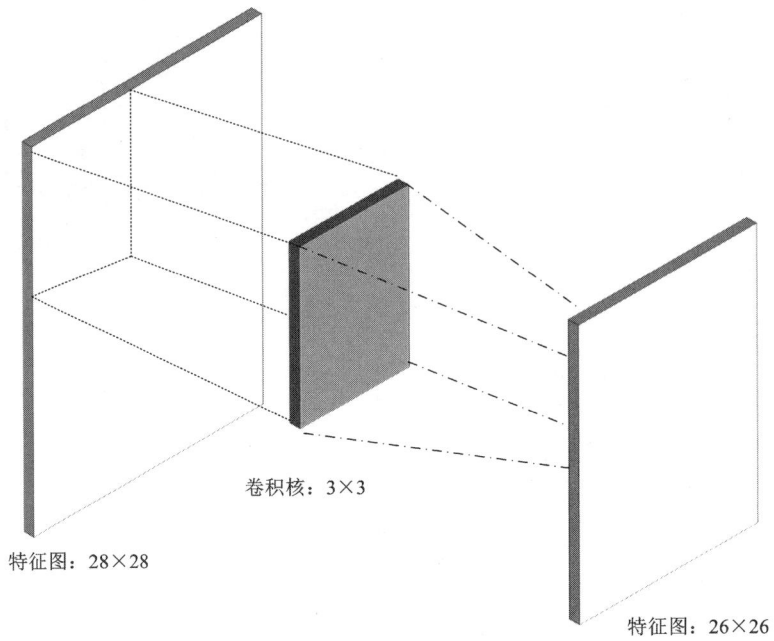

卷积核：3×3

特征图：28×28

特征图：26×26

图 4-4 卷积核滑动窗口示意图

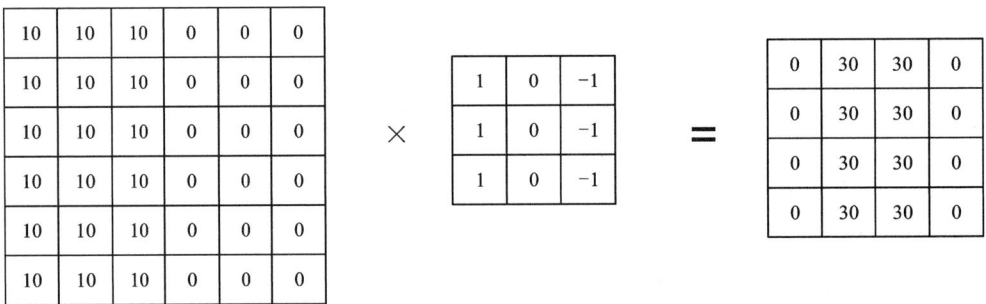

图 4-5 垂直边缘检测

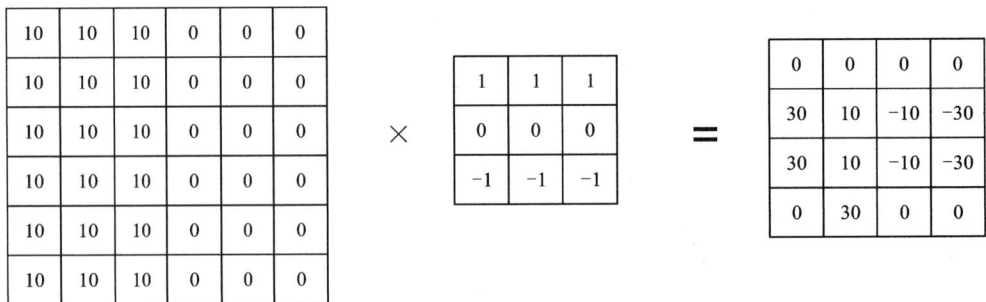

图 4-6 水平边缘检测

中，需要根据实际情况来选择合适的卷积核。计算机视觉常用边缘提取算子举例（Sobel 算子、Roberts 算子），如图 4-7 所示。

Sobel算子：

$$Sx = \begin{array}{|c|c|c|} \hline -1 & 0 & 1 \\ \hline -2 & 0 & 2 \\ \hline -1 & 0 & 1 \\ \hline \end{array} \qquad Sy = \begin{array}{|c|c|c|} \hline -1 & 0 & 1 \\ \hline -2 & 0 & 2 \\ \hline -1 & 0 & 1 \\ \hline \end{array}$$

Roberts算子：

$$Sx = \begin{array}{|c|c|} \hline 0 & 1 \\ \hline -1 & 0 \\ \hline \end{array} \qquad Sy = \begin{array}{|c|c|} \hline 1 & 0 \\ \hline 0 & -1 \\ \hline \end{array}$$

图 4-7　Sobel 算子、Roberts 算子

卷积核确定后，需要与输入数据进行卷积运算，也就是如图 4-4 所示的滑动卷积。卷积核每次在输入图像中移动的格数称为卷积步长（strides），如果是在图像中则为跳过像素的个数。如果每次只移动一格，则参数 strides＝1，如图 4-8 所示。

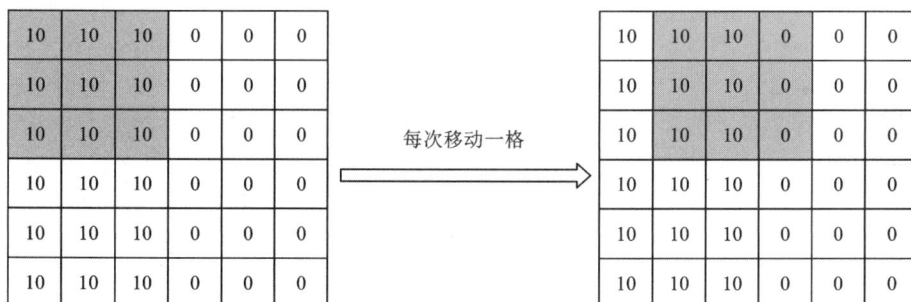

图 4-8　strides＝1

移动后的区域再与卷积核做运算，运算规则为矩阵各元素乘以卷积核中对应位置的值然后再做累加，即 $10×1+10×0+10×0+10×0+10×1+10×0+10×1+10×0+10×1=40$，如图 4-9 所示。

当然，这个参数也可以是其他值，当 strides＝2 时，每次就移动 2 格或 2 个像素点，如图 4-10 所示。

当输入的原始数据或图片与所选的卷积核不匹配或超出图片边界时，需要进行边界填充（padding），将图片扩展到实际需要的尺寸，扩展区域补 0，如图 4-11 所示。

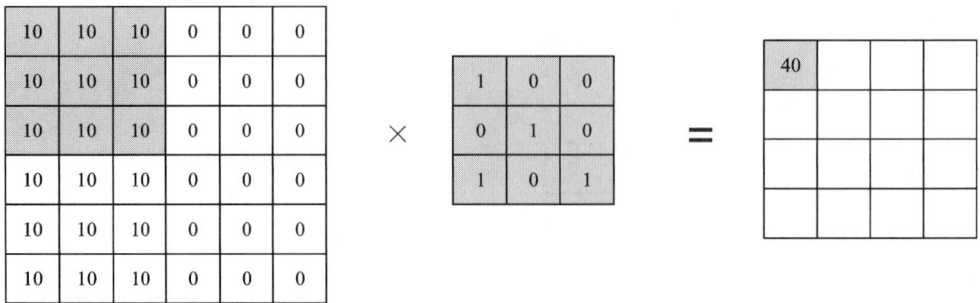

图 4-9　滑动卷积运算

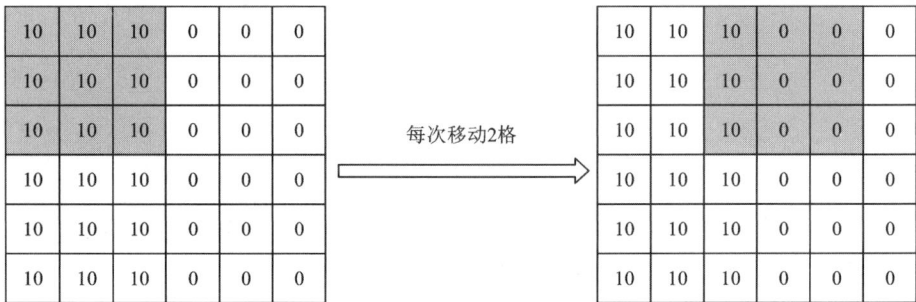

图 4-10　strides = 2

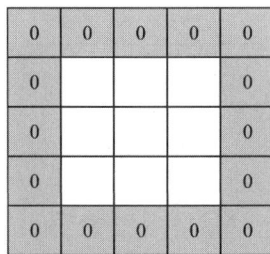

图 4-11　对图片进行扩展补 0(padding 方法)

为了便于说明，以上均是针对二维卷积，除此以外，还有多通道卷积。多通道卷积与二维卷积的原理是相似的，保持输入数据或图像与卷积核有相同的通道数，最后将所有通道的和相加，得到最后输出结果的一个值，依次滑动，得到最后完整的输出，如图 4-12 所示。

输入　　　　　　　卷积核　　　　　　　结果　　　　　　　特征图

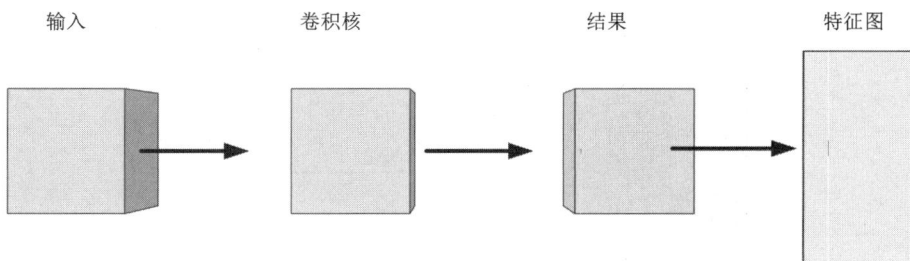

图 4-12　多通道卷积

2. 激活层

神经网络的每个神经元节点接受上一层神经元的输出作为本神经元的输入值,在多层神经网络中,上层节点的输出和下层节点的输入之间具有一个函数关系,这个函数称为激活函数(激励函数)。

为什么需要激活层呢?试想一下,如果没有激活函数,每一层节点的输入都是上一层输出的线性函数。显然,无论神经网络有多少层,输出都是输入的线性组合,那么网络的逼近能力就相当有限。因此引入非线性函数作为激活函数,这样深层神经网络的表达能力就会更加强大(不再是输入的线性组合,而是几乎可以逼近任意函数)。早期的神经网络主要使用 sigmoid 函数和 tanh 函数作为激活函数,近些年 ReLU 函数及其改进型(如 Leaky-ReLU、P-ReLU、R-ReLU 等)在多层神经网络中应用较多。

在搭建神经网络时,要根据神经网络的层数,合理地选择激活函数。

3. 池化层

输入数据或图片通过卷积层后,得到特征图,理论上可以将特征图直接作为分类器的输入,但存在着巨大的运算量,同时还存在许多不需要的特征使得模型出现过拟合的情况。为了解决上述问题,采用池化(pooling)层来将得到的特征进行降维。池化又称下采样,其作用是降低模型的参数量以及模型的过拟合程度,对不重叠的区域进行操作。池化的思想就是将一幅高分辨率图像一些像素点周围的像素点近似看待,将某一平面及其相邻位置的特征值进行统计,汇总后作为该平面的值。常用的池化方式有 3 种:最大池化(max pooling)、均值池化(mean pooling)和全局最大池化。

①最大池化计算 pooling 窗口内的最大值,并将这个最大值作为该位置的值;

②平均池化计算 pooling 窗口内的平均值,并将这个值作为该位置的值;

③全局最大(平均)池化是计算整个特征图内的最大值(平均值)。

使用池化不会造成数据矩阵深度的改变,只会减小高度和宽度,达到降维的目的。3 种池化方式描述如图 4-13 所示(pooling 窗口为 2×2)。

其中平均池化能够很好地保留整体数据的特征,能突出背景信息;最大池化能更好地保留纹理上的特征。

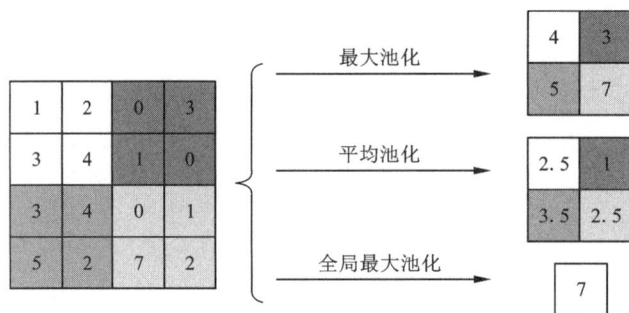

图 4-13　池化方法

4. 全连接层

全连接层（fully connected layers，FC）在整个卷积神经网络中起到"分类器"的作用。卷积层、池化层和激活层等操作是将原始数据映射到隐含层特征空间，全连接层是将学到的"分布式特征表示"映射到样本标记空间。简单来说，卷积由于其有限的感受野，提取的是局部特征，全连接就是把这些局部特征重新通过权值矩阵组装成完整的图。但全连接层的参数量较大、运算时间较长，效率变低，而且全连接层丢失空间信息，不适合做分割任务（在分割任务中通常用卷积层代替全连接层）。

4.2.2　循环神经网络

卷积神经网络利用卷积核滑动来实现参数共享，从而实现模型参数量下降，但由于卷积核的大小固定，有限的感受野使得其在长序列建模中存在天生缺陷，尤其像语音识别和文本翻译等，就不是卷积神经网络的优势了。

对于序列数据，循环神经网络（recurrent natural network，RNN）能进行有效处理，在很多场景中，输入数据之间并不相互独立，要么存在一定的逻辑关系，要么需要根据上下文的内容进行推断，这时候就需要模型有一定的记忆能力，RNN 以其特有的自循环结构，记忆之前的信息，并利用之前的信息影响后面节点的输出。即循环神经网络的隐含层之间的节点是有连接的，隐含层的输入不仅包括输入层的输出，还包括上一时刻隐含层的输出。与 CNN 相似，RNN 也属于传统神经网络的扩展，通过前向传播产生结果和反向传播实现模型更新，每层神经网络横向可以有多个神经元共存，纵向可以有多层神经网络连接。不同的是，CNN 空间扩展，RNN 时间扩展且有记忆功能。循环神经网络的经典结构如图 4-14 所示。

其中，U 是输入层到隐含层的权重矩阵，W 是状态到隐含层的权重矩阵，H 为状态，V 是隐含层到输出层的权重矩阵。x、y 分别是输入和输出。展开后如图 4-15 所示。

从图中可知，网络在 t 时刻接收到输入 X_t 之后，隐含层的值是 H_t，输出值是 Y_t。关键的一点是，H_t 的值不仅仅取决于 X_t，还取决于 H_{t-1}。从展开结构中还可以看到，参数 U、V、W 是共享的，从而大大减少参数量。

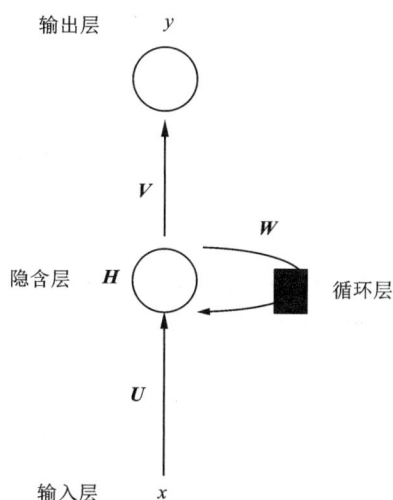

图 4-14　循环神经网络架构图

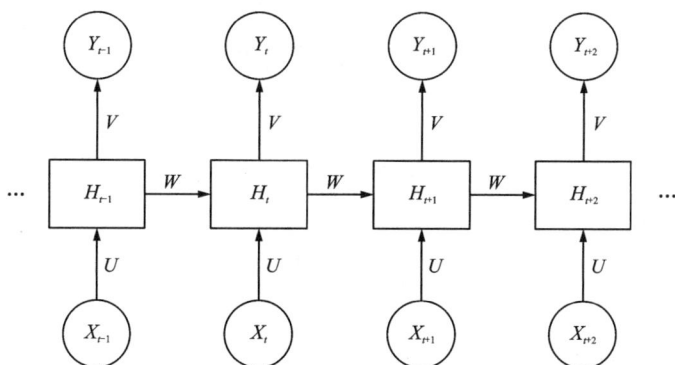

图 4-15　循环神经网络按时间线展开结构

1. 梯度爆炸与梯度消失

循环神经网络已经在众多自然语言处理（natural language processing，NLP）中取得了巨大成功以及广泛应用，如词向量表达、语句合法性检查、词性标注等。但 RNN 存在一个问题是它在训练中很容易发生梯度爆炸和梯度消失，这导致训练时梯度不能在较长序列中一直传递下去，从而使 RNN 无法捕捉到长距离的影响。

梯度爆炸更容易处理一些。因为梯度爆炸的时候，我们的程序会收到 NaN 错误。我们也可以设置一个梯度阈值，当梯度超过这个阈值的时候可以直接截取。

梯度消失更难检测，而且也更难处理一些。总的来说，主要有三种方法应对梯度消失问题：

①合理的初始化权重值。初始化权重,使每个神经元尽可能不要取极大或极小值,以躲开梯度消失的区域。

②使用 ReLu 代替 sigmoid 和 tanh 作为激活函数。

③使用其他结构的 RNNs,比如长短时记忆网络(LSTM)和门控循环单元(gated recurrent unit,GRU),这是最流行的做法。后面会介绍这两种网络。

2. 前向传播与反向传播

神经网络通过前向传播求得结果,再通过梯度反向传播更新参数,反向传播训练算法称为随时间反向传播(back propagation through time,BPTT)算法,是神经网络常用的训练方法。

所谓的前向传播算法就是将上一层的输出作为下一层的输入,并计算下一层的输出,一直到运算到输出层为止,如图 4-16 所示。

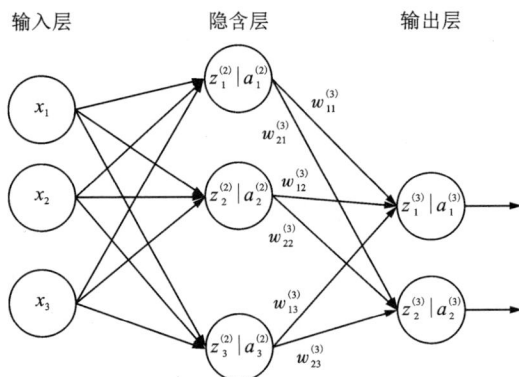

图 4-16 前向传播示意图

对于隐含层的输出:$a_1^{(2)}$、$a_2^{(2)}$、$a_3^{(2)}$。

$$a_1^{(2)} = \sigma(z_1^{(2)}) \tag{4-1}$$

$$a_2^{(2)} = \sigma(z_2^{(2)}) \tag{4-2}$$

$$a_3^{(2)} = \sigma(z_3^{(2)}) \tag{4-3}$$

对于输出层的输出:$a_1^{(3)}$、$a_2^{(3)}$。

$$a_1^{(3)} = \sigma(z_1^{(3)}) = \sigma(w_{11}^{(3)} a_1^{(2)} + w_{12}^{(3)} a_2^{(2)} + w_{13}^{(3)} a_3^{(2)} + b_1^{(3)}) \tag{4-4}$$

$$a_2^{(3)} = \sigma(z_2^{(3)}) = \sigma(w_{21}^{(3)} a_1^{(2)} + w_{22}^{(3)} a_2^{(2)} + w_{33}^{(3)} a_3^{(2)} + b_2^{(3)}) \tag{4-5}$$

式中:σ 为激活函数;w 为权重参数;b 为偏置参数;a 表示上一层的输出。

上面的代数公式可用矩阵表示为:

$$z^{(l)} = w^{(l)} a^{(l-1)} + b^{(l)} \tag{4-6}$$

$$a^{(l)} = \sigma(z^{(l)}) \tag{4-7}$$

式(4-6)、式(4-7)就是前向传播的过程。神经网络通过前向传播逐层传递信息,得到最后第 l 层的输出 $a^{(l)}$。

反向传播(back propagation，BP)算法是"误差反向传播"的简称，也称为 backprop，可以看作是与前向传播相反的一个过程。反向传播允许来自损失函数的信息通过网络向后流动，以便计算梯度。前向传播的输出结果与实际结果存在误差，反向传播的思想是将该误差从输出层向隐含层反向传播，直至传播到输入层，并在反向传播的过程中根据误差来更新参数 w、b，使得总损失函数减小。不断迭代该过程(即对数据进行反复训练)，直到满足停止准则。在进行反向传播算法说明时，需要选定一个损失函数 $C(w, b)$。通过梯度下降算法更新参数。式(4-8)、式(4-9)就是反向传播的大致过程。

$$w^{(l)} = w^{(l)} - \alpha \frac{\partial C(w, b)}{\partial w^{(l)}} \qquad (4-8)$$

$$b^{(l)} = b^{(l)} - \alpha \frac{\partial C(w, b)}{\partial b^{(l)}} \qquad (4-9)$$

式中：α 为学习率，$\alpha \in (0, 1]$。反向传播的关键是利用复合函数的链式求导法则，来更新输出各隐含层与输出层的参数 w、b。

3. LSTM

上面已经提到，由于循环神经网络存在梯度爆炸和梯度消失的问题，于是在以往的循环神经元基础上进行了改进，长短时记忆单元(long short-term memory，LSTM)就是一个很成功的 RNN 变体。LSTM 是由 Hochreiter & Schmidhuber 于 1997 年提出的，通过刻意的设计来避免长期依赖问题。与传统的 RNN 相比，LSTM 在结构上的独特之处在于它设计了循环结构。相比 RNN 只有一个传输状态，LSTM 有两个传输状态，即一个 c^t(cell state)和一个 h^t(hidden state)。其中对于传递下去的 c^t 改变得很慢，通常输出的 c^t 是上一个状态传过来的 c^{t-1} 加上一些数值。而 h^t 则在不同节点下往往会有很大的区别，如图 4-17 所示。

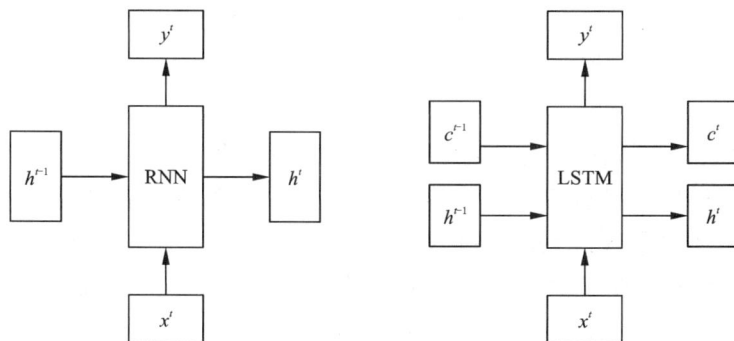

图 4-17　RNN 与 LSTM 传输状态示意图

LSTM 有通过精心设计的称作"门"的结构来去除或者增加信息到"细胞状态"的能力。门是一种让信息选择式通过的方法。一个是遗忘门(forget gate)，它决定了上一时刻的单元状态 c^{t-1} 有多少保留在当前时刻 c^t；一个是输入门(input gate)，它决定了当前时刻网络的输入 x^t 有多少保留到单元状态 c^t；一个是输出门(output gate)，它来控制单元状态 c^t 有多少输出到 LSTM 的当前输出值 h^t。LSTM 的这三个门对应着三个阶段：

111

①遗忘阶段：这个阶段主要是对上一个节点传进来的输入进行选择性忘记，记住重要的同时忘记不重要的，通过遗忘门来进行控制；

②选择记忆阶段：这个阶段将输入 x^t 有选择性地进行记忆，通过输入门来进行控制；

③输出阶段：这个阶段将决定哪些将会被当成当前状态的输出，通过输出门来进行控制。

LSTM 的架构如图 4-18 所示。

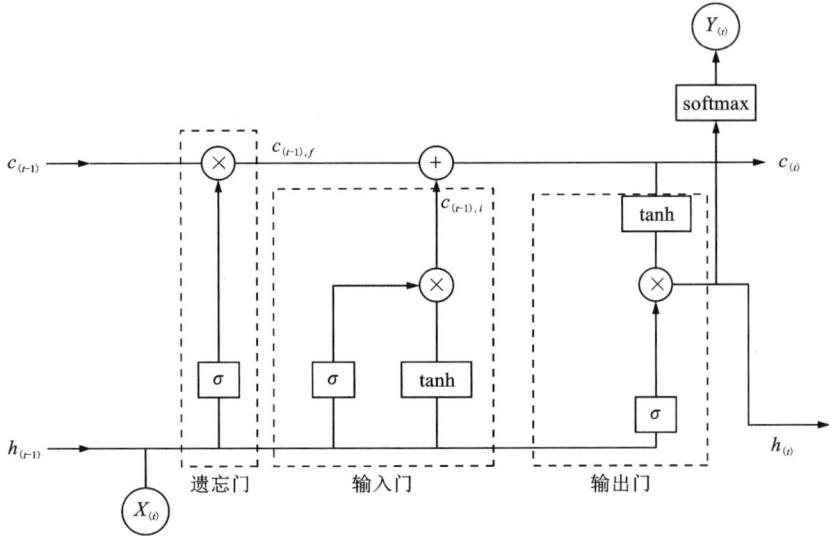

图 4-18　LSTM 架构图

4. GRU

上面我们已经介绍了 RNN 的改进结构 LSTM，它确实解决了 RNN 存在的一些问题，尤其是梯度爆炸和梯度消失的问题。当然，LSTM 也存在一些不足，如结构比较复杂、计算难度较高等。于是，又在 LSTM 的基础上提出了很多其他结构，其中使用最广泛的就是门控循环单元(gate recurrent unit，GRU)，虽然 GRU 也是为了解决长期记忆和反向传播中的梯度等问题而提出来的，但相比 LSTM，使用 GRU 能够达到相当的效果，并且相比之下更容易进行训练，能够很大程度上提高训练效率。

GRU 的输入输出结构与传统的 RNN 是一样的，只有一个传输状态，如图 4-19 所示。

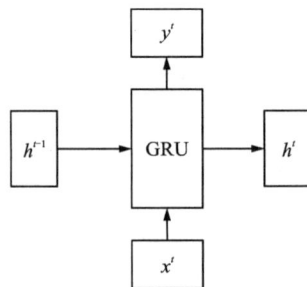

图 4-19　GRU 输入输出结构

GRU 在 LSTM 的基础上做了很多简化，它使用一个门同时进行遗忘的选择，将 LSTM 的三个门变为更新门(update gate)和重置门(reaet gate)。

GRU 输入输出的结构与普通的 RNN 相似，其内部思想与 LSTM 相似。GRU 参数比 LSTM 少，却也能够达到与 LSTM 相当的功能。考虑到硬件的计算能力和时间成本，很多时候会选择更加实用的 GRU，其架构如图 4-20 所示。

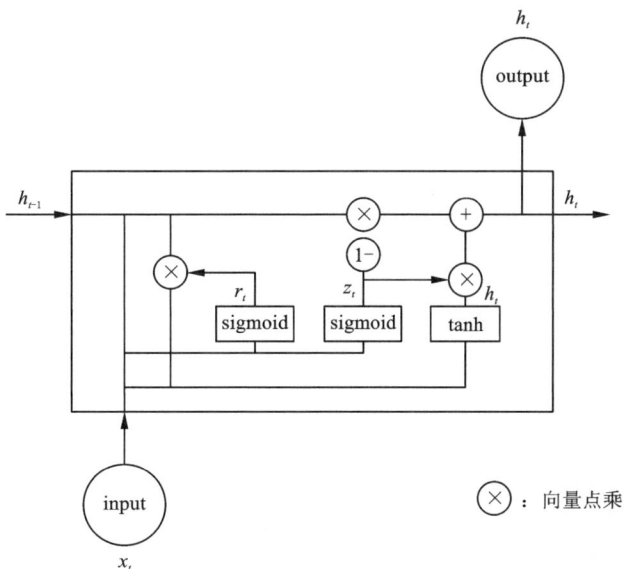

图 4-20　GRU 架构图

4.3　典型深度学习网络

4.3.1　LeNet-5 模型

LeNet-5 模型由 LeCun 于 1998 年提出，是早期的卷积神经网络之一，被称为卷积神经网络的鼻祖。LeNet-5 模型作为 CNN 经典网络推动了深度学习领域的发展，它最开始应用于手写体数字识别问题，在美国邮政服务提供的邮政编码数字数据上的测试结果显示该模型的错误率仅有 1%，拒绝率约为 9%。LeNet-5 模型的成功激起了大量学者对神经网络的研究兴趣。虽然目前已经有各种各样的神经网络，但这个网络作为神经网络的起点，给深度学习领域注入了很多灵感。LeNet-5 模型结构如图 4-21 所示。

1.模型组成

LeNet-5 模型一共包含 7 层(不包括输入层)，分别是卷积层(C1 层)、池化层(S2 层)、卷积层(C3 层)、池化层(S4 层)、卷积层(C5 层)、全连接层(F6 层)和输出层，每一层都包含可训练参数(权重)。

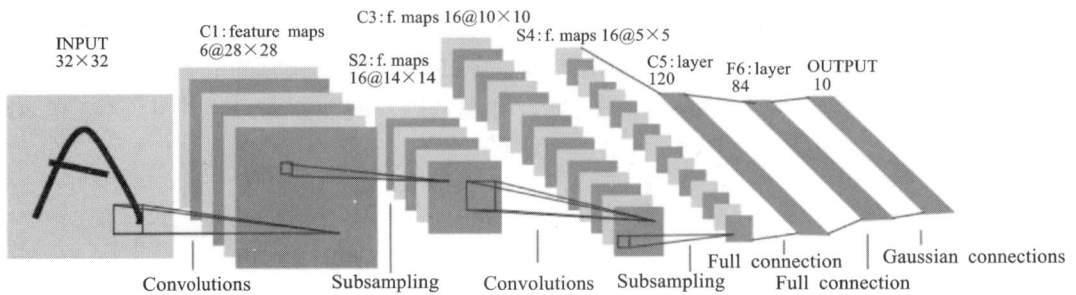

图 4-21　LeNet-5 模型架构图

C1 层：输入 32×32 大小的图片，通过 6 个大小为 5×5 的卷积核进行多通道卷积，得到通道数为 6、大小为 28×28 的特征图。

S2 层：将 C1 层输出的特征图进行下采样，步长为 2×2，得到通道数为 6、大小为 14×14 的特征图。

C3 层：将 S2 层的输出通过 16 个大小为 5×5 的卷积核进行多通道卷积，得到通道数为 16、大小为 10×10 的特征图。

S4 层重复 S2 层的下采样操作，得到通道数为 16、大小为 5×5 的特征图。

C5 层：将 S4 层的输出通过 120 个大小为 5×5 的卷积核进行多通道卷积，输出为 1×1 大小的特征图，通道数为 120。

F6 层：F6 层完全连接到 C5 层，输出 84 张特征图。它有 10164 个可训练参数。这里的 84 与输出层的设计有关。

输出层：最后将 F6 层的 84 个神经元填充到一个 softmax 函数，得到一个长度为 10 的张量，张量中为 1 的地方代表所属的类别。（例如[0、0、1、0、0、0、0、0、0、0]的张量，1 在 index＝2 的位置，故该张量代表的类别属于第 2 类，如图 4-22 所示。）

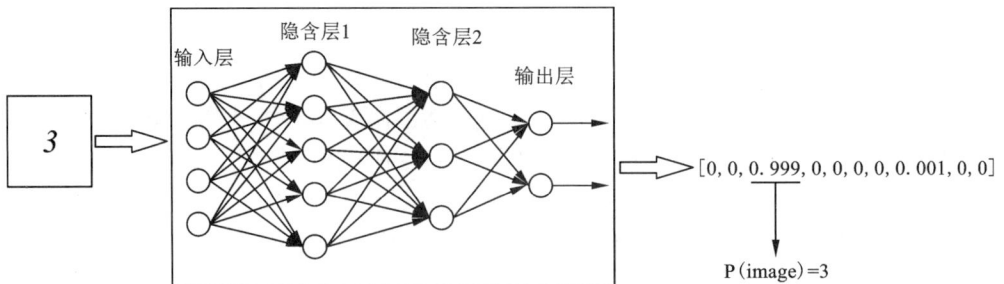

图 4-22　识别手写体数字

2. 模型评价

LeNet-5 模型虽然很小,但它很完整,系统地提出了卷积层、池化层和全连接层等概念,它有以下特点:

①每个卷积层包含 3 个部分:卷积、池化和非线性激活函数,其中 1~6 层所用的激活函数为 tanh,输出层采用的激活函数为 RBF(径向基函数);

②采用多通道卷积提取特征空间;

③利用降采样的平均池化层降低参数的同时保留原始数据整体特征;

④最后使用多层感知机作为分类器。

LeNet-5 模型的设计较为简单,所以在处理复杂数据的时候能力是有限的;同时,由于全连接层参数量较大,使得计算代价过大,大多情况都使用卷积层来代替全连接层。

4.3.2　AlexNet 模型

继 LeNet-5 模型,AlexNet 是又一经典的卷积神经网络。AlexNet 网络是在 2012 年的 ImageNet 竞赛中取得冠军的一个模型,它的诞生使卷积神经网络得到快速发展,更多的神经网络从此如雨后春笋般纷纷涌现。AlexNet 网络与 LeNet-5 网络在整体结构上是相似的,均为卷积层后面加上全连接层,但 AlexNet 更为复杂、参数量也更大。AlexNet 模型采用 8 层神经网络,5 个卷积层和 3 个全连接层[不计入池化层和 LRN(local response normalization)局部响应归一化层],其结构如图 4-23 所示。

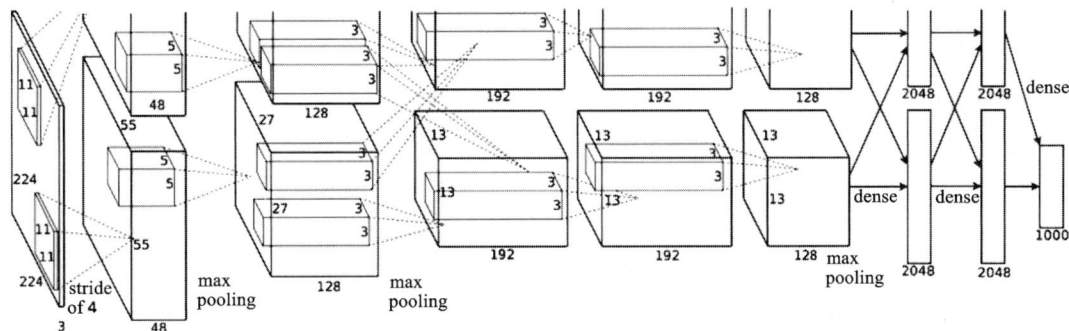

图 4-23　AlexNet 模型架构图

1. 模型组成

第 1 层:卷积层 1,输入为 224 × 224 × 3 大小的图像,卷积核的大小为 11 × 11 × 3; stride = 4, padding = 0(不扩充边缘);然后进行局部响应归一化和池化,其中 pool_size = (3, 3), stride = 2, pad = 0,最终获得第一层卷积的特征图。

第 2 层:卷积层 2,输入为上一层的输出,卷积核的大小为 5 × 5 × 48, padding = 2, stride = 1;然后同第 1 层做局部响应归一化和最大池化。

第 3 层：卷积层 3，输入为第 2 层的输出，卷积核大小为 3 × 3 × 256，padding = 1，第 3 层没有做局部响应归一化和最大池化。

第 4 层：卷积层 4，输入为第 3 层的输出，卷积核大小为 3 × 3×384，padding = 1，和第 3 层一样，没有做局部响应归一化和最大池化。

第 5 层：卷积层 5，输入为第 4 层的输出，卷积核大小为 3 × 3×256，padding = 1；然后直接进行最大池化，pool_size = (3, 3)，stride = 2。

第 6~8 层是全连接层，每一层的神经元的个数为 4096，最终输出 softmax 为 1000，代表分类个数为 1000。全连接层中使用了 ReLU 激活函数和 dropout 机制（dropout 指在网络训练过程中，按照一定概率丢弃掉一些神经元）。

2. 模型评价

AlexNet 网络采用 ReLU 激活函数和数据增强，同时还引入了 LRN，LRN 局部响应归一化借鉴侧抑制的思想实现局部抑制，使得响应比较大的值相对更大，提高了模型的泛化能力。LRN 只对数据相邻区域做归一化处理，不改变数据的大小和维度。此外，AlexNet 网络还引入了重叠池化（overlapping），与之前介绍的池化不同，重叠池化在池化操作的时候在部分像素上会有重叠，它很好地解决了模型过拟合的问题。模型的全连接层还引入了 dropout 的功能，这样可以减少网络的复杂度从而加快运算速度。

AlexNet 网络规模远远大于 LeNet-5，它采用两个 GPU 并行进行训练，训练时间长达 6 天，计算成本和时间成本较高，它的主要贡献是 ReLU、dropout、最大池化，这些技术基本上在 AlexNet 出现之后，才出现在大多数主流架构。

4.3.3 VGG 模型

在 AlexNet 网络之后，VGG（visual geometry group）是又一个具有代表性的网络，它展示出网络的深度是算法优良性能的关键部分。VGG 模型由牛津大学视觉几何组的 Karen 与 Andrew 于 2014 年提出，是图片分类任务中经典的神经网络模型。

当时 VGG 已经算是很深的网络结构了，它有两种结构，分别是 VGG-16 和 VGG-19，两者并没有本质上的区别，只是网络深度不一样，其架构如图 4-24 所示（以输入大小为 448×448×3 的图片为例）。

VGG 由 AlexNet 的 8 层增至 16 层和 19 层，更深的网络代表着有更大的网络能力，当然，对计算能力的要求也在提高，好在近几年硬件同步快速发展，助推了深度学习的发展。

1. 模型组成

该模型统一采用 3×3 的小卷积核以及 2×2 的最大池化层，共包含 16 层，分别为 13 个卷积层和 3 个全连接层。该模型主要包括 5 个卷积层模块、3 个全连接层和 1 个输出层，每个卷积层模块中包含 2 个或 3 个卷积层以及 1 个最大池化层。图片输入首先经过 64 个卷积核的两次卷积后，采用一次 pooling；第二次经过 128 个卷积核两次卷积后，再采用 pooling；再重复两次三个 512 个卷积核卷积后，再 pooling；最后经过三次全连接。

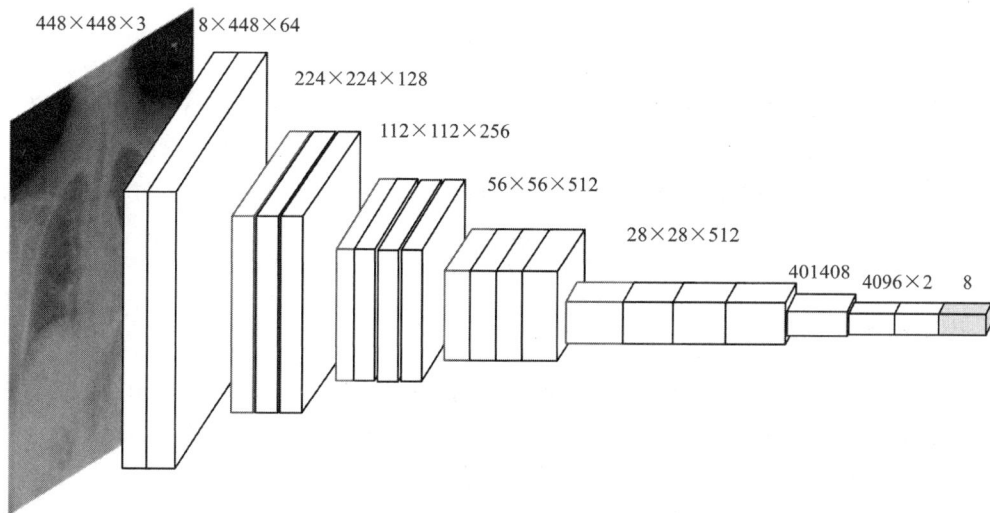

448×448×3　8×448×64

224×224×128

112×112×256

56×56×512

28×28×512

401408　4096×2　8

图 4-24　VGG-16 模型架构

2. 模型评价

在 VGG 中, 相比 AlexNet 网络的改进是使用连续几个 3×3 卷积核来代替 AlexNet 中的较大卷积核(11×11, 7×7, 5×5), 这样做可以在保证具有相同感知野的条件下提升网络的深度, 同时比 AlexNet 网络具有更快的收敛速度。VGG 验证了通过不断加深网络结构可以提升网络性能, 同时拥有更多的非线性变换, 增加了对特征的学习能力。在之后的网络中, 基本都遵循了这个范式。

4.3.4　ResNet 模型

我们知道, 神经网络越深, 特征提取能力就越强; 随着网络结构加深, 提取的特征越抽象, 越具有语义信息。但如果仅仅只是想当然地增加网络深度, 就会存在梯度爆炸和梯度消失等问题, 而且网络训练的时候无法得到全局最优解。深度残差网络(ResNet)模型于 2015 年提出, 它引入残差边, 很好地解决了这些问题, 如今 ResNet 模型已经在检测、识别和分割等领域得到了广泛的应用。短短 4 年时间, ResNet 的引用量高达 4 万多次。

所谓残差就是将靠前若干层的某一层数据输出直接跳过多层引入到后面数据层的输入部分, 这意味着后面的特征层的内容会有一部分由其前面的某一层线性贡献, ResNet 网络参考了 VGG-19 网络, 在其基础上进行了修改, 并通过短路机制加入了残差单元, 如图 4-25 所示。

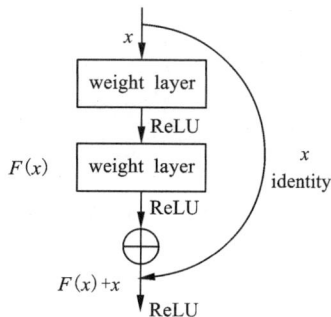

图 4-25　残差块结构

残差模块可以表示为：

$$y_l = h(x_l) + F(x_l, W_l) \tag{4-10}$$

$$x_{l+1} = f(y_l) \tag{4-11}$$

式中：x_l 和 x_{l+1} 分别为第 l 个残差单元的输入和输出，每个残差单元包含多层结构。F 是残差函数，表示学习到的残差，$h(x_l) = x_l$ 表示恒等映射，$f(\cdot)$ 是 ReLU 激活函数。基于式(4-10)、式(4-11)得到从浅层 l 到深层 L 的学习特征，可表示为：

$$x_L = x_l + \sum_{i=l}^{L-1} F(x_i, W_i) \tag{4-12}$$

1. 模型结构

ResNet 模型包含两个基本块：Conv Block 和 Identity Block。其中 Conv Block 输入和输出的维度是不一样的，所以不能连续串联，它的作用是改变网络的维度；Identity Block 输入维度和输出维度相同，可以串联，它的作用是加深网络。

Conv Block 的结构如图 4-26 所示，它的左边包括 3 次卷积，右边(残差部分)包括 1 次卷积。

Identity Block 是恒等映射，它的结构如图 4-27 所示，它的左边包括 3 次卷积，右边(残差部分)没有卷积。

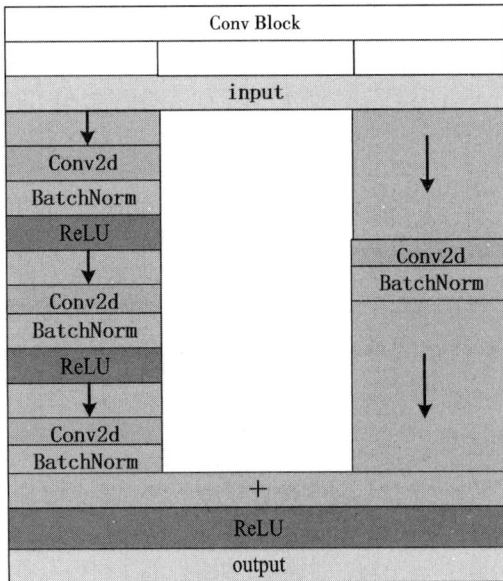

图 4-26　Conv Block 结构图

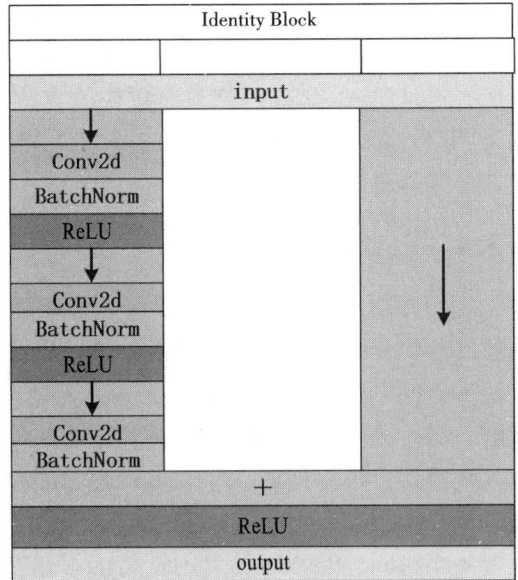

图 4-27　Identity Block 结构图

　　许多 Conv Block 和 Identity Block 连接构成了我们的 ResNet 模型结构，如图 4-28 所示。

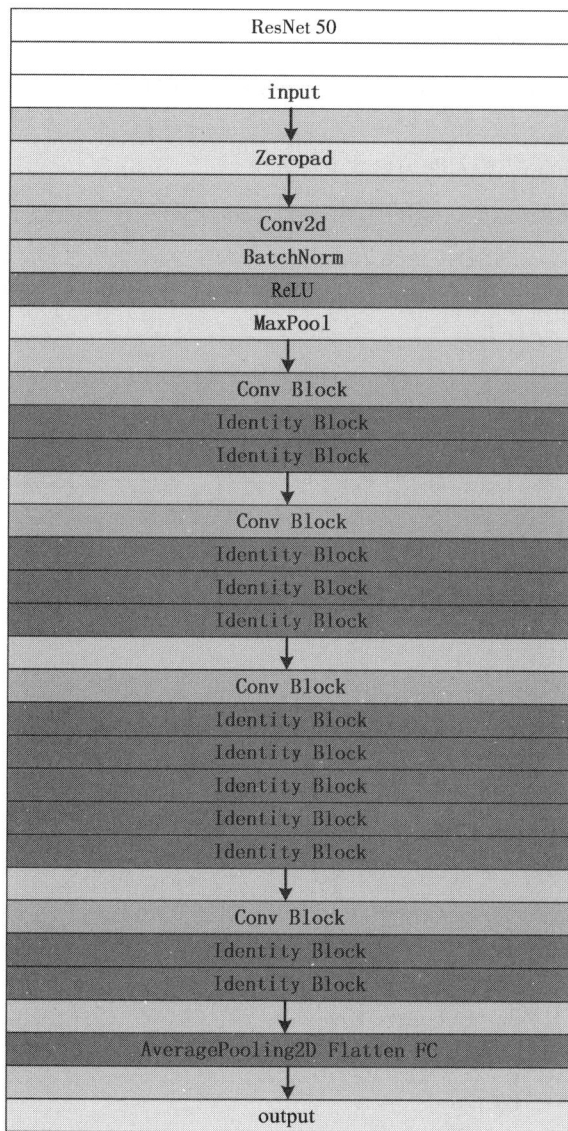

ResNet 50
input
Zeropad
Conv2d
BatchNorm
ReLU
MaxPool
Conv Block
Identity Block
Identity Block
Conv Block
Identity Block
Identity Block
Identity Block
Conv Block
Identity Block
Identity Block
Identity Block
Identity Block
Identity Block
Conv Block
Identity Block
Identity Block
AveragePooling2D Flatten FC
output

图 4-28　ResNet 模型结构示意图

2. 模型评价

　　残差网络的提出是 CNN 图像史上的里程碑事件，它解决了由于网络深度加深而产生的学习效率变低与准确率无法有效提升等问题。ResNet 模型的层数非常深，已超过 100 层，因此引入残差单元解决退化问题，同时引入跳层连接让模型自身有了更加"灵活"的结构。

4.3.5 基于 Encoder-Decoder 结构的深度学习模型

Encoder-Decoder 是一个模型构架，是一类算法统称，并不是特指某一个具体的算法，在这个框架下可以使用不同的算法来解决不同的任务。编码阶段是将原始输入转化成一个固定维度的稠密向量（图 4-29）；解码阶段则将编码阶段的输出作为输入转化成我们最终的目标输出（图 4-30）。

编码器将实际遇到的问题转化为数学问题。

Encoder-Decoder 模型是端到端的学习算法（如压缩-解压缩过程），其中序列到序列（Seq2Seq）是一种典型的端到端学习算法，主要解决字符串到字符串的映射问题（如翻译前后语义上的对应），它最突出的地方在于输入序列和输出序列的长度可变。Seq2Seq 模块主要包括如下 8 个 Python 文件包：

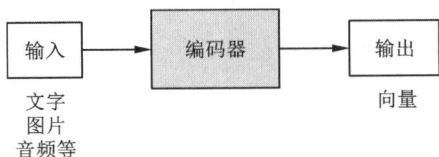

图 4-29　编码器结构　　　　图 4-30　解码器结构

- attention_wrapper.py
- basic_decoder.py
- beam_search_ops.py
- beam_search_decoder.py
- decoder.py
- helper.py
- loss.py
- sample.py

Seq2Seq 模型可以看作是 Encoder-Decoder 模型的一个特例，Encoder-Decoder 模型强调的是模型设计（编码-解码的一个过程），Seq2Seq 强调的是任务类型（序列到序列的问题），它们的关系如图 4-31 所示。

以下就一些经典的基于 Encoder-Decoder 模型的几大网络进行介绍。

1. GAN 模型

自 2014 年 Ian Goodfellow 提出了 GAN（generative adversarial network）以来，对 GAN 的研究一时高涨，各种 GAN 的变体不断涌现，是近年来无监督学习最具前景的方法之一。生成模型（generative model）和判别模型（discriminative model）作为 GAN 模型的两个主要模块，二者在互相博弈与学习过程中产生更好的输出。

（1）模型组成

原始 GAN 理论中，并不要求生成模型和判别模型都是神经网络，只需要是能拟合相

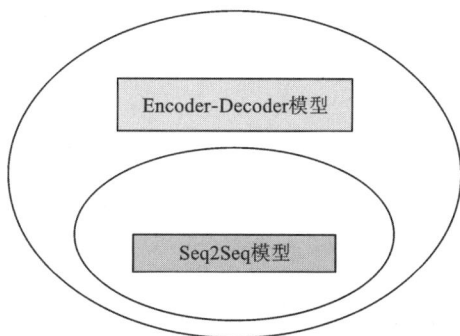

图 4-31　Seq2Seq、Encoder-Decoder 模型关系

应生成和判别的函数即可。但实际中一般均使用深度神经网络作为生成模型和判别模型。

GAN 模型的结构如图 4-32 所示，其中生成器（generator）用来生成假数据；判别器（discriminator）来判别输入是真实的数据还是生成的假数据，判别器起到分类器的作用对输入真实样本或者生成的假样本进行分类后输出图片的真伪标签。生成模型的目的是生成让判别器无法判断真伪的输出，判别模型则是为了判别输入的真伪，两者为达目的不断进行训练以提高自己的性能，从而形成一种博弈，最终达到一种平衡的状态。

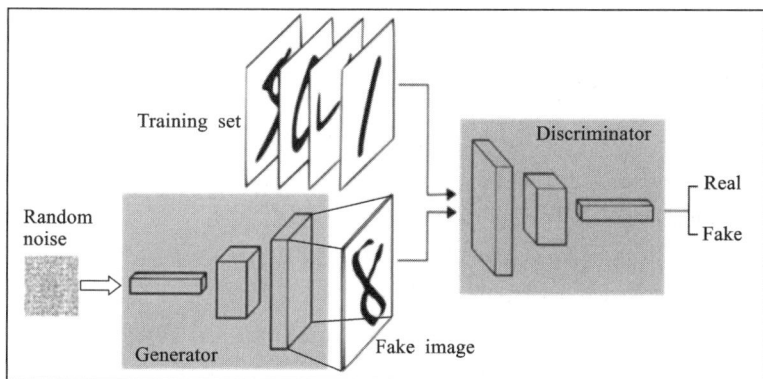

图 4-32　GAN 架构图

（2）模型训练

GAN 模型的训练分为以下几个步骤：

①随机选取 batch_size 个真实的图片。

②随机生成 batch_size 个 N 维向量，传入到 generator 中生成 batch_size 个虚假图片。

③真实图片的标签为 1，虚假图片的标签为 0，将真实图片和虚假图片当作训练集传入到 discriminator 中进行训练。

④将虚假图片的 discriminator 预测结果与 1 的对比作为 loss 对 generator 进行训练（与 1 对比的意思是，如果 discriminator 将虚假图片判断为 1，说明这个生成的图片很"真实"）。

GAN 模型最成功的应用是在图像处理和计算机视觉方面，另外，在图像超分辨率、图像生成与操作、视频处理、纹理合成、目标检测、视频应用等方面也得到广泛应用与研究。

（3）GAN 模型实现

基于 keras 的代码实现。

生成模型：

```
def build_generator(self)：
    model = Sequential()
    #生成一张图片
    model.add(Dense(256, input_dim＝self.latent_dim))
    model.add(LeakyReLU(alpha＝0.2))
    model.add(BatchNormalization(momentum＝0.8))
    model.add(Dense(512))
    model.add(LeakyReLU(alpha＝0.2))
    model.add(BatchNormalization(momentum＝0.8))
    model.add(Dense(1024))
    model.add(LeakyReLU(alpha＝0.2))
    model.add(BatchNormalization(momentum＝0.8))
    model.add(Dense(np.prod(self.img_shape), activation＝' tanh' ))
    model.add(Reshape(self.img_shape))
    noise = Input(shape＝(self.latent_dim, ))
    img = model(noise)
    return Model(noise, img)
```

判别模型：

```
def build_discriminator(self)：
    model = Sequential()
    #输入一张图片
    model.add(Flatten(input_shape＝self.img_shape))
    model.add(Dense(512))
    model.add(LeakyReLU(alpha＝0.2))
    model.add(Dense(256))
    model.add(LeakyReLU(alpha＝0.2))
    #判断真伪
    model.add(Dense(1, activation＝' sigmoid' ))
    img = Input(shape＝self.img_shape)
    validity = model(img)
    return Model(img, validity)
```

（4）GAN 模型变体及代码实现

1）DCGAN。

深度卷积对抗生成网络（deep convolutional generative adversarial networks，DCGAN）在

GAN 的基础上增加深度卷积网络结构。

生成网络的目标是生成 mnist 手写体图片，其代码实现为：

```
def build_generator(self)：
    model = Sequential()
    model.add(Dense(32*7*7, activation="relu", input_dim=self.latent_dim))
    model.add(Reshape((7, 7, 32)))
    model.add(Conv2D(64, kernel_size=3, padding="same"))
    model.add(BatchNormalization(momentum=0.8))
    model.add(Activation("relu"))
    #上采样
    model.add(UpSampling2D())
    model.add(Conv2D(128, kernel_size=3, padding="same"))
    model.add(BatchNormalization(momentum=0.8))
    model.add(Activation("relu"))
    #上采样
    model.add(UpSampling2D())
    model.add(Conv2D(64, kernel_size=3, padding="same"))
    model.add(BatchNormalization(momentum=0.8))
    model.add(Activation("relu"))
    model.add(Conv2D(self.channels, kernel_size=3, padding="same"))
    model.add(Activation("tanh"))
    model.summary()
    noise = Input(shape=(self.latent_dim, ))
    img = model(noise)
    return Model(noise, img)
```

判别模型的目的是根据输入的图片判断出真伪，其代码实现为：

```
def build_discriminator(self)：
    model = Sequential()
    model.add(Conv2D(32, kernel_size=3, strides=2, input_shape=self.img_shape, padding="same"))
    model.add(LeakyReLU(alpha=0.2))
    model.add(BatchNormalization(momentum=0.8))
    model.add(Conv2D(64, kernel_size=3, strides=2, padding="same"))
    model.add(BatchNormalization(momentum=0.8))
    model.add(LeakyReLU(alpha=0.2))
    model.add(ZeroPadding2D(((0, 1), (0, 1))))
    model.add(Conv2D(128, kernel_size=3, strides=2, padding="same"))
    model.add(BatchNormalization(momentum=0.8))
    model.add(LeakyReLU(alpha=0.2))
    model.add(GlobalAveragePooling2D())
    #全连接
```

```
model.add(Dense(1, activation=' sigmoid' ))
model.summary()
img = Input(shape=self.img_shape)
validity = model(img)
return Model(img, validity)
```

DCGAN 相比于 GAN 或者普通 CNN 的改进包含以下几个方面：

①使用卷积和去卷积代替池化层。

②在生成器和判别器中都添加了批量归一化操作。

③去掉了全连接层，使用全局池化层替代。

④生成器的输出层使用 tanh 激活函数，其他层使用 ReLU 激活函数。

⑤判别器的所有层都使用 Leaky-ReLU 激活函数。

2）CGAN。

条件生成对抗网络（conditional GAN，CGAN）是一种带条件约束的 GAN，在生成模型和判别模型的建模中均引入条件变量 y（conditional variable y）。使用额外信息 y 对模型增加条件，可以指导数据生成过程。

CGAN 的输入是一个带标签的随机数，具体操作方式是生成一个 N 维的正态分布随机数，再利用 embedding 层将正整数（索引值）转换为 N 维的稠密向量，并将这个稠密向量与 N 维的正态分布随机数相乘，其代码实现为：

```
def build_generator(self):
    model = Sequential()
    model.add(Dense(256, input_dim=self.latent_dim))
    model.add(LeakyReLU(alpha=0.2))
    model.add(BatchNormalization(momentum=0.8))
    model.add(Dense(512))
    model.add(LeakyReLU(alpha=0.2))
    model.add(BatchNormalization(momentum=0.8))
    model.add(Dense(1024))
    model.add(LeakyReLU(alpha=0.2))
    model.add(BatchNormalization(momentum=0.8))
    model.add(Dense(np.prod(self.img_shape), activation=' tanh' ))
    model.add(Reshape(self.img_shape))
    #输入一个数字，将其转换为固定尺寸的稠密向量
    label = Input(shape=(1, ), dtype=' int32' )
    label_embedding = Flatten()(Embedding(self.num_classes, self.latent_dim)(label))
    #将正态分布和索引对应的稠密向量相乘
    noise = Input(shape=(self.latent_dim, ))
    model_input = multiply([noise, label_embedding])
    img = model(model_input)
    return Model([noise, label], img)
```

　　普通 GAN 的判别模型的目的是根据输入的图片判断出真伪。在 CGAN 中，其不仅要判断出真伪，还要判断出种类，其代码实现为：

```
def build_discriminator(self)：
    model = Sequential()
    model.add(Flatten(input_shape=self.img_shape))
    model.add(Dense(512))
    model.add(LeakyReLU(alpha=0.2))
    model.add(Dense(512))
    model.add(LeakyReLU(alpha=0.2))
    model.add(Dropout(0.4))
    model.add(Dense(512))
    model.add(LeakyReLU(alpha=0.2))
    model.add(Dropout(0.4))
    model.summary()
    label = Input(shape=(1，)，dtype='int32')
    img = Input(shape=self.img_shape)
    features = model(img)
#一个是真伪，一个是类别向量
    validity = Dense(1，activation="sigmoid")(features)
    label = Dense(self.num_classes，activation="softmax")(features)
    return Model(img，[validity，label])
```

CGAN 相对于原始 GAN 并没有变化，改变的仅仅是生成器和判别器的输入数据。

3）ACGAN。

ACGAN 相当于是 DCGAN 和 CGAN 的结合，将深度卷积网络和标签带入 GAN 当中。

生成网络的输入是一个带标签的随机数，其代码实现为：

```
def build_generator(self)：
    model = Sequential()
    model.add(Dense(32*7*7，activation="relu"，input_dim=self.latent_dim))
    # reshape 成特征层的样式
    model.add(Reshape((7，7，32)))
    model.add(Conv2D(64，kernel_size=3，padding="same"))
    model.add(BatchNormalization(momentum=0.8))
    model.add(Activation("relu"))
    #上采样
    model.add(UpSampling2D())
    model.add(Conv2D(128，kernel_size=3，padding="same"))
    model.add(BatchNormalization(momentum=0.8))
    model.add(Activation("relu"))
    #上采样
```

```
model.add(UpSampling2D())
model.add(Conv2D(64, kernel_size=3, padding="same"))
model.add(BatchNormalization(momentum=0.8))
model.add(Activation("relu"))
#上采样
model.add(Conv2D(self.channels, kernel_size=3, padding="same"))
model.add(Activation("tanh"))
model.summary()
noise = Input(shape=(self.latent_dim, ))
label = Input(shape=(1, ), dtype='int32')
label_embedding = Flatten()(Embedding(self.num_classes, self.latent_dim)(label))
model_input = multiply([noise, label_embedding])
img = model(model_input)
return Model([noise, label], img)
```

在 ACGAN 中，判别模型要判断出真伪和种类，其代码实现为：

```
def build_discriminator(self):
    model = Sequential()
    model.add(Conv2D(16, kernel_size=3, strides=2, input_shape=self.img_shape, padding="same"))
    model.add(LeakyReLU(alpha=0.2))
    model.add(Dropout(0.25))
    model.add(Conv2D(32, kernel_size=3, strides=2, padding="same"))
    model.add(LeakyReLU(alpha=0.2))
    model.add(Dropout(0.25))
    model.add(BatchNormalization(momentum=0.8))
    model.add(ZeroPadding2D(padding=((0, 1), (0, 1))))
    model.add(Conv2D(64, kernel_size=3, strides=2, padding="same"))
    model.add(LeakyReLU(alpha=0.2))
    model.add(Dropout(0.25))
    model.add(BatchNormalization(momentum=0.8))
    model.add(Conv2D(128, kernel_size=3, strides=1, padding="same"))
    model.add(LeakyReLU(alpha=0.2))
    model.add(Dropout(0.25))
    model.add(GlobalAveragePooling2D())
    img = Input(shape=self.img_shape)
    features = model(img)
    validity = Dense(1, activation="sigmoid")(features)
    label = Dense(self.num_classes, activation="softmax")(features)
    return Model(img, [validity, label])
```

4）COGAN。

COGAN（coupled GAN）是一种耦合生成式对抗网络，其内部具有一定的耦合，可以对同一个输入有不同的输出。

其具体实现方式为：

①建立两个生成模型、两个判别模型。

②两个生成模型的特征提取部分有一定的重合，在最后生成图片的部分分开，以生成不同类型的图片。

③两个判别模型的特征提取部分有一定的重合，在最后判别真伪的部分分开，以判别不同类型的图片。

两个生成模型的特征提取部分有一定的重合，在最后生成图片的部分分开，生成不同类型的图片，有权值部分共享，代码实现为：

```python
def build_generators(self)：
    #共享权值部分
    noise = Input(shape=(self.latent_dim, ))
    x = Dense(32*7*7, activation="relu", input_dim=self.latent_dim)(noise)
    x = Reshape((7, 7, 32))(x)
    x =Conv2D(64, kernel_size=3, padding="same")(x)
    x =BatchNormalization(momentum=0.8)(x)
    x = Activation("relu")(x)
    x =UpSampling2D()(x)
    x =Conv2D(128, kernel_size=3, padding="same")(x)
    x =BatchNormalization(momentum=0.8)(x)
    x = Activation("relu")(x)
    x =UpSampling2D()(x)
    x =Conv2D(128, kernel_size=3, padding="same")(x)
    x =BatchNormalization(momentum=0.8)(x)
    feature_repr = Activation("relu")(x)
    model = Model(noise, feature_repr)
    noise = Input(shape=(self.latent_dim, ))
    feature_repr = model(noise)
    #生成模型1
    g1 =Conv2D(64, kernel_size=1, padding="same")(feature_repr)
    g1 =BatchNormalization(momentum=0.8)(g1)
    g1 = Activation("relu")(g1)
    g1 =Conv2D(64, kernel_size=3, padding="same")(g1)
    g1 =BatchNormalization(momentum=0.8)(g1)
    g1 = Activation("relu")(g1)
    g1 =Conv2D(64, kernel_size=1, padding="same")(g1)
    g1 =BatchNormalization(momentum=0.8)(g1)
    g1 = Activation("relu")(g1)
```

```
        g1 =Conv2D(self.channels, kernel_size=1, padding="same")(g1)
        img1 = Activation("tanh")(g1)
        #生成模型 2
        g2 =Conv2D(64, kernel_size=1, padding="same")(feature_repr)
        g2 =BatchNormalization(momentum=0.8)(g2)
        g2 = Activation("relu")(g2)
        g2 =Conv2D(64, kernel_size=3, padding="same")(g2)
        g2 =BatchNormalization(momentum=0.8)(g2)
        g2 = Activation("relu")(g2)
        g2 =Conv2D(64, kernel_size=1, padding="same")(g2)
        g2 =BatchNormalization(momentum=0.8)(g2)
        g2 = Activation("relu")(g2)
        g2 =Conv2D(self.channels, kernel_size=1, padding="same")(g2)
        img2 = Activation("tanh")(g2)
        return Model(noise, img1), Model(noise, img2)
```

两个判别模型在最后判别真伪的部分分开，以判别不同类型的图片，代码实现为：

```
    def build_discriminators(self)：
        #共享权值部分
        img = Input(shape=self.img_shape)
        x =Conv2D(64, kernel_size=3, strides=2, padding="same")(img)
        x =BatchNormalization(momentum=0.8)(x)
        x = Activation("relu")(x)
        x =Conv2D(128, kernel_size=3, strides=2, padding="same")(x)
        x =BatchNormalization(momentum=0.8)(x)
        x = Activation("relu")(x)
        x =Conv2D(64, kernel_size=3, strides=2, padding="same")(x)
        x =BatchNormalization(momentum=0.8)(x)
        x = GlobalAveragePooling2D()(x)
        feature_repr = Activation("relu")(x)
        model = Model(img, feature_repr)
        img1 = Input(shape=self.img_shape)
        img2 = Input(shape=self.img_shape)
        img1_embedding = model(img1)
        img2_embedding = model(img2)
        #生成评价模型 1
        validity1 = Dense(1, activation=' sigmoid' )(img1_embedding)
        #生成评价模型 2
        validity2 = Dense(1, activation=' sigmoid' )(img2_embedding)
        return Model(img1, validity1), Model(img2, validity2)
```

5）LSGAN。

LSGAN 是一种最小二乘 GAN。其主要特点为将 loss 函数的计算方式由交叉熵更改为均方差，且无论是判别模型的训练还是生成模型的训练，都需要将交叉熵更改为均方差。生成网络的目标是输入一行正态分布随机数，代码实现为：

```python
def build_generator(self)：
    #生成器，输入一串随机数字
    model = Sequential()
    model.add(Dense(256, input_dim=self.latent_dim))
    model.add(LeakyReLU(alpha=0.2))
    model.add(BatchNormalization(momentum=0.8))
    model.add(Dense(512))
    model.add(LeakyReLU(alpha=0.2))
    model.add(BatchNormalization(momentum=0.8))
    model.add(Dense(1024))
    model.add(LeakyReLU(alpha=0.2))
    model.add(BatchNormalization(momentum=0.8))
    model.add(Dense(np.prod(self.img_shape), activation=' tanh' ))
    model.add(Reshape(self.img_shape))
    noise = Input(shape=(self.latent_dim, ))
    img = model(noise)
    return Model(noise, img)
```

判别模型的目的是根据输入的图片判断出真伪。1 代表图片是真的，0 代表图片是假的，代码实现为：

```python
def build_discriminator(self)：
    #评价器，对输入的图片进行评价
    model = Sequential()
    #输入一张图片
    model.add(Flatten(input_shape=self.img_shape))
    model.add(Dense(512))
    model.add(LeakyReLU(alpha=0.2))
    model.add(Dense(256))
    model.add(LeakyReLU(alpha=0.2))
    #判断真伪
    model.add(Dense(1))
    img = Input(shape=self.img_shape)
    validity = model(img)
    return Model(img, validity)
```

6）CycleGAN。

CycleGAN 是一种完成图像到图像的转换的 GAN。图像到图像的转换是一类视觉和图形问题，其目标是获得输入图像和输出图像之间的映射。

生成网络的目标是输入一张图片，转化成自己期望的风格的图片（比如将一个苹果转化成一个橘子），代码实现为：

```python
import keras
from keras.models import *
from keras.layers import *
from keras import layers
import keras.backend as K
from keras_contrib.layers.normalization.instancenormalization import InstanceNormalization
IMAGE_ORDERING = ' channels_last'
def one_side_pad( x ):
    x =ZeroPadding2D((1, 1), data_format=IMAGE_ORDERING)(x)
    if IMAGE_ORDERING == ' channels_first' :
        x = Lambda(lambda x: x[:, :, :-1, :-1 ] )(x)
    elif IMAGE_ORDERING == ' channels_last' :
        x = Lambda(lambda x: x[:, :-1, :-1, :])(x)
    return x
def identity_block(input_tensor, kernel_size, filter_num, block):
    conv_name_base = 'res' + block + '_branch'
    in_name_base = 'in' + block + '_branch'
    # 1×1 压缩
    x =ZeroPadding2D((1, 1), data_format=IMAGE_ORDERING)(input_tensor)
    x =Conv2D(filter_num, (3, 3), data_format=IMAGE_ORDERING, name=conv_name_base + '2a' )(x)
    x = InstanceNormalization(axis=3, name=in_name_base + '2a' )(x)
    x = Activation(' relu' )(x)
    x =ZeroPadding2D((1, 1), data_format=IMAGE_ORDERING)(x)
    x =Conv2D(filter_num, (3, 3), data_format=IMAGE_ORDERING, name=conv_name_base + '2c' )(x)
    x = InstanceNormalization(axis=3, name=in_name_base + '2c' )(x)
    #残差网络
    x = layers.add([x, input_tensor])
    x = Activation(' relu' )(x)
    return x
def get_resnet(input_height, input_width, channel):
    img_input = Input(shape=(input_height, input_width, 3 ))
    x =ZeroPadding2D((3, 3), data_format=IMAGE_ORDERING)(img_input)
    x =Conv2D(64, (7, 7), data_format=IMAGE_ORDERING)(x)
    x = InstanceNormalization(axis=3)(x)
    x = Activation(' relu' )(x)
```

```
#下采样
    x =ZeroPadding2D((1, 1), data_format=IMAGE_ORDERING)(x)
    x =Conv2D(128, (3, 3), data_format=IMAGE_ORDERING, strides=2)(x)
    x = InstanceNormalization(axis=3)(x)
    x = Activation(' relu' )(x)
    x =ZeroPadding2D((1, 1), data_format=IMAGE_ORDERING)(x)
    x =Conv2D(256, (3, 3), data_format=IMAGE_ORDERING, strides=2)(x)
    x = InstanceNormalization(axis=3)(x)
    x = Activation(' relu' )(x)
    for i in range(6):
        x = identity_block(x, 3, 256, block=str(i))
#上采样
    x = (UpSampling2D( (2, 2), data_format=IMAGE_ORDERING))(x)
    x =ZeroPadding2D((1, 1), data_format=IMAGE_ORDERING)(x)
    x =Conv2D(128, (3, 3), data_format=IMAGE_ORDERING)(x)
    x = InstanceNormalization(axis=3)(x)
    x = Activation(' relu' )(x)
    x = (UpSampling2D( (2, 2), data_format=IMAGE_ORDERING))(x)
    x =ZeroPadding2D((1, 1), data_format=IMAGE_ORDERING)(x)
    x =Conv2D(64, (3, 3), data_format=IMAGE_ORDERING)(x)
    x = InstanceNormalization(axis=3)(x)
    x = Activation(' relu' )(x)
    x =ZeroPadding2D((3, 3), data_format=IMAGE_ORDERING)(x)
    x =Conv2D(channel, (7, 7), data_format=IMAGE_ORDERING)(x)
    x = Activation(' tanh' )(x)
    model = Model(img_input, x)
    return model
```

判别模型的目的是根据输入的图片判断出真伪，其代码实现为：

```
def build_discriminator(self):
    def conv2d(layer_input, filters, f_size=4, normalization=True):
        d =Conv2D(filters, kernel_size=f_size, strides=2, padding=' same' )(layer_input)
        if normalization:
            d = InstanceNormalization()(d)
        d = LeakyReLU(alpha=0.2)(d)
        return d
    img = Input(shape=self.img_shape)
    d1 =conv2d(img, 64, normalization=False)
    d2 =conv2d(d1, 128)
    d3 =conv2d(d2, 256)
    d4 =conv2d(d3, 512)
```

```
#对每个像素点判断是否有效
validity = Conv2D(1, kernel_size=3, strides=1, padding='same')(d4)
return Model(img, validity)
```

2. Transformer 模型

Transformer 于 2017 年提出，它在自然语言处理的多个任务上取得了非常好的效果，可以说目前自然语言处理的发展都离不开 Transfomer。Transfomer 的整个网络结构完全由自注意力(self-attention)机制组成。其凭借出色的长程依赖性，广泛应用于问答系统、文本摘要和语音识别等方向，其结构如图 4-33 所示。

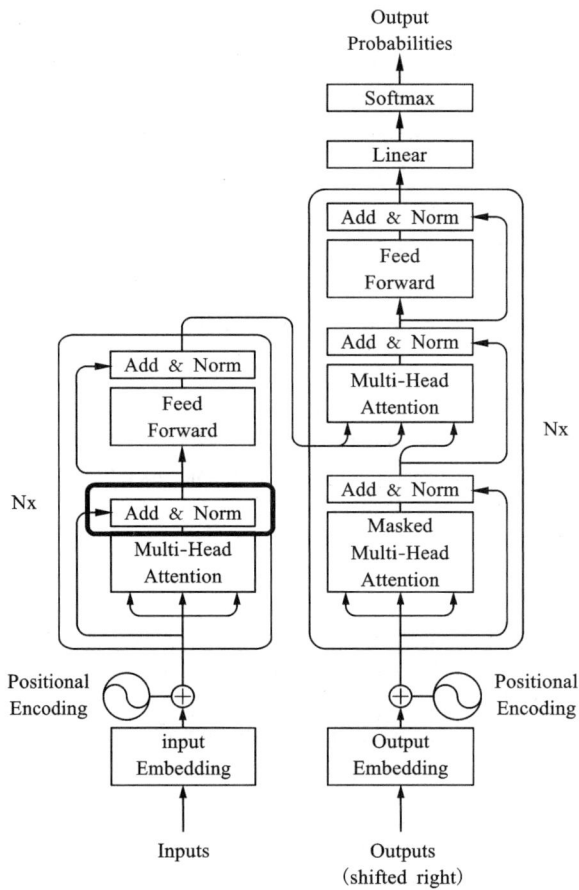

图 4-33　Transformer 架构图

Transformer 最开始是用于自然语言处理，后来其一些变体也开始广泛应用于计算机视觉领域，比如 Vision Transformer。目前 Transformer 与 U-Net 相结合的各种变体广泛地应用于医学分割领域并取得了很好的成绩，为医疗诊断提供强力支撑。Transformer 的编码组件和解码组件部分均由 6 个模块堆叠组成，模块之间没有参数共享(图 4-34)。

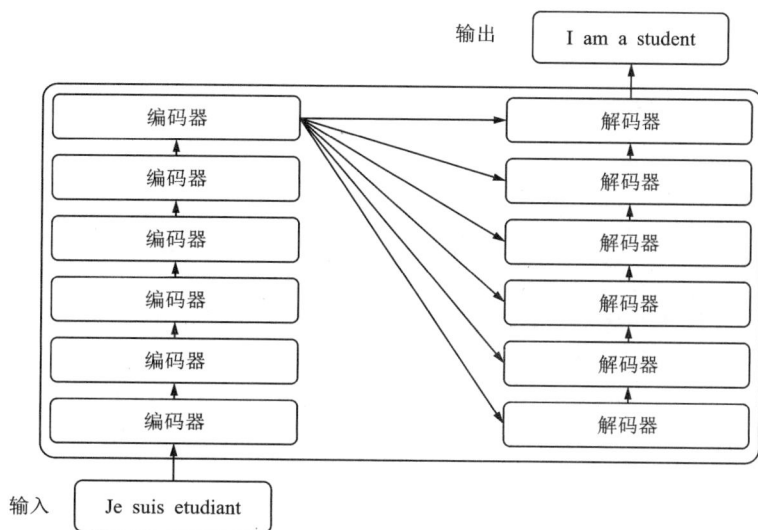

图 4-34　Transformer 编码组件和解码组件

　　每个编码器在结构上都是一样的(但输入参数不同),包含自注意力和前馈(feed-forward)神经网络两层结构。从编码器输入的句子首先会经过一个自注意力层,自注意力层的输出会传递到前馈神经网络中。解码器与编码器结构类似,不同的是两个层之间还有一个注意力层,用来关注输入句子的相关部分,如图 4-35 所示。

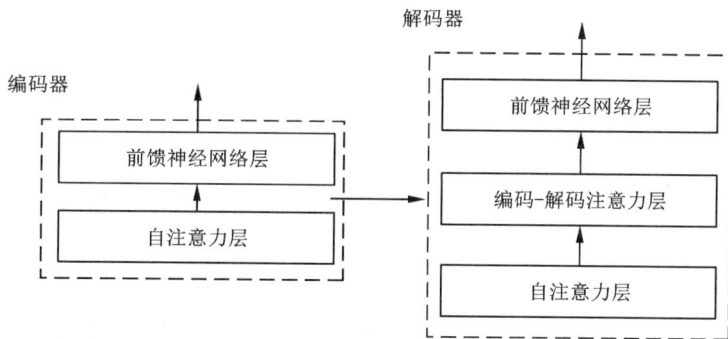

图 4-35　编码器与解码器结构

(1)模型实现

　　第一步:获取输入句子的每一个单词的表示向量 X, X 由单词的 embedding(embedding 就是从原始数据提取出来的 feature)和单词位置的 embedding 相加得到;

　　第二步:将得到的单词表示成向量矩阵;

　　第三步:将 Encoder 输出的编码信息矩阵传递到 Decoder 中,最终得到想要的输出结果。

（2）模型评价

Transformer 的重点是 self-attention 结构，multi-head attention 中有多个 self-attention，可以捕获单词之间多种维度上的相关系数 attention score。在 self-attention 中，每个单词有 3 个不同的向量，它们分别是 query 向量（Q）、key 向量（K）和 value 向量（V），它们是通过 3 个不同的权值矩阵由嵌入向量 X 乘以三个不同的权值矩阵 W^Q、W^K、V^N 得到，其中三个矩阵的尺寸也是相同的，关系式如下：

$$\text{Attention}(Q, K, V) = \text{softmax}\left(\frac{QK^T}{\sqrt{d_k}}\right)V \tag{4-13}$$

Transformer 设计已经足够有创新性，它抛弃了在 NLP 中最根本的 RNN 或者 CNN，并且取得了非常不错的效果，设计关键是任意两个单词的距离是 1，这对解决 NLP 中棘手的长期依赖问题是非常有效的。Transformer 不仅可以应用在 NLP 的机器翻译领域，而且可以不局限于 NLP 领域，是非常有科研潜力的一个方向。

3. FCN 模型

FCN（fully convolutional network）是深度学习在图像分割领域的开山之作。FCN 的优点是实现端到端分割，对图像进行像素级的分类，能识别图片中特定部分的物体。它将来自深而粗的层的语义信息与来自浅而细的层的外观信息相结合，以产生精确而详细的分割。

FCN 将传统 CNN 中的全连接层转化成一个个卷积层而不包含全连接层，可以适应任何尺寸的输入（图 4-36）。

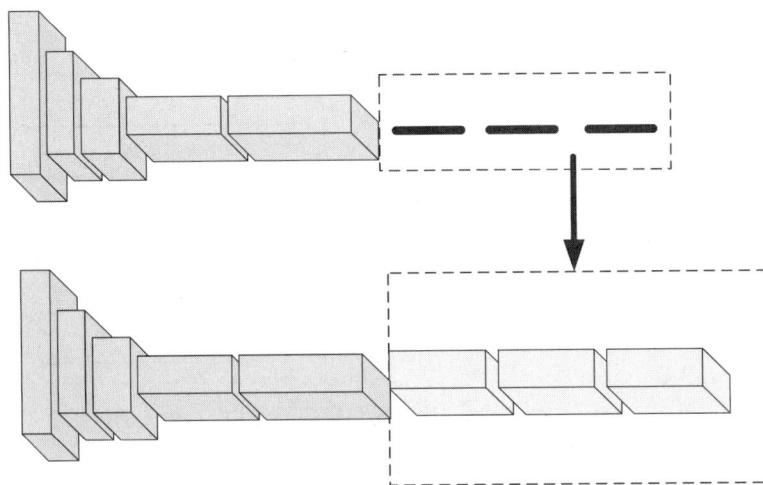

图 4-36　全连接层替换为卷积层

（1）模型实现

输入图片经过多次卷积和一次最大池化变为特征图 1，宽、高变为原来的 $\frac{1}{2}$；特征图 1 再经过多次卷积和一次最大池变为特征图 2，宽、高变为原来的 $\frac{1}{4}$；不断重复上述操作，直到特征图变为目标输出。

（2）模型评价

对于一般的分类 CNN 网络，如 VGG 和 ResNet 等，都会在网络的最后加入一些全连接层，经过 softmax 后就可以获得类别概率信息。但是这个概率信息是一维的，即只能标识整个图片的类别，不能标识每个像素点的类别，所以这种全连接方法不适用于图像分割。全卷积网络是一类丰富的模型，现代分类卷积网络是全卷积网络中的一个特例。FCN 从抽象的特征中恢复出每个像素所属的类别，从图像级别的分类进一步延伸到像素级别的分类。

4. U-Net 模型

U-Net 于 2015 年提出，属于 FCN 的一种变体，其主干网络与 VGG 相似，而后成为大多做医疗影像语义分割任务的基准，它启发了大量研究者去思考 U 形语义分割网络，因为其结构像字母 U 而得名（图 4-37）。而如今在自然影像理解方面，也有越来越多的语义分割和目标检测模型开始关注和使用 U 形结构，比如语义分割、目标检测等。

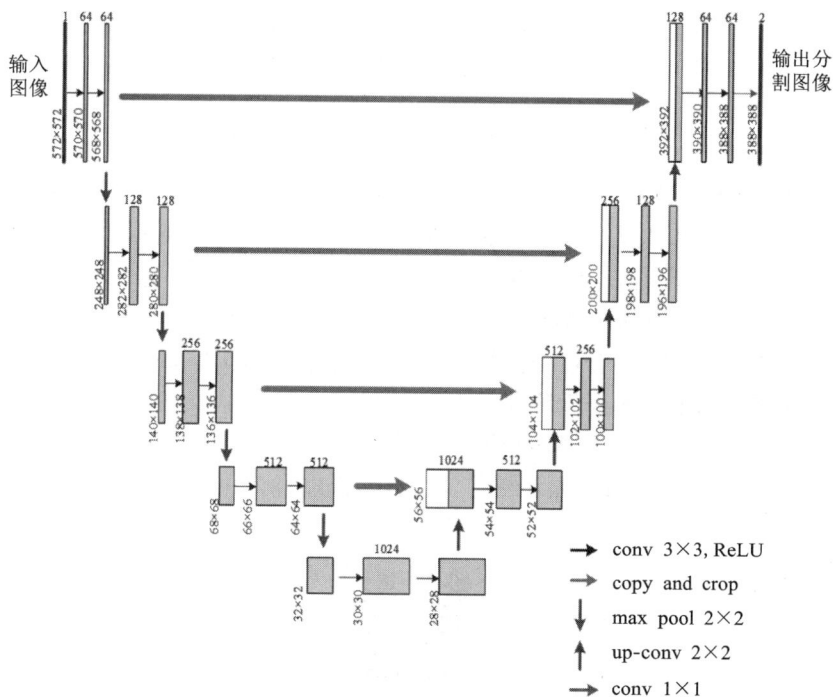

图 4-37　U-Net 模型架构图

以图 4-37 来说明 U-Net 模型的实现过程：

①首先输入的图片大小为 572×572 的单通道图片，随后通过连续 2 次卷积（蓝色箭头）变为 568×568 的 64 通道特征图。

②↓箭头表示最大池化操作，会将特征图长、宽降低为原来的一半。这里的尺寸变换为从（568，568，64）到（284，284，64），随后的两个卷积层将特征图通道数增加为 128。

③中间处的特征图通道数为1024，随后通过反卷积(上采样)增加特征图的长和宽。

④→箭头表示将左边的特征图"复制"到右边的特征图，其方式为通道。

U-Net 模型有以下优点：

①U-Net 采用了完全不同的特征融合方式：跳层连接。U-Net 采用将特征在通道维度上拼接在一起，形成更厚的特征。

②网络不存在任何全连接层。

③5 个 max pool 实现了多尺度特征融合。

4.4 总结

深度学习与经典机器学习的不同之处在于其对非最优解的包容、非凸非线性优化的使用，其作为人工智能的一大重要分支，得到了深度发展与使用，逐渐演变成工程师和科学家皆可使用的普适工具。4.1 节首先对 Python、NumPy 进行详细具体的介绍，包括一些基础知识、简单的操作、一些通用函数等。接着 4.2 节介绍视觉处理的核心技术——卷积神经网络，对一些基本概念进行了说明，如卷积核、卷积步长、边界填充等，并对卷积神经网络的每一层的原理和作用展开了说明。循环神经网络在自然语言处理、语音识别、机器翻译等方面的应用非常广泛，所以还介绍了循环神经网络以及它的两种变体 LSTM 和 GRU。本节首先介绍了传统 RNN 的结构及其模型原理，由于传统的 RNN 存在梯度消失和梯度爆炸等问题，一些 RNN 变体应运而生，其中最为流行的是 LSTM 和 GRU，GRU 在 LSTM 的基础上做了简化，比 LSTM 更为实用。4.3 节主要介绍了一些典型的深度学习网络，也是卷积神经网络中一些比较经典的模型，包括 LeNet、AlexNet、VGG、RestNet，以及基于 Encoder-Deconder 模型的 GAN、Transformer、FCN、U-Net，介绍了各个模型的组成、模型性能评价以及部分模块的代码实现，同时还就 Seq2Seq 模型与 Encoder-Deconder 模型做了应用领域上的分析对比。Seq2Seq 模型是一种序列到序列的模式，它的特点是输入和输出序列是可变长的，其输入的字符串对应着特定的输出字符串(如翻译任务)；Encoder-Deconder 模型是一类算法，应用领域更广泛，包括机器翻译、语音识别、目标检测、图像分割等。

扩展阅读

第4章扩展阅读

课后习题

1. 创建一个长度为 5 的一维全为 1 的 ndarray 对象，然后让第四个元素值等于 3。

2. 构造一个全零矩阵，并打印其占用的内存大小。

3. 创建一个元素为从 6 到 36 的 ndarray 对象。

4. 创建一个 3×3 的二维数组，并输出数组元素类型。

5. 创建一个 3×3 的随机数组，并找到该数组中的最小值和最大值。

6. 创建一个数组并将该数组进行反转。

7. 创建一个二维数组，使用索引的方式获取第三行的第一列和第二列的数据。

8. 使用切片操作获取第 7 题中的数组的第一行和第二行的第一列和第二列的数据。

9. 创建两个数组完成 sqrt、square、append 函数的调用。

10. 利用 rand、randint 函数创建两个三维随机数组，其中 randint 函数创建的数组要求数值范围为 50 到 100，并对这两个随机数组进行相乘、相加的算术运算。

11. 什么是卷积神经网络？

12. 什么是循环神经网络？

13. 池化方式有哪些？

14. 简述卷积神经网络的主要结构。

15. 什么是感受野？

16. 什么是梯度消失、梯度爆炸？是什么原因导致这种现象？

17. 简述 VGG、GAN 模型结构。

18. 简述 ResNet 模型结构。

19. 简述 FCN、U-Net 模型结构，以及 U-Net 是如何在 FCN 的基础上进行改进优化的。

20. 复现本章代码。

课后习题参考答案

第4章深度学习

第 5 章

搭建框架

在数据挖掘与数据处理方面，Python 语言因为具备灵活性、开源开发、容易移植等优点受到了开发者的欢迎。大数据相关应用场景中，基于 Python 的 TensorFlow 和 PyTorch 两个框架应用广泛，也得到了迅速发展。本章主要介绍大数据相关的重要框架搭建，重点讲解了 TensorFlow 和 PyTorch 两个重要框架的产生背景、安装以及框架的组件、常用工具、应用原理等方面的内容。TensorFlow 和 PyTorch 框架在深度学习中使用最频繁，本章介绍的相关内容可为后续实际案例的开发奠定基础。

5.1 TensorFlow

TensorFlow 是一个基于 Python 的机器学习开源框架，它由 Google 公司科研团队进行开发，可应用于图像处理、音频处理、文本处理等场景，是目前受欢迎的机器学习的重要框架之一。值得一提的是，除了 Python，TensorFlow 还支持 C/C++、Java、Go、R 等其他编程语言。TensorFlow 是一个端到端的开源机器学习平台，它的生态系统不仅很全面而且很灵活，包含大量的工具、库以及优秀的社区资源。它的框架可以帮助研究人员缩短开发周期，进而推动机器学习技术的快速发展。TensorFlow 功能强大、简单快捷，受到大量开发人员的青睐。

TensorFlow 具备以下特点：

①支持所有流行语言，如 Python、C/C++、Java、Go 和 R。

②可以在多种平台上工作，甚至是移动平台和分布式平台。

③支持几乎所有云服务，例如 AWS、Google 和 Azure。

④具备高级神经网络 API，Keras 已经与 TensorFlow 完成整合。

⑤TensorFlow 拥有更好的计算图表可视化。

⑥允许模型部署到工业生产中，并且容易使用。

⑦有非常好的社区支持。

5.1.1 TensorFlow 的背景

2015 年 11 月，Google 公司公开了 TensorFlow 框架的源代码。TensorFlow 起源于 Google 公司的 DistBelief 框架。2011 年 Google 推出 DistBelief 作为其内部使用的第一代深度学习框

架，可以帮助 Google 实现自己的大型神经网络系统。当时的 DistBelief 框架主要应用于 Google 在人工智能方面的开发，比如语音编码识别、文本信息处理、网页图片搜索等。但是，DistBelief 自身存在一些短板，所以 Google 的人工智能研究发展也受到了限制。

在这样的背景下，基于 DistBelief 的 TensorFlow 应运而生，其命名规则符合其自身的运行原理，其中 Tensor（张量）代表 N 维数组，Flow（流）代表数据流图计算，而 TensorFlow 表示的是张量从图像一端流动到另一端，将复杂的数据结构传输到神经网络的输入层中进行后一步的分析和处理。与之前的 DistBelief 相比，作为 Google 升级版的人工智能框架，TensorFlow 具备更快速、更智能、更灵活的优势，可以更加轻松地应用于新产品的开发和人工智能技术研究。同时，TensorFlow 也受到了业内的欢迎，已经发展成为大数据技术、人工智能技术，特别是机器学习技术的热门框架之一。表 5-1 是来自 Google 的 TensorFlow 发展重要时间节点。

表 5-1　TensorFlow 发展重要时间节点

时间	版本	特点
2015.11		TensorFlow 首次开源、发布
2015.12	V0.6	支持 GPUs
2016.04	V0.8	分布式 TensorFlow
2016.11	V0.11	支持 Windows
2017.02	V1.0	性能有所改进、API 稳定性提高
2017.04	V1.1	Keras 集成
2017.08	V1.3	高级 API，预算估算器，更多模型，初始 TPU 支持
2017.11	V1.5	Eager execution 和 TensorFlow Lite
2018.03		推出 TF Hub、TensorFlow.js、TensorFlow Extended
2018.05	V1.6	增加 Cloud TPU 模块与管道
2018.06	V1.8	新的分布式策略 API、增加 TensorFlow Probability
2018.08	V1.10	Cloud Big Table 集成
2018.10	V1.12	侧重于可用性的 API 改进
2019.03	V2.0	专注于简单性和易用性，大大简化 API；方便开发人员使用 Keras 和 Eager execution 轻松构建模型；提高了 TensorFlow Lite 和 TensorFlow.js 部署模型的能力
2020.03	V2.2	主要强调性能，注重与生态系统的兼容性，以及提升 TensorFlow 核心库的稳定性

5.1.2 TensorFlow 的安装

在安装 TensorFlow 之前，我们首先要了解安装 TensorFlow 的一些要求。它可以在 Ubuntu 和 macOS 上基于 native pip、Anaconda、virtualenv 和 Docker 进行安装，对于 Windows 操作系统，我们可以使用 ative pip 或 Anaconda 进行 TensorFlow 的安装。Anaconda 同时适用于 Ubuntu、macOS 和 Windows 这三种操作系统，安装简单，在同一个系统上维护不同的项目环境也很方便，本书将介绍基于 Anaconda 安装 TensorFlow。

在安装 TensorFlow 前一般要先在计算机上安装 Python 2.5 或更高版本。本书主要讲解基于 Anaconda 的安装，为了成功安装 TensorFlow，首先要确保计算机已经成功安装了 Anaconda。可以在 Anaconda Prompt 窗口中用指令"conda--version"查看并验证 Anaconda 的安装情况，如图 5-1 所示。

图 5-1 验证 Anaconda 安装版本信息

成功安装了 Anaconda 之后，接下来判断要安装 TensorFlow 的是 CPU（中央处理器）版本还是 GPU（图形处理器）版本。如果计算机没有 GPU，则只能安装 CPU 版本。一般来说，TensorFlow CPU 版本几乎能够在所有的计算机上运行，而 GPU 版本则要求计算机有一个 CUDA compute capability 3.0 及以上的 NVDIA（英伟达）GPU 显卡（如果是台式机要求配置最低为 NVDIA GTX 650）。与 CPU 相比，GPU 最主要的特点是具有规模巨大的并行架构，可以并行处理多个任务、快速完成运算，常常在大数据技术，特别是人工智能方面用于加速模型训练。

在完成 Python 和 Anaconda 的安装工作之后，进入 TensorFlow 的具体安装步骤。本书以 Windows 操作系统 CPU 版本安装为例。

①在命令行中使用"conda create-n tensorflow python=3.7"命令创建 conda 环境（3.7 代表的是具体的 Python 版本，如果是在 Windows 上安装，为避免不可预见性错误，一般使用管理员身份进行操作），如图 5-2 所示。

②激活步骤①中所创建的 conda 环境，具体代码为 activate tensorflow（成功创建 conda 环境后系统有提示，如图 5-3 所示）。如果是 Ubuntu 或 MacOS 系统，激活代码为 source activate tensorflow。

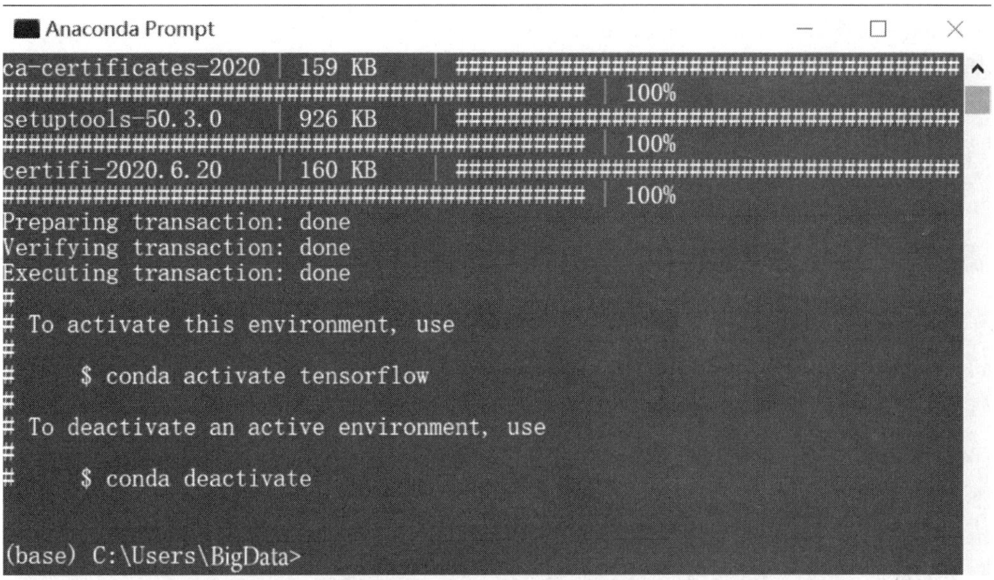

图 5-2 成功创建 conda 环境

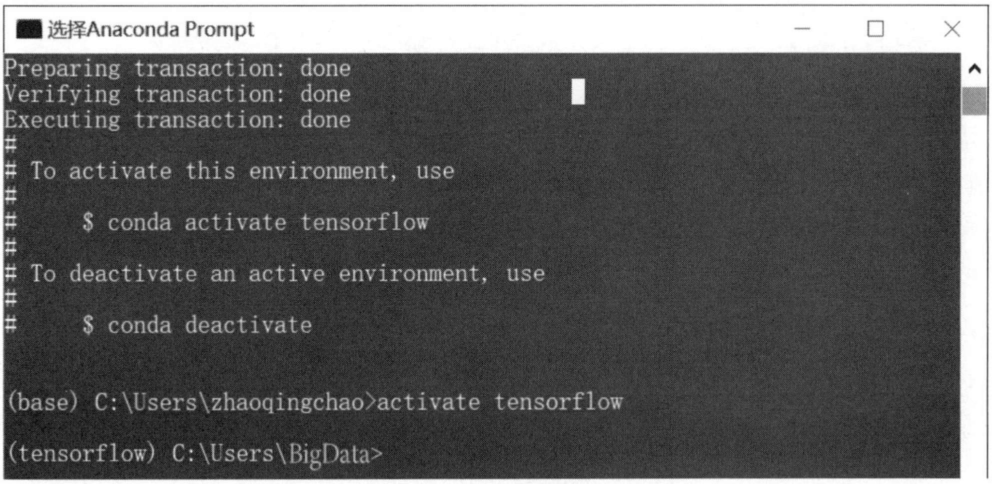

图 5-3 激活 conda 环境后，命令提示起始字符变为"（TensorFlow）"

③输入指令"pip install tensorflow"即可进行 TensorFlow 的下载与安装。默认下载最新版本，可以使用指令"pip install tensorflow==X. X"来指定需要安装的版本，如图 5-4 所示。需要注意的是，默认情况下是连接国外的网站进行下载安装，速度比较慢，可以使用国内镜像源进行操作，安装时间明显提升。比较常用的国内镜像源有清华大学、阿里、豆瓣等。"pip install --upgrade --ignore-installed -i https://pypi. doubanio. com/simple/tensorflow"指令表示的是使用豆瓣的国内镜像源安装 TensorFlow 的最新版本，也可以在 TensorFlow 后加上"==X. X"指定具体版本。

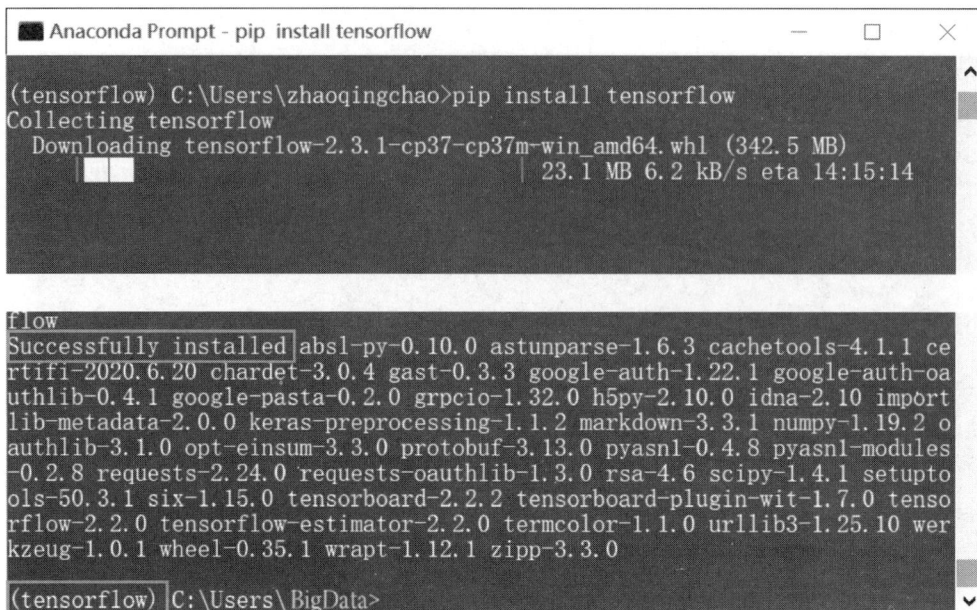

图 5-4 使用 **pip** 指令安装 **TensorFlow**

④检验 TensorFlow 是否安装成功。在命令行输入"python"并回车,然后输入指令"import tensorflow as tf"并回车,发现没有报错即可说明 TensorFlow 安装成功。需要注意的是,TensorFlow 安装完成后需要使用"deactivate"指令来禁用虚拟环境。

值得一提的是,我们也可以将 TensorFlow 安装在的 Python 程序现有的解释器里(不单独创建环境)。TensorFlow 安装成功之后,我们就可以在 Python 程序中调用 TensorFlow 框架的相关库来完成数据处理。下一节将详细讲解 TensorFlow 的组件以及常用函数。

5.1.3　TensorFlow 的组件与常用函数

TensorFlow 有许多重要组件,基础组件包括 Tensor(张量)、常量、变量、占位符、计算图、Session、TensorFlow 函数等。

1. Tensor(张量)

Tensor(张量)是 TensorFlow 中最基本的数据结构单元,可以理解为 n 维矩阵。标量、矢量和矩阵属于特殊的张量,可以分别理解为 0 维张量、1 维张量和 2 维张量。TensorFlow 主要用张量来进行计算。

2. 常量

常量是 TensorFlow 中最基本的数据,常量是指程序在运行中保持不变的量。TensorFlow 中的常量可以是数字、字符,也可以是字符串、矩阵等。例如可使用指令 Tex1=tf. constant(10)来声明一个常量 10;使用 Tex2 = tf. constant([1, 2, 3, 4])来声明一个常量向量；使用 Tex3 = tf. constant([[1, 2, 3, 4], [5, 6, 7, 8], [9, 10, 11, 12]])来声明一个二维常量。

3. 变量

TensorFlow 的变量一般通过使用变量类来进行创建。定义变量时一般应同时进行初始化，初始化值可以是常量，也可以是随机值。应用于神经网络训练模型时，变量可作为模型的参数使用。例如可以使用代码 Variable_1 = tf. Variable(1024)来定义变量 Variable_1 并初始化为 1024。

4. 占位符

占位符是 TensorFlow 中最重要的元素，它主要用于把数据提供给计算图。占位符的定义方法如下：X = tf. placeholder(dtype = tf. float32, shape = None, name = None)。dtype 决定占位符的数据类型，并且必须在声明占位符时指定；shape 指占位符数据大小；name 指占位符名称。

5. 计算图

TensorFlow 可以构建三种计算图，即静态计算图、动态计算图以及 Autograph。在 TensorFlow 1.0 版本，采用的是静态计算图，需要先使用 TensorFlow 的各种算子创建计算图，然后再开启一个 Session 会话，显式执行计算图。升级到 TensorFlow 2.0 版本后，采用的是动态计算图，也就是每使用一个算子后，该算子会被动态加入到隐含的默认计算图中并马上执行得到结果，而无须开启 Session。

使用动态计算图的好处是方便调试程序，它会让 TensorFlow 代码和 Python 原代码表现一致，而 TensorFlow 的代码形式与 NumPy 表现一致，NumPy 里的各种日志打印、控制流等全部都可以在 TensorFlow 中使用。

使用动态计算图的缺点是程序运行效率比较低，原因是使用动态图存在 Python 进程和 TensorFlow 进程之间的多次通信。而静态计算图构建完成之后几乎全部在 TensorFlow 内核上使用 C++代码执行，效率更高。此外，静态计算图会对计算步骤进行一定的优化，省去与结果无关的计算步骤。

如果需要在 TensorFlow2.0 中使用静态图，可以使用@ tf. function 装饰器将普通 Python 函数转换成对应的 TensorFlow 计算图构建代码，运行该函数就相当于在 TensorFlow1.0 中用 Session 执行代码。使用 tf. function 构建静态图的方式叫作 Autograph。

计算图由节点(node)和线(edge)组成。节点表示操作符 operator，或者称之为算子；线表示计算之间的依赖。实线表示有数据传递依赖，传递数据为张量。虚线通常可以表示控制依赖，即执行先后顺序，如图 5-5 所示。

6. Session

Session 会话是 TensorFlow 中进行图计算的重要机制。TensorFlow 构建的计算图必须通过 Session 会话才可以执行。在计算图中定义了节点还需要 Session 会话才可以运行该节

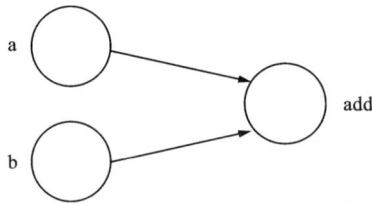

图 5-5 计算图运行模型(实现数据 a 和 b 的和运算)

点。例如在 Tensorflow 中定义两个量 T_1 和 T_2,定义节点来计算 T_1 和 T_2 的和。要得到正确的运算结果就一定要借助 Session 会话,并调用 Session 中的 run 方法来运行节点才能完成运算。以下是使用 Session 会话计算两个矩阵的和的代码。

```
import tensorflow.compat.v1 as tf          #使用 1.X 版本写法在 2.X 版本上运行
tf.disable_v2_behavior()                   #TensorFlow 2.X 的功能无效化


T_1 = tf.constant([[1, 2], [3, 4]])        #定义了一个 2×2 的矩阵
T_2 = tf.constant([[5, 6], [7, 8]])        #定义了一个 2×2 的矩阵
T_3 = tf.add(T_1, T_2)                     #两者相加赋给 T_3 节点


with   tf.Session() as sess:
    result = sess.run(T_3)
    print(result)
```

运行结果如下:

```
[[ 6   8]
 [10  12]]
```

注意:如果使用的是 TensorFlow 1.X 版本,导入库部分应当换成 import tensorflow as tf。import tensorflow. compat. v1 as tf 和 tf. disable_v2_behavior( ) 两条代码的功能是按照 TensorFlow 1. X 版本的写法在 2. X 版本上运行,并使 2. X 的功能无效化,以保证代码正常运行。在开发者社区,讨论问题的代码大多是针对 TensorFlow 1. X 版本,因此,读者有必要掌握在 2. X 版本上正确运行 1. X 版本的方法和技巧。

7. TensorFlow 函数

TensorFlow 函数有很多,可以通过 tf. 进行查看和调用。TensorFlow 最大的特点就是将图形定义转换成分布式执行的操作,以充分利用计算机上的可用资源。并行计算能让代价大的算法加速执行,TensorFlow 也在实现上对复杂操作进行了有效改进。以下主要讲解几个典型的 TensorFlow 函数。

(1)Maths 函数

TensorFlow 最基础的函数是 Maths 函数。Maths 函数主要实现数学方面的基础计算功能。Maths 函数主要包含 add、subtract、multiply、divide、exp、log、greater 等函数,分别进行

加、减、乘、除、指数、对数、比较运算。这些函数被封装在 TensorFlow 的 math 里，需要使用时应当使用 tf. math. add 等代码进行调用。需要注意的是，可以通过 tf. math. 来查看 math 里的函数。以上函数使用方法如下：

```
import tensorflow as tf                          #导入 TensorFlow 库
tf.compat.v1.disable_eager_execution()          #解决版本不匹配问题
t1 = tf.constant(29.0)                          #定义常量 t1 并初始化为 29.0
t2 = tf.constant(2.0)                           #定义常量 t2 并初始化为 2.0
t_add = tf.math.add(t1，t2)                      #计算 t1、t2 之和
t_sub = tf.math.subtract(t1，t2)                 #计算 t1、t2 之差
t_mul = tf.math.multiply(t1，t2)                 #计算 t1、t2 之积
t_div = tf.math.divide(t1，t2)                   #计算 t1、t2 之商
t_exp = tf.math.exp(t2)                         #计算 e 的 t2 次方
t_log = tf.math.log(t2)                         #计算以 e 为底 t2 的对数
t_compare = tf.math.greater(t1，t2)             #比较 t1、t2 的大小
with   tf.compat.v1.Session() as sess：         #启动计算图
    result1 = sess.run(t_add)                   #运行计算图
    result2 = sess.run(t_sub)
    result3 = sess.run(t_mul)
    result4 = sess.run(t_div)
    result5 = sess.run(t_exp)
    result6 = sess.run(t_log)
    result7 = sess.run(t_compare)               #运行计算图，t1>t2 时返回 ture
print(result1)                                  #打印运算结果
print(result2)
print(result3)
print(result4)
print(result5)
print(result6)
print(result7)
```

运行结果如下：

```
31.0
27.0
58.0
14.5
7.389056
0.6931472
True
```

（2）Array 函数

Array 函数是 TensorFlow 中有关矩阵类型的数据处理函数。比较常用的 Array 函数有 concat（）函数、slice（）函数、split（）函数、constant（）函数、rank（）函数、shape（）函数和

reshape( )函数等。以下简要介绍几个 Array 函数。

1）concat( )函数。

tf. concat（values，axis，name＝"concat"）主要完成数据连接功能，可以实现按行连接，也可以实现按列连接。例如以下代码实现将 t_1、t_2 连接的功能。

```
import tensorflow as tf
t_1 = [[0, 1, 2, ], [3, 4, 5]]
t_2 = [[4, 5, 6, ], [7, 8, 9]]
with  tf.compat.v1.Session() as sess：
    print(sess.run(tf.concat([t_1, t_2], 0)))
    print(sess.run(tf.concat([t_1, t_2], 1)))
```

运行结果如下：

```
[[0  1  2]
 [3  4  5]
 [4  5  6]
 [7  8  9]]
[[0  1  2  4  5  6]
 [3  4  5  7  8  9]]
```

2）slice( )函数。

slice( )函数主要用来进行数据切片操作。tf. slice（input_，begin，size，name＝None），参数 input_ 表示的是需要继续切片操作的源数据，begin 表示开始切片的行列位置，size 表示的是数据切片的大小，name 是指操作的名称，可以为空。示例代码如下：

```
import tensorflow as tf
input = tf.constant([[0, 1, 2, 3], [3, 4, 5, 6],
                     [5, 6, 7, 8], [9, 10, 11, 12]])
print(input)
output = tf.slice(input, [0, 1], [2, 3])      #从第 0 行第 1 列开始，取大小为 2 行 3 列的数据
print(output)
```

运行结果：

```
tf.Tensor(
[[0  1  2  3]
 [3  4  5  6]
 [5  6  7  8]
 [9  10  11  12]], shape=(4, 4), dtype=int32)
tf.Tensor(
[[0  1  2]
 [3  4  5]], shape=(2, 3), dtype=int32)
```

3）split( )函数。

通俗地讲，tf.split(value, num_or_size_splits, axis=0, num=None, name="split")的功能就是把一个张量划分成若干个子张量。其中，value 表示准备切分的张量，num_or_size_splits 表示准备把数据切成几份，axis 表示在第几个维度上进行切分，num 和 name 可以为空。

其中切分方式有以下两种：如果 num_or_size_splits 参数是一个整数，则直接在 axis = num_or_size_splits 这个维度上把张量平均切分成几个小张量；如果 num_or_size_splits 参数是一个向量，就根据这个向量有几个元素分为几项。需要注意的是，这个向量各个元素的和要与原本这个维度的数值相等。例如：

```
import tensorflow as tf
from numpy import *
value = tf.Variable(tf.random.uniform([5, 30], -1, 1))
split0, split1, split2 = tf.split(value, [4, 15, 11], 1)
tf.shape(split0)        # [5, 4]
tf.shape(split1)        # [5, 15]
tf.shape(split2)        # [5, 11]
print(value)
print(split0)
print(split1)
print(split2)
#传入整数时，读者可以取消以下代码注释，观察切分效果。
split0, split1, split2 = tf.split(value, num_or_size_splits=3, axis=1)
tf.shape(split0)        # [5, 10]
array([5, 11], dtype=int32)
#print(value)
#print(split0)
#print(split1)
#print(split2)
```

运行结果如下：

```
<tf.Variable ' Variable：0'  shape=(5, 30)dtype=float32, numpy=
array([[- 0.34050488, 0.68756056, - 0.09255576, 0.5635557, - 0.5138004, - 0.7526529,
        - 0.66247916, 0.41758847, - 0.8402598, - 0.8332515, 0.46632957, 0.7825732, 0.1527791,
        0.7095592, - 0.7086694, 0.02093935, 0.34083414, 0.33922553, 0.92406964, 0.23717594,
        0.7879131, - 0.42420697, - 0.88556266, - 0.01580048, - 0.7663379, 0.10879755,
        0.6658292, - 0.5208535, - 0.8340256, - 0.66046596],
       [- 0.8801544, 0.8395307, 0.5431504, - 0.15209413, - 0.7430608, 0.36344314, 0.624871,
        0.6788199, 0.17611408, 0.08000898, 0.9729209, 0.30218482, 0.73769855, 0.50970936,
        - 0.09572101, 0.9048784, - 0.3762269, 0.68718624, 0.0322845, 0.17647386,
        - 0.73469853, 0.88789463, - 0.9426117, - 0.84875274, 0.26451278, 0.6593218,
        0.43183422, 0.30767035, 0.4028933, 0.9816532 ],
```

```
      [ 0.55903935, 0.32250023, 0.9653642, 0.2523451, - 0.22652078, - 0.9482374, 0.9009516,
        - 0.9546132, 0.12728477, - 0.6151252, 0.0784471, 0.5693164, - 0.8222339,
        - 0.97289634, 0.7462604, 0.7126231, 0.8354633, 0.31798363, - 0.8650453, - 0.9163306,
        - 0.44183803, 0.96956825, - 0.7053683, - 0.82082224, 0.45245838, - 0.9662614,
        0.08374977, - 0.85398126, - 0.44849634, - 0.56834817],
      [- 0.50571346, - 0.6689789, - 0.55375314, 0.121773, 0.44758725, 0.58153105,
        - 0.05073619, 0.23983145, - 0.3523252, - 0.8859348, 0.20835447, 0.64433575,
        0.7214973, - 0.4262128, 0.07266688, 0.6440649, - 0.13267088, 0.00316668, - 0.9916146,
        0.6498804, - 0.8372457, 0.05679584, 0.45267558, - 0.6670196, - 0.14615798,
        0.48094845, 0.80189395, - 0.6948724, - 0.14689994, - 0.0892787],
      [- 0.70093083, - 0.14873672, 0.46180868, - 0.98615646, 0.43883348, 0.22327828,
        0.04266167, - 0.21724176, 0.53647757, 0.18287134, 0.43663096, 0.94870543,
        - 0.4140563, 0.4981351, - 0.3485427, 0.8848274, 0.40073872, - 0.334347, 0.3742354,
        - 0.86642146, 0.53775835, 0.8814416, 0.7266524, 0.564713, - 0.37062192, - 0.36236548,
        0.3544333, 0.9758916, 0.97157526, 0.98202586]],
      dtype = float32)>
tf.Tensor(
[[- 0.34050488   0.68756056   - 0.09255576   0.5635557 ]
 [- 0.8801544    0.8395307    0.5431504    - 0.15209413]
 [ 0.55903935   0.32250023   0.9653642    0.2523451]
 [- 0.50571346  - 0.6689789   - 0.55375314  0.121773]
 [- 0.70093083  - 0.14873672  0.46180868   - 0.98615646]], shape = (5, 4), dtype = float32)
tf.Tensor(
[[- 0.5138004  - 0.7526529  - 0.66247916  0.41758847  - 0.8402598  - 0.8332515  0.46632957
  0.7825732   0.1527791   0.7095592   - 0.7086694   0.02093935  0.34083414  0.33922553
  0.92406964]
 [- 0.7430608   0.36344314  0.624871    0.6788199   0.17611408  0.08000898  0.9729209
  0.30218482  0.73769855  0.50970936  - 0.09572101  0.9048784   - 0.3762269   0.68718624
  0.0322845 ]
 [- 0.22652078  - 0.9482374  0.9009516   - 0.9546132  0.12728477  - 0.6151252  0.0784471
  0.5693164   - 0.8222339  - 0.97289634  0.7462604   0.7126231   0.8354633   0.31798363
  - 0.8650453 ]
 [0.44758725  0.58153105  - 0.05073619  0.23983145  - 0.3523252  - 0.8859348  0.20835447
  0.64433575  0.7214973  - 0.4262128  0.07266688  0.6440649  - 0.13267088  0.00316668
  - 0.9916146 ]
 [0.43883348  0.22327828  0.04266167  - 0.21724176  0.53647757  0.18287134  0.43663096
  0.94870543  - 0.4140563  0.4981351  - 0.3485427  0.8848274  0.40073872  - 0.334347
  0.3742354 ]], shape = (5, 15), dtype = float32)
```

```
tf.Tensor(
[[0.23717594   0.7879131   - 0.42420697   - 0.88556266   - 0.01580048   - 0.7663379   0.10879755
  0.6658292   - 0.5208535   - 0.8340256   - 0.66046596]
 [0.17647386   - 0.73469853   0.88789463   - 0.9426117   - 0.84875274   0.26451278   0.6593218
  0. 43183422   0.30767035   0.4028933   0.9816532 ]
 [- 0.9163306   - 0.44183803   0.96956825   - 0.7053683   - 0.82082224   0.45245838   - 0.9662614
  0.08374977   - 0.85398126   - 0.44849634   - 0.56834817]
 [0.6498804   - 0.8372457   0.05679584   0.45267558   - 0.6670196   - 0.14615798   0.48094845
  0. 80189395   - 0.6948724   - 0.14689994   - 0.0892787 ]
 [- 0.86642146   0.53775835   0.8814416   0.7266524   0.564713   - 0.37062192   - 0.36236548
  0.3544333   0.9758916   0.97157526   0.98202586]], shape＝(5, 11), dtype＝float32)
# 传入整数时,读者可取消以下代码注释,观察切分效果。
#split0, split1, split2 = tf.split(value, num_or_size_splits＝3, axis＝1)
#tf.shape(split0) # [5, 10]
#array([5, 11], dtype＝int32)
#print(value)
#print(split0)
#print(split1)
#print(split2)
```

4)shape( )与 reshape( )函数。

shape( )函数主要实现张量的形状计算,返回的是 Tensor 类型对象。示例代码如下:

```
import tensorflow as tf
t = tf.constant([[[1, 1, 1], [2, 2, 2]], [[3, 3, 3], [4, 4, 4]]])
print(t)
tr = tf.reshape(t, [2, 3, 2])
print(tr)
print(tf.shape(t))                    #打印出 t 的形状数据
print(tf.shape(tr))                   #打印出 tr 的形状数据
```

运行结果如下:

```
tf.Tensor(
[[[1   1   1]
  [2   2   2]]

 [[3   3   3]
  [4   4   4]]], shape＝(2, 2, 3), dtype＝int32)
tf.Tensor(
[[[1   1]
  [1   2]
  [2   2]]
```

```
[[3 3]
 [3 4]
 [4 4]]], shape=(2, 3, 2), dtype=int32)
tf.Tensor([2 2 3], shape=(3, ), dtype=int32)
tf.Tensor([2 3 2], shape=(3, ), dtype=int32)
```

（3）Matrix（矩阵）函数

1）matmul（）函数。

matmul（a，b）函数主要用来实现矩阵的乘法运算。需要注意的是，根据矩阵乘法的定义，矩阵 a 的行和列数目必须等于 b 的列和行数目，即 a_{ij} 对应 b_{ji} 才可以进行矩阵的乘法运算。矩阵的乘法运算在大数据技术中也常常用到。下面是一个矩阵乘法运算的简单例子。

```
import tensorflow as tf
a = tf.constant([[1, 2, 3], [4, 5, 6]])      #定义 2 行 3 列矩阵 a
b = tf.constant([[0, 1], [1, 0], [1, 1]])    #定义 3 行 2 列矩阵 b
print(tf.matmul(a, b))                       #计算矩阵 a 和 b 的乘积并打印出来
```

运行结果如下：

```
tf.Tensor(
[[ 5  4]
 [11 10]], shape=(2, 2), dtype=int32)
```

2）matrix_transpose（）函数。

matrix_transpose（t）函数主要对矩阵 t 实现行列转置（行变为列，列变为行）操作。示例代码如下：

```
import tensorflow as tf
t = tf.constant([[1, 2, 3], [4, 5, 6], [7, 8, 9]])
T = tf.linalg.matrix_transpose(t)            #将 t 的行列进行转置
print(t)
print(T)
```

运行结果如下：

```
tf.Tensor(
[[1 2 3]
 [4 5 6]
 [7 8 9]], shape=(3, 3), dtype=int32)
tf.Tensor(
[[1 4 7]
 [2 5 8]
 [3 6 9] ], shape=(3, 3), dtype=int32)
```

（4）Neuronal Network 函数

Neuronal Network 是指神经网络，其函数主要用在神经网络的相关应用场景中。使用频率较高的有激活函数 sigmoid( ) 和 ReLu( )、卷积函数 conv2d( )、最大池化函数 max_pool( ) 等。

1）sigmoid( ) 函数。

一般采用 tf. nn. sigmoid( ) 进行调用。sigmoid( ) 函数常常用在逻辑回归模型的分类任务中。在逻辑模型预测结果中一般得不到绝对的 0 和 1，因此采用 sigmoid( ) 函数进行处理，例如将结果大于 0.5 的结果判断为 1，小于 0.5 和结果则判断为 0。sigmoid( ) 函数数学表达式如下：

$$f(x) = \frac{1}{1+e^{-x}} \tag{5-1}$$

sigmoid( ) 函数图像如图 5-6 所示。

调用 sigmoid( ) 函数代码如下：

```
import tensorflow as tf
x = tf.constant([- 1, - 0.5, 0.0, 1.0, 50.0])
y = tf.nn.sigmoid(x)        #调用 sigmoid()激活函数，TensorFlow2.0 中为 tf.sigmoid()
print(y)
```

运行结果如下：

```
tf.Tensor([0.26894143  0.3775407  0.5  0.7310586  1.], shape=(6, ), dtype=float32)
```

2）ReLU( ) 函数。

修正线性单元（Rectified linear unit，ReLU）常常作为神经元的激活函数使用。它在 $(-\infty, 0]$ 上置为 0，在 $(0, +\infty)$ 保持不变。ReLU( ) 激活函数用在卷积神经网络中最大的优势是可以进行稀疏激活。同时，它计算开销小、收敛更快。

ReLU( ) 函数数学表达式如下：

$$f(x) = \begin{cases} 0 & x<0 \\ x & x\geq 0 \end{cases} \tag{5-2}$$

ReLU( ) 函数图像如图 5-7 所示。

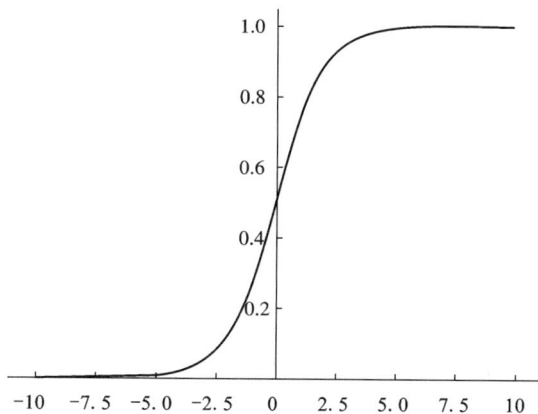

图 5-6　sigmoid( ) 函数图像

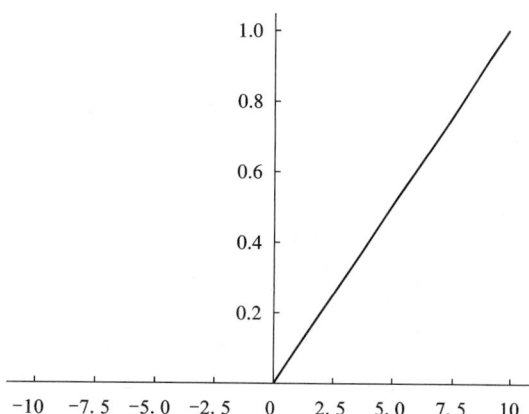

图 5-7　ReLU( ) 函数图像

调用 ReLU( )函数代码如下：

```
import tensorflow as tf
x = tf.constant([- 1, - 0.5, 0.0, 1.0, 50.0])
y = tf.nn.relu(x)
print(y)
```

运行结果如下：

```
tf.Tensor([ 0.  0.  0.  1.  50.], shape=(5, ), dtype=float32)
```

3) conv2d( )函数。

conv2d(input, filters, strides, padding, data_format = "NHWC", dilations = None, name = None)主要完成二维卷积计算功能。参数意义解释如下：

input：指需要做卷积的输入数据，它是一个 Tensor，用于图像处理时对应的是图像。

filters：相当于卷积神经网络中的卷积核，它也是一个 Tensor。需要注意，filters 要求类型与参数 input 相一致。

strides：卷积时在数据上的步长，是一维向量，长度为 4。

padding：string 类型的量，只能是"SAME""VALID"其中之一，这个值决定了两种不同的卷积方式。

data_format：表示输入的 tensor 的格式，默认是 data_format = "NHWC"，其中 N 为 batch_size，H 为图像 height，W 为图像 width，C 为图像通道数。若 data_format = "NHWC"，则 tensor 的格式是 [batch_size, in_height, in_width, in_channels]；若 data_format = "NCHW"，则 tensor 的格式是 [batch_size, in_channels, in_height, in_width]

dilations：卷积扩张因子，默认值是 [1, 1, 1, 1]，如果卷积扩张因子设置为 k，当 k 大于 1 时，则会跳过 $k-1$ 个元素进行卷积运算。

name：操作的名称，一般设置为空。

conv2d( )函数调用代码如下：

```
import tensorflow as tf
import numpy as np
x_in = np.array([[
    [[2], [0], [2], [0], [2]],
    [[1], [3], [0], [2], [0]],
    [[1], [0], [0], [3], [1]],
    [[0], [2], [3], [1], [2]],
    [[2], [0], [3], [0], [1]], ]])          #需要做卷积处理的源数据
kernel_in = np.array([
    [[[2.5, 0.1]], [[3, 0.3]]],
    [[[1.5, 0.2]], [[1, 0.4]]], )             #卷积核大小数据
x = tf.constant(x_in, dtype=tf.float32)        #设置输入数据
kernel = tf.constant(kernel_in, dtype=tf.float32)     #设置卷积核参数
y = tf.nn.conv2d(x, kernel, strides=[1, 1, 1, 1], padding=' VALID' )    #设置相关参数
print(y)
```

运行结果如下：

```
tf.Tensor(
[[[[ 9.5          1.6          ]
   [10.5          1.2          ]
   [ 7.           1.           ]
   [ 9.           1.           ]]

  [[13.           1.2          ]
   [ 7.5          0.3          ]
   [ 9.           1.8000001    ]
   [10.5          1.2          ]]

  [[ 4.5          0.90000004]
   [ 6.           1.6          ]
   [14.5          1.9          ]
   [14.           1.6          ]]

  [[ 9.           1.           ]
   [17.           2.3          ]
   [15.           1.2          ]
   [ 9.5          1.1          ]]]], shape=(1, 4, 4, 2), dtype=float32)
```

4) max_pool( )函数。

max_pool(input，ksize，strides，padding，data_format＝None，name＝None)主要实现数据的最大池化功能。

池化(pooling)是卷积神经网络中特别重要的一个概念，它可以理解为下采样的过程，有最大池化、平均池化等不同形式的非线性池化函数，其中最大池化(max pooling)使用最广泛。最大池化是将输入的图像数据划分为若干个矩形区域，对每个子区域求出最大值，再根据池化步长设置依次移动，对每个区域进行最大值输出。最大池化函数处理过程如图 5-8 所示。

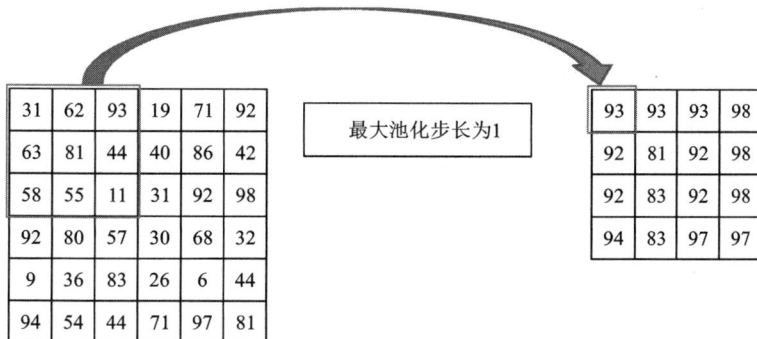

图 5-8　最大池化函数处理过程

在图 5-8 中，原始输入数据为大小为 6×6，在步长为 1、池化大小为 3×3 时，最大池化输出大小为 4×4。由此可见，池化层可以不断减小数据的空间，因此参数的数量和计算量也会随之下降，一定范围内有效控制了过拟合。所以，一般要在卷积神经网络的卷积层之间引入池化层。

最大池化函数 max_pool( ) 各参数意义如下：

input：需要进行池化处理的源数据输入，通常情况下，池化层置于卷积层后面，所以输入通常是 feature map，依然是 [batch，height，width，channels] 这样的 shape。

ksize：池化窗口的大小，取一个四维向量，一般是 [1，height，width，1]，因为没有必要在 batch 和 channels 上做池化，所以这两个维度设置成 1。

strides：池化窗口在每一个维度上滑动的步长，一般也是 [1，stride，stride，1]。

padding：和卷积函数类似，有两种模式，可以取 "VALID" 或者 "SAME"。

data_format：数据格式，一般设置为空。

name：操作的名称，一般设置为空。

最大池化函数处理数据代码如下：

```
import tensorflow as tf
x = tf.constant([[[[31, 62, 93, 19, 71, 92],
                [63, 81, 44, 40, 86, 42],
                [58, 55, 11, 31, 92, 98],
                [92, 80, 57, 30, 68, 32],
                [9, 36, 83, 26, 6, 44],
                [94, 54, 44, 71, 97, 81] ]]])
                        #为方便图 5-8 讲解，形状为[1, 1, 6, 6]
print(x)
x = tf.reshape(x, [1, 6, 6, 1])                #转换为池化函数处理形状
pooling = tf.nn.max_pool(x, [1, 3, 3, 1], [1, 1, 1, 1], padding=' VALID' )
pooling = tf.reshape(pooling, [1, 1, 4, 4])            #转换回原形状
print(pooling)
```

运行结果如下：

```
tf.Tensor(
[[[[31   62   93   19   71   92]
   [63   81   44   40   86   42]
   [58   55   11   31   92   98]
   [92   80   57   30   68   32]
   [ 9   36   83   26    6   44]
   [94   54   44   71   97   81]]]], shape=(1, 1, 6, 6), dtype=int32)
tf.Tensor(
[[[[93   93   93   98]
   [92   81   92   98]
   [92   83   92   98]
   [94   83   97   97] ]]], shape=(1, 1, 4, 4), dtype=int32)
```

5.2　PyTorch

5.2.1　PyTorch 的背景

PyTorch 是一个在 Torch 基础上发展而来的 Python 科学计算包，它是一个开源的机器学习库。PyTorch 和 Torch 的底层开发是一致的，只是上层包装不一致。PyTorch 的开发主要由 Facebook 人工智能小组完成，于 2017 年 1 月发布。PyTorch 的问世稍晚于 TensorFlow，但发布以来得到了大量开发人员的关注，目前在 GiHub 上的欢迎度名列前茅。

可以将 PyTorch 简单地理解为 NumPy 的高级版本，它能够利用 GPU 的良好性能来加快数值计算，同时 PyTorch 还具备支持动态神经网络的优势，非常灵活，这是其他主流框架不支持的。与 TensorFlow 等命令式的静态编程语言相比，PyTorch 可以通过反向求导技术，快速地任意改变神经网络，而不用从头更改神经网络。除此以外，PyTorch 主要提供了两个比较显著的高级功能：具有强大的 GPU 加速的张量计算（如 NumPy）和包含自动求导系统的深度神经网络。

另外，PyTorch 的代码对比 TensorFlow 而言更加简洁直观，底层代码也更容易看懂。总的来说，PyTorch 具备以下优点：①支持 GPU 加速；②使用极其灵活，支持动态神经网络；③底层代码易于理解；④命令式体验；⑤可扩展性强。

虽然具备很强的优势，但是 PyTorch 也存在一些不足：其全面性不如 TensorFlow，目前还不支持快速傅里叶变换、沿维翻转张量和检查无穷与非数值张量；针对移动端、嵌入式部署以及高性能服务器端的部署其性能表现有待提升；因为这个框架较新，使得他的社区没有那么强大，在文档方面其 C 库大多数没有文档。

5.2.2　PyTorch 的 CPU 版本安装与配置

在进行 PyTorch 的安装之前，我们要查看计算机是否有 GPU，对应安装不同的版本。如果有 GPU 就安装 PyTorch 的 GPU 版本，如果没有就安装 PyTorch 的 CPU 版本。PyTorch 是基于 python 所开发的框架，所以需要在计算机上先安装 Python。安装 PyTorch 的 CPU 版本关键步骤如下。

1. 下载 Python

可以直接从 Python 官网下载安装，但建议采用 Anaconda 方式安装。访问 Anaconda 官网 https://www.anaconda.com/products/individual，选择对应的操作系统下载并安装 Anaconda。因为使用 Anaconda 安装默认包含了许多 Python 可能用到的第三方库，如果不通过套件，用到第三方库时需要自己手动安装，有可能遇到版本的兼容等问题。

2. 安装 Python

在安装 Anaconda 的过程中只需要勾选"Register Anaconda as the system Python 3.7"即可完成 Python 在 Anaconda 上的安装，如图 5-9 所示。

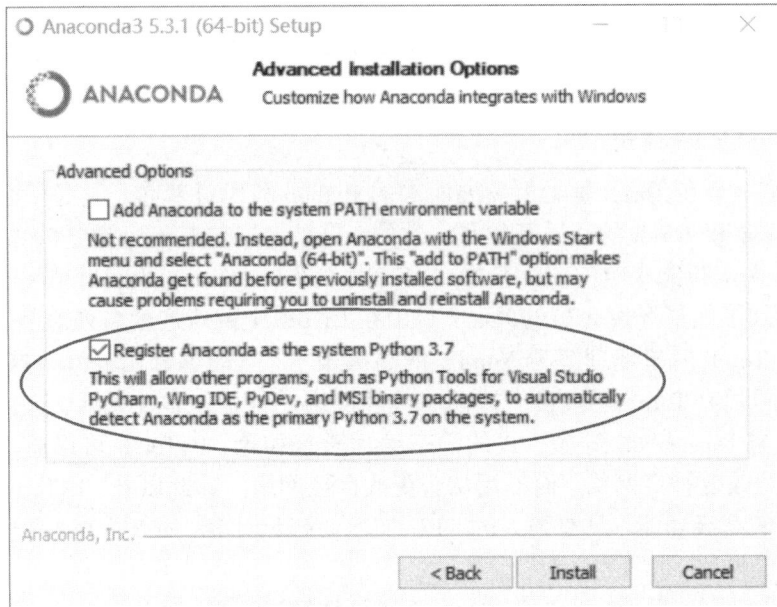

图 5-9 安装 Anaconda 和 Python

3. 安装 PyTorch

访问 PyTorch 官方网站 https://pytorch.org/，在网页底部找到安装代码页面，如图 5-10 所示。依次选择安装版本、操作系统、安装包方式、安装软件开发环境和 CPU 版本。图中展示的是使用 conda 安装的指令，我们也可以选择 pip 指令进行安装。在命令行运行代码"conda install pytorch torchvision torchaudio cpuonly-c pytorch"即可完成 PyTorch 的安装。

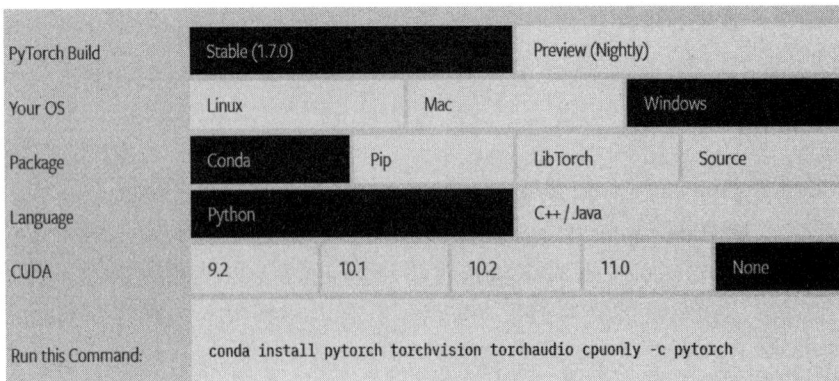

图 5-10 PyTorch 安装指令选择页面

4. 验证 PyTorch 是否安装成功。

打开命令行输入界面，输入"import torch"和"print(torch.__version__)"，若安装成功即可返回 PyTorch 的版本信息，如图 5-11 所示；若报错说明安装不成功。

```
>>> import torch
>>> print(torch.__version__)
1.6.0
```

图 5-11　命令行查看 PyTorch 安装成功并返回版本信息

5.2.3　PyTorch 的 GPU 版本安装与配置

如果计算机具备 GPU，一般安装 PyTorch 的 GPU 版本。GPU 能够加速模型训练，大幅度提高程序执行速率。以下是安装 PyTorch 的 GPU 版本的详细步骤。

1. 安装 CUDA

对于 Windows10 系统的计算机是否具备 GPU，可以采用快捷方式查询。在计算机桌面空白处点击鼠标右键，查看是否出现"NIVIDA 控制面板"，如图 5-12 所示。

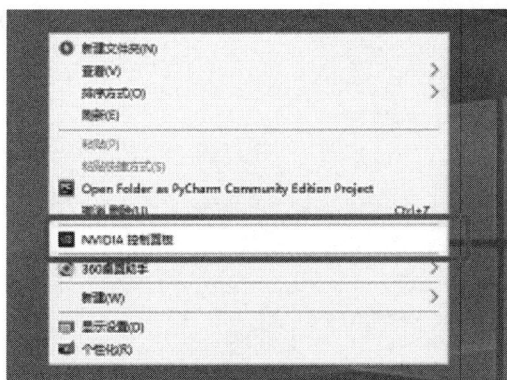

图 5-12　查看计算机快捷右键菜单中是否有"NIVIDA 控制面板"

然后点击"NIVIDA 控制面板"，查看系统信息以获取此计算机支持的 CUDA 版本。如果单击后长时间没有反应（菜单信息弹不出来），一般是系统服务未启动或者出现未知错误，这种情况需要手动开启服务或关闭后重新开启才可以解决。系统服务开启方式如图 5-13 所示。先用右键点击"此电脑"，点击"管理"菜单，双击打开"服务和应用程序"后双击"服务"菜单，然后选中"NVIDIA Display Container..."，再选择"开启此服务"或"重启动此服务"即可解决问题。

在成功打开"NIVIDA 控制面板"后，首先点击"管理 3D 设置"，其次点击"帮助"菜单，在下拉菜单中选择"系统信息"选项，然后即可查看计算机显卡版本信息，如图 5-14 所示。

157

（a）右键调出"管理"菜单 　　（b）调出"服务和应用程序" 　　（c）调出"服务"菜单

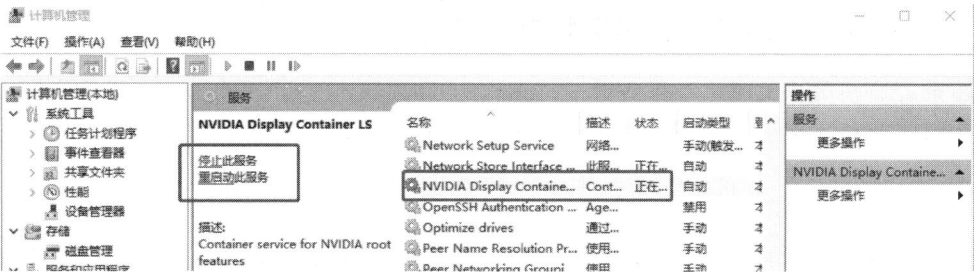

（d）先选中"NVIDIA Display Container..."后，再选择"开启"或"重启动"

图 5-13　解决点击"NIVIDA 控制面板"后没反应的方式

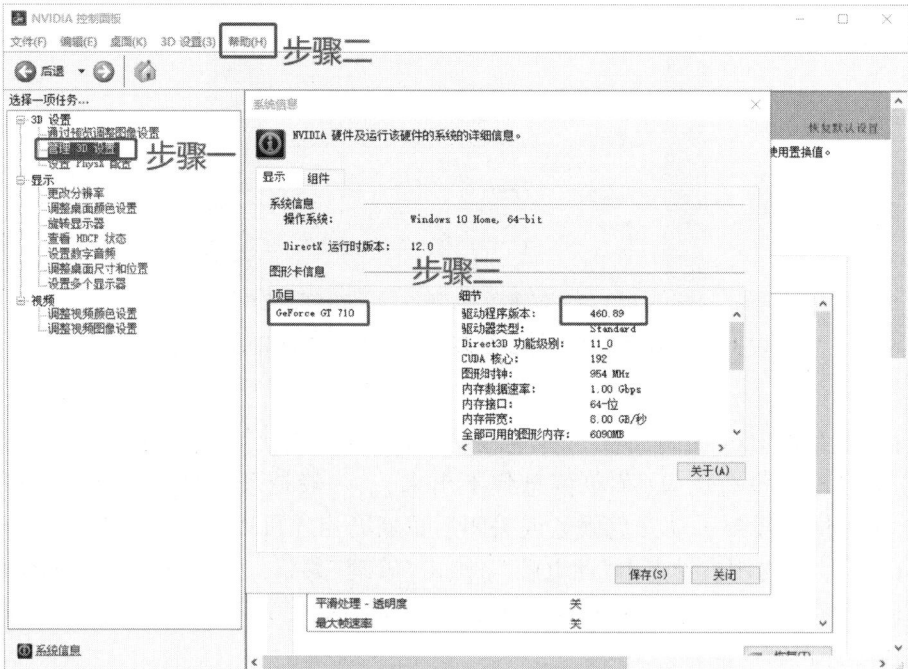

图 5-14　通过 NIVIDA 控制面板查看计算机显卡版本信息

根据查询的驱动程序版本信息可以选择相应的 CUDA 驱动版本。适用 CUDA 版本可在网站 https://docs. nvidia. com/CUDA/CUDA-toolkit-release-notes/index. html 上查询。打开网页后，找到 CUDA Driver 部分，选择适合的版本，如图 5-15 所示。

CUDA Driver

Running a CUDA application requires the system with at least one CUDA capable GPU and a driver
https://developer.nvidia.com/cuda-gpus.

Each release of the CUDA Toolkit requires a minimum version of the CUDA driver. The CUDA drive
driver releases.

More information on compatibility can be found at https://docs.nvidia.com/cuda/cuda-c-best-pr

Note: Starting with CUDA 11.0, the toolkit components are individually versioned, and the toolkit

The minimum required driver version for CUDA enhanced compatibility is shown below. CUDA Enh

Table 2. CUDA Toolkit and Minimum Required Driver Version for CUDA Enhanced Compatibility

CUDA Toolkit	Minimum Required Driver Version for CUDA Enhanced Compatibility	
	Linux x86_64 Driver Version	Windows x86_64 Driver Version
CUDA 11.4	>=450.80.02	>=456.38
CUDA 11.3	>=450.80.02	>=456.38
CUDA 11.2	>=450.80.02	>=456.38
CUDA 11.1 (11.1.0)	>=450.80.02	>=456.38
CUDA 11.0 (11.0.3)	>=450.36.06*	>=456.38

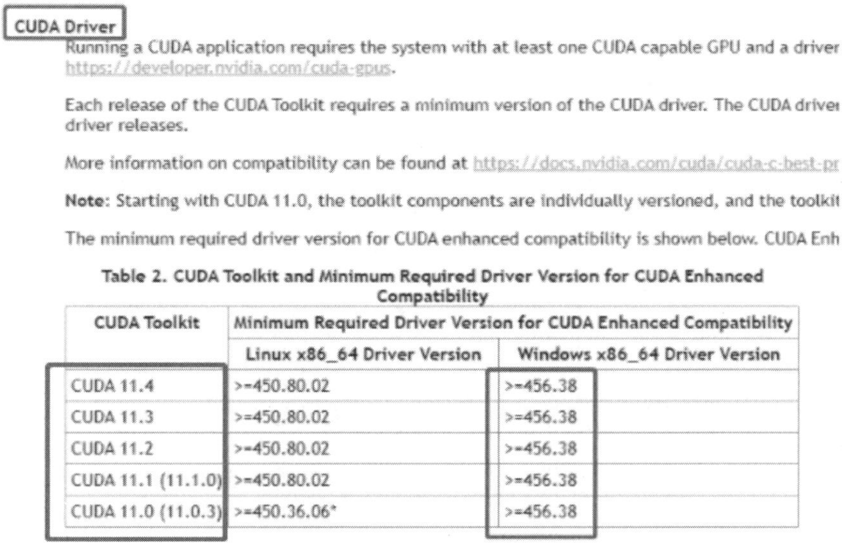

图 5-15　根据驱动信息选择适合的 CUDA 版本

根据电脑 NIVIDA 显卡驱动信息，本书选择 CUDA 的 11.2 版本。CUDA 的下载可在官方网站 https://developer. nvidia. com/cuda-10. 1-download-archive-update2 下载，打开页面后点击“Legacy Releases”可查看历史版本，如图 5-16 所示。

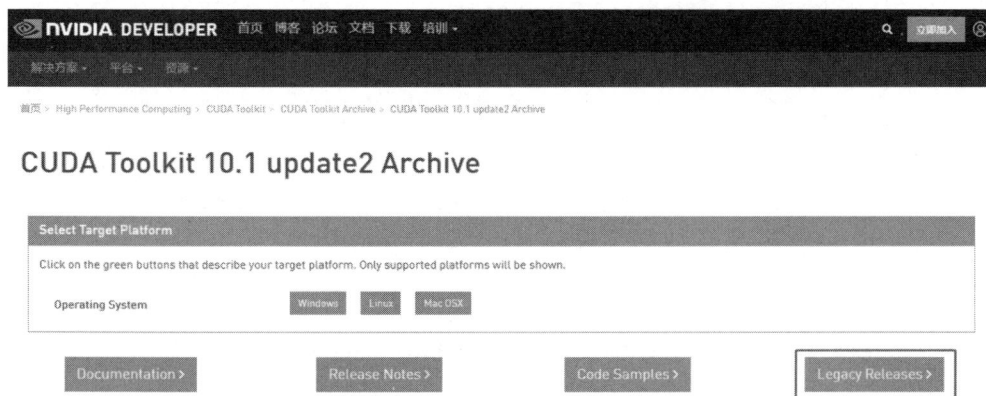

图 5-16　进入网页后点击“Legacy Releases”查看 CUDA 历史版本

根据前面查看的计算机驱动信息，本书选择下载2021年2月更新发布的 CUDA Toolkit 11.2.1 版本，如图 5-17 所示。

Download Latest CUDA Toolkit

Latest Release

CUDA Toolkit 11.5.0 (October 2021), Versioned Online Documentation

Archived Releases

CUDA Toolkit 11.4.3 (November 2021), Versioned Online Documentation
CUDA Toolkit 11.4.2 (September 2021), Versioned Online Documentation
CUDA Toolkit 11.4.1 (August 2021), Versioned Online Documentation
CUDA Toolkit 11.4.0 (June 2021), Versioned Online Documentation
CUDA Toolkit 11.3.1 (May 2021), Versioned Online Documentation
CUDA Toolkit 11.3.0 (April 2021), Versioned Online Documentation
CUDA Toolkit 11.2.2 (March 2021), Versioned Online Documentation
CUDA Toolkit 11.2.1 (Feb 2021), Versioned Online Documentation
CUDA Toolkit 11.2.0 (Dec 2020), Versioned Online Documentation

图 5-17　选择 CUDA Toolkit 11.2.1 版本进行下载

值得注意的是，此处提供了大量的参考资源库，用户可以通过点击"Resources"下方的"CUDA Documentation/Release Notes"等进入查看适用 CUDA 版本等信息的网站：https://docs.nvidia.com/CUDA/CUDA-toolkit-release-notes/index.html，如图 5-18 所示。前面选择 CUDA 驱动版本步骤可以在这里再进行选择，如果选择的版本不适合，后退重选即可。除了查看使用版本提示，还有诸如训练模型、资源包、问题解答等官方参考信息。

CUDA Toolkit 11.2 Update 1 Downloads

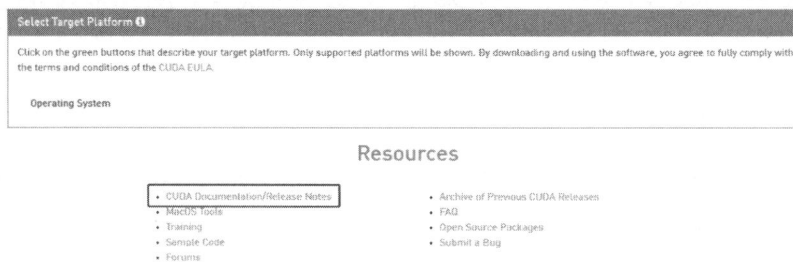

Select Target Platform ⓘ

Click on the green buttons that describe your target platform. Only supported platforms will be shown. By downloading and using the software, you agree to fully comply with the terms and conditions of the CUDA EULA.

Operating System

Resources

- CUDA Documentation/Release Notes
- MacOS Tools
- Training
- Sample Code
- Forums

- Archive of Previous CUDA Releases
- FAQ
- Open Source Packages
- Submit a Bug

图 5-18　点击 CUDA Documentation/Release Notes 可以查看适用版本

国外网站在国内显示较慢，需要耐心等待网页上显示出"Operating System（操作系统）"下的信息后，如图 5-19 所示，再点击网页上的"Windows"进入选择界面，这个过程务必注意。根据用户计算机 Windows 的具体相应参数，从上到下依次选择后，点击"Download"，如图 5-20 所示。然后下载可执行文件的安装包。

CUDA Toolkit 11.2 Update 1 Downloads

图 5-19 等待网页显示完整，直到出现"Linux"和"Windows"

CUDA Toolkit 11.2 Update 1 Downloads

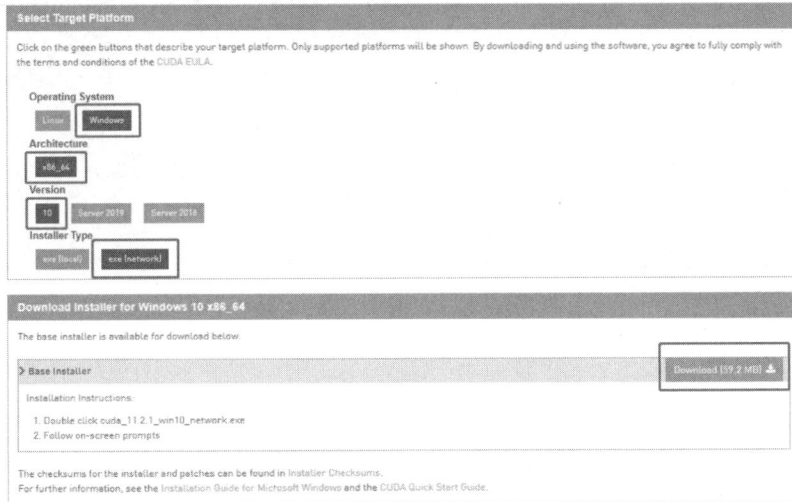

图 5-20 从上到下依次选择后下载可执行程序安装包

下载成功后，双击可执行程序"cuda_11.2.1_win10_network.exe"进行安装。一般在想要安装的系统盘下预先建一个"CUDA"文件夹。选择安装的文件夹后自动开始安装，根据提示即可完成操作。开始提示和正在下载安装如图 5-21 所示。

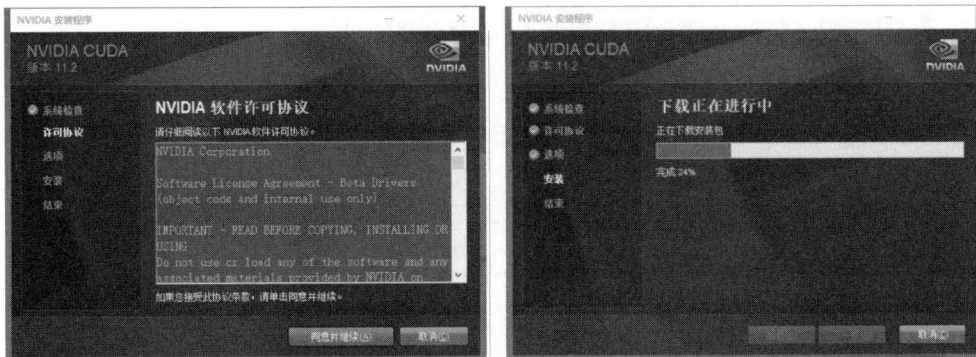

图 5-21 开始提示和正在下载安装界面

在安装模式的选择上，建议选择自定义安装模式，安装完成后使用"Windows+R"打开cmd窗口，输入"nvcc－V"指令，若安装成功，即可显示 CUDA 版本等信息，如图 5－22所示。

图 5-22　CUDA 安装成功

2. 安装 cuDNN

在安装 CUDA 后，还需要下载与 CUDA 匹配版本的 cuDNN，下载相应的压缩包放到CUDA 安装目录对应的文件夹即可，如图 5-23 所示。下载地址：https：//developer. nvidia. com/rdp/cudnn-download。

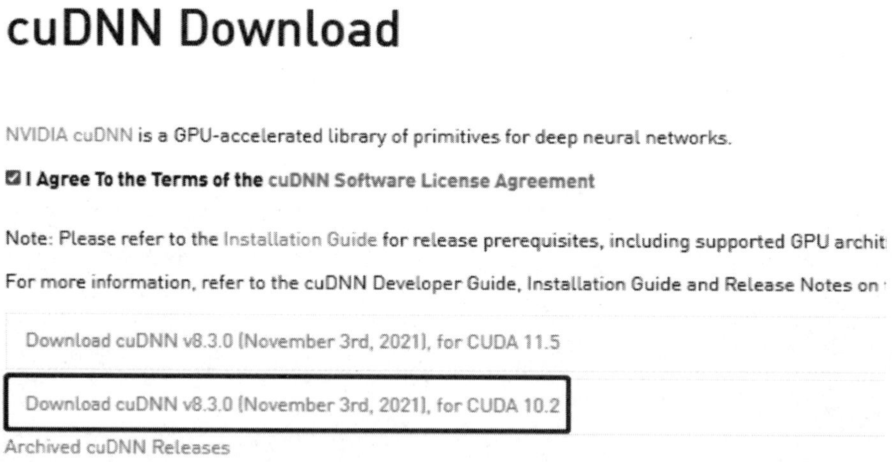

图 5-23　选择下载 cuDNN

点击"Download cuDNN v8. 3. 0(November 3rd, 2021), for CUDA 10. 2"后选择计算机系统对应的版本, 如图 5-24 所示。本书选择 Windows10(x86)系统对应版本。

Library for Windows and Linux, Ubuntu(x86_64)

cuDNN Library for Linux (x86)

cuDNN Library for Windows10 (x86)

cuDNN Runtime Library for Ubuntu18.04 (Deb)

cuDNN Developer Library for Ubuntu18.04 (Deb)

cuDNN Code Samples and User Guide for Ubuntu18.04 (Deb)

cuDNN Runtime Library for Ubuntu16.04 (Deb)

图 5-24　选择对应计算机版本的 cuDNN

下载成功后, 解压压缩包, 分别把 cuda/lib、cuda/include、cuda/bin 三个目录中的内容拷贝到 C：\Program Files\NVIDIA GPU Computing Toolkit\CUDA\v11. 2 对应的 lib、include、bin 目录下即可。如图 5-25 展示了拷贝 bin 文件的关键过程, 其他两个不再赘述。注意此处的文件目录应该是读者安装 CUDA 的文件位置, 不一定跟本书路径一致, 初学者需要注意。另外, 是拷贝文件夹下的内容增加到安装目录下, 不能将原来 bin 文件夹内的内容替换, 也不要拷贝整个文件夹, 避免出错。

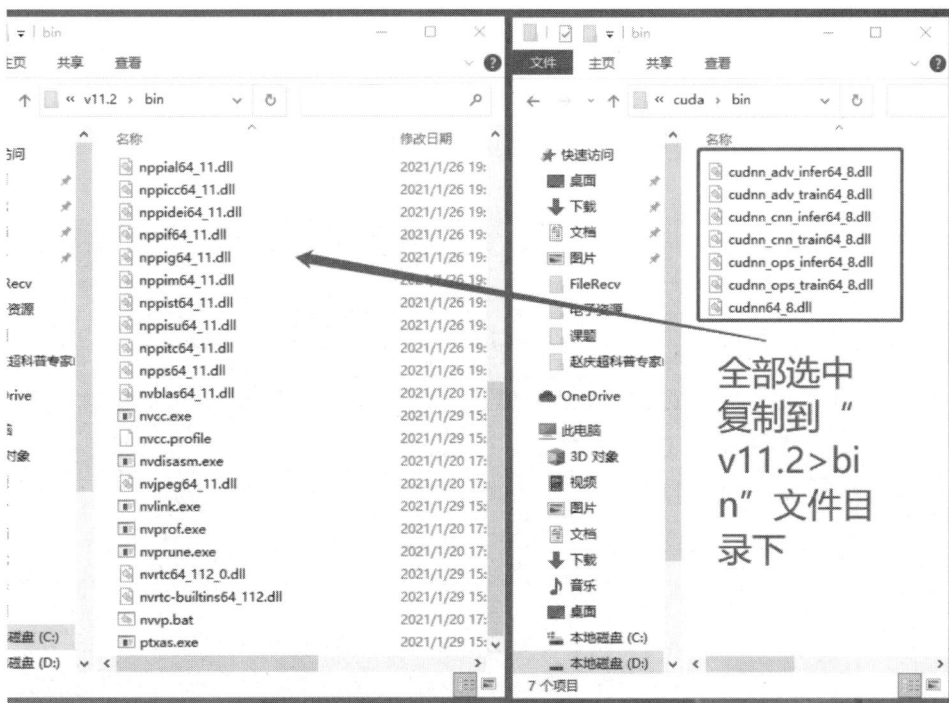

图 5-25　将下载压缩包里 bin 目录下所有文件拷贝到安装 CUDA 的 bin 目录下

分别完成 lib、include、bin 三个目录文件拷贝后，还需要添加环境变量 C：\Program Files\NVIDIA GPU Computing Toolkit\CUDA\v11.2\lib\x64。添加环境变量具体方法为：右击此电脑→"属性"→"高级系统设置"→"环境变量"→"系统变量"→"path"→"编辑"→"新建"，添加该路径即可，如图 5-26 所示。

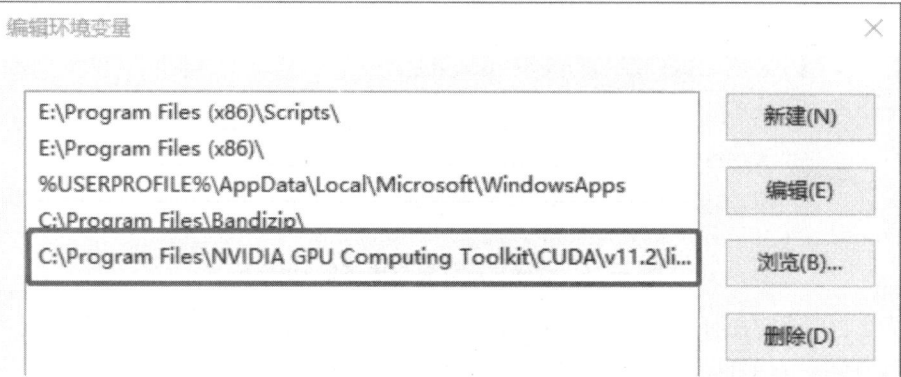

图 5-26　添加环境变量

3. PyTorch 安装

首先访问 PyTorch 官方网站 https：//pytorch.org/，在网页底部找到安装代码页面，如图 5-27 所示。依次选择安装版本、操作系统、安装包方式、安装软件开发环境和选择 GPU 版本。可以使用 conda 安装的指令，也可以选择 pip 指令进行安装。在命令行运行代码 "conda install pytorch torchvision cudatoolkit=11.2-c pytorch" 即可完成 PyTorch 的安装。

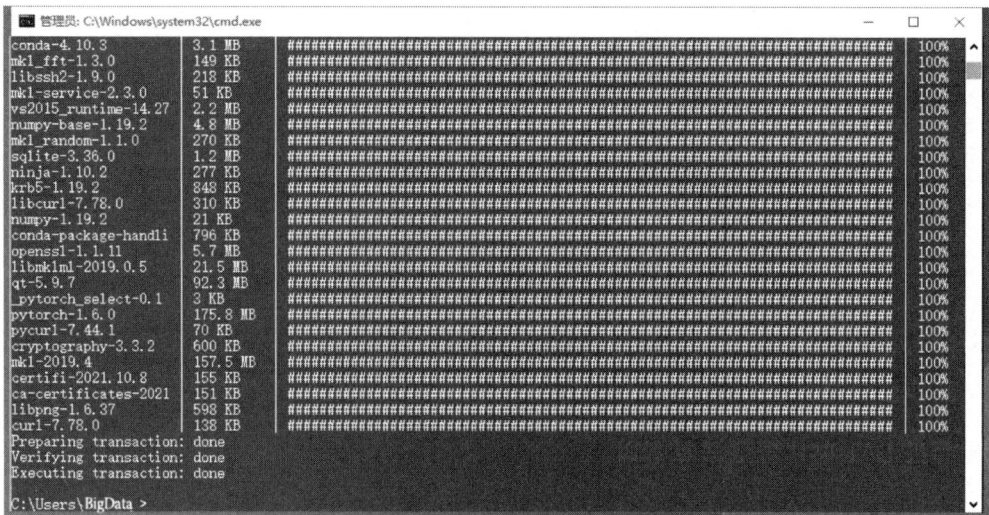

图 5-27　添加环境变量

测试是否安装成功。打开 pycharm，输入如下代码：

```
import torch
print(torch.cuda.is_available())
```

运行后返回 Ture 则证明安装成功。

5.2.4　PyTorch 基础知识

PyTorch 在功能上类似于 NumPy，常常用来实现加速计算。NumPy 是一个基础的数值运算库。而 PyTorch 主要用来完成对数值运算的加速，一般调用 GPU 来实现。PyTorch 中的数据一般使用 Tensor 定义和操作。PyTorch 的 Tensor 可以是零维、一维、二维以及多维的数组。对 Tensor 的操作有很多，按照接口的不同可分为 torch.function 和 tensor.function 两个类别，torch.function 包括 torch.add、torch.mul 等，tensor.function 包括 tensor.view、tensor.add 等；按照数据修改的方式可分为修改自身数据和不修改自身数据两类。例如 $x.add(a)$，x 的数据保持不变，返回一个新的 Tensor，而 $x.add\_(a)$ 则将运算结果保存在 x 中，x 的值更新为修改后的值，这是二者区别，在应用时根据需要进行选用。

```
import torch
x1 = torch.tensor([10，11，12])      #构造一个一维张量，并进行初始化
x2 = torch.tensor([3，6，9])         #构造一个一维张量，并进行初始化
xadd = x1.add(x2)                   #x1 和 x2 求和并赋值给 xadd
print(xadd)
print(x1)
xadd = x1.add_(x2)                  #x1 和 x2 求和并赋值给 xadd，并将 xadd 的值更新给 x1
print(xadd)
print(x1)
```

运行结果：

```
tensor([13，17，21])
tensor([10，11，12])
tensor([13，17，21])
tensor([13，17，21])
```

1. tensor 数据的定义

Tensor 类似于 NumPy 的 ndarray。例如，使用 torch 的 tensor 构造一个不进行初始化的矩阵，代码如下：

```
import   torch
x = torch.empty(5，4)               #构造一个 5×4 矩阵，不进行初始化
print(x)
print(x.size())                    #打印 x 的维度信息
```

运行结果如下：

```
tensor([ [0., 0., 0., 0.],
         [0., 0., 0., 0.],
         [0., 0., 0., 0.],
         [0., 0., 0., 0.],
         [0., 0., 0., 0.]])
torch.Size([5, 4])
```

构造一个随机初始化的矩阵则可以使用以下代码：

```
import torch
x = torch.rand(5, 4)
print(x)
```

运行结果如下：

```
tensor([ [0.4997, 0.7701, 0.0403, 0.0528],
         [0.7739, 0.7529, 0.7702, 0.9305],
         [0.7473, 0.6312, 0.8514, 0.9888],
         [0.1032, 0.4959, 0.8831, 0.0208],
         [0.8589, 0.6415, 0.5844, 0.2032]])
```

构造一个全 0 矩阵，而且数据类型设置为 long，则需要运行以下代码：

```
import torch
x = torch.zeros(5, 4, dtype=torch.long)
print(x)
```

运行结果如下：

```
tensor([ [0, 0, 0, 0],
         [0, 0, 0, 0],
         [0, 0, 0, 0],
         [0, 0, 0, 0],
         [0, 0, 0, 0]])
```

在 PyTorch 中也可以使用数据直接构造 tensor，代码如下：

```
import torch
x = torch.tensor([0, 1, 2, 3.5])
print(x)
```

运行结果如下：

```
tensor([0.0000, 1.0000, 2.0000, 3.5000])
```

在已存在数据的 tensor 上再创建一个新的 tensor，代码如下：

```
x = torch.zeros(5, 5, dtype=torch.double)
print(x)
y = torch.ones_like(x, dtype=torch.float)
print(y)
```

运行结果如下：

```
tensor([ [0., 0., 0., 0., 0.],
         [0., 0., 0., 0., 0.],
         [0., 0., 0., 0., 0.],
         [0., 0., 0., 0., 0.],
         [0., 0., 0., 0., 0.]], dtype=torch.float64)
tensor([ [1., 1., 1., 1., 1.],
         [1., 1., 1., 1., 1.],
         [1., 1., 1., 1., 1.],
         [1., 1., 1., 1., 1.],
         [1., 1., 1., 1., 1.]])
```

2. tensor 数据操作

tensor 可以进行基本的数学运算，此处以减法操作为例进行简单的讲解，tensor 提供了 4 种方式。具体使用方法如下：

减法运算：方式 1，直接采用运算符"−"进行减法运算；方式 2，采用 sub( ) 函数进行运算；方式 3，采用 sub( ) 函数提供一个输出的 tensor 作为返回参数；方式 4，采用 in−place 方式计算 x−y 的结果，x 值被修改，此处将 x. sub_(y) 与 x. sub(y) 合并为同一种方式。输出结果显示，4 种计算结果完全一致。

4 种减法运算使用方法的代码如下：

```
import torch
x = torch.ones(3, 4)              #定义 3×4 全 1 矩阵
y = torch.rand(3, 4)             #定义 3×4 随机矩阵
print(x - y)                     #方式 1 输出 x- y 的结果
print(torch.sub(x, y))           #方式 2 输出 x- y 的结果
result = torch.empty(3, 4)       #定义空矩阵用于存放 x- y 结果
torch.sub(x, y, out=result)      #方式 3 采用 tensor 输出参数输出 x- y 的结果
print(result)
print(x.sub_(y))                 #方式 4 采用 in- place 方式计算 x- y 的结果，等同于 x = x- y
print(x)                         #x 值被修改更新为 x- y
```

运行结果如下：

```
tensor([[0.8710, 0.8092, 0.7046, 0.1904],
        [0.8475, 0.2479, 0.8814, 0.9743],
        [0.2562, 0.2039, 0.5706, 0.7430]])
tensor([[0.8710, 0.8092, 0.7046, 0.1904],
        [0.8475, 0.2479, 0.8814, 0.9743],
        [0.2562, 0.2039, 0.5706, 0.7430]])
```

```
tensor([[0.8710, 0.8092, 0.7046, 0.1904],
        [0.8475, 0.2479, 0.8814, 0.9743],
        [0.2562, 0.2039, 0.5706, 0.7430]])
tensor([[0.8710, 0.8092, 0.7046, 0.1904],
        [0.8475, 0.2479, 0.8814, 0.9743],
        [0.2562, 0.2039, 0.5706, 0.7430]])
tensor([[0.8710, 0.8092, 0.7046, 0.1904],
        [0.8475, 0.2479, 0.8814, 0.9743],
        [0.2562, 0.2039, 0.5706, 0.7430]])
```

除了减法等数学运算操作，常常需要改变 tensor 的大小或者形状，我们一般采用 torch. view 函数来进行实现，代码如下：

```
import torch
x = torch.ones(4, 4)          #定义 4 行 4 列 tensor, 初始值全为 1
y = x.view(16)                #改变 tensor 形状，更改为 1 行 16 列
z = x.view(-1, 8)             #改变 tensor 形状，展平为 8 列，即改为 2 行 8 列
print(x.size(), y.size(), z.size())
print(x)
print(y)
print(z)
```

运行结果如下：

```
torch.Size([4, 4]) torch.Size([16]) torch.Size([2, 8])
tensor([[1., 1., 1., 1.],
        [1., 1., 1., 1.],
        [1., 1., 1., 1.],
        [1., 1., 1., 1.]])
tensor([1., 1., 1., 1., 1., 1., 1., 1., 1., 1., 1., 1., 1., 1., 1., 1.])
tensor([[1., 1., 1., 1., 1., 1., 1., 1.],
        [1., 1., 1., 1., 1., 1., 1., 1.]])
```

tensor 数据操作的函数主要分为 tensor 创建、tensor 形状修改和 tensor 索引操作三类。表 5-2 列举了一些常用的函数。

表 5-2 PyTorch 中常用的 tensor 函数

类别	函数名称	调用例子	功能描述
tensor 创建	tensor( )	torch. tensor([[0,1] , [2, 3]])	直接用参数进行 2 行 2 列的 tensor 构造
	eye(row, column)	torch. eye(3, 3)	创建 3 行 3 列的单位 tensor
	linspace(stat,end, steps)	torch. linspace(5, 50, 10)	从 5 到 50, 均匀切分成 10 份
	logspace(stat,end, steps)	torch. logspace(0, 1, 11)	从 10^0 到 10^1, 均匀切分成 11 份
	rand( )	torch. rand(5, 3)	随机生成 5 行 3 列 [0, 1) 均匀分布
	randn( )	torch. randn(3, 4)	随机生成 3 行 4 列标准正态分布
	ones( )	torch. ones(3, 3)	返回 3 行 3 列全为 1 的 tensor
	zeros( )	torch. zeros(2, 3)	返回 2 行 3 列全为 0 的 tensor
	ones_like( )	torch. ones_like(a)	返回与 a 相同, 且初始值全为 1 的 tensor
	zeros_like( )	torch. zeros_like(a)	返回与 a 相同, 且初始值全为 0 的 tensor
	arange(stat, end, step)	torch. arange(5, 50, 10)	在区间 [5, 50) 上间隔 10 生成一个 tensor
	from_NumPy(ndarray)	torch. from_NumPy(a)	把 NumPy 中的数组 a 创建为 tensor
tensor 形状修改	size( )	a. size( )	返回 a 的形状
	numel( )	a. numel( )	计算 a 的 tensor 元素个数
	view( )	a. view(4, 3)	修改 a 的形状为 4 行 3 列
	resize( )	a. resize(5, 3)	将 a 的形状改为 5 行 3 列, 类似 view, 但 size 超时会重新分配内存空间
	unsqueeze	torch. unsqueeze(a, 1)	在 a 的现有维度增加 "1"
	squeeze	torch. squeeze(a, 1)	在 a 的现有维度压缩 "1"
tensor 索引操作	index _ select (self, dim, index)	torch. index_select(a, 0, torch. tensor([0, 2]))	从 a 中索引第 0、2 行, 如果 dim 为 1 则进行列操作
	nonzero( )	torch. nonzero(a)	获取 a 中非 0 元素的下标
	masked_select( )	torch. masked_select(a, mask)	使用二元值对 a 进行选择
	gather(input, dim, index)	torch. gather(x, 1, index)	在 x 中选择一组与 index 相一致的数据
	scatter_(input, dim, index, src)	y = torch. ones(3, 3) y. scatter_(1, index, a)	与 gather 相反, 把 a 的值更新到一个 3×3 的全 1 矩阵中

3. 自动求导

Autograd(自动求导)库是 PyTorch 中所有神经网络实现的核心, 是网络构建的基础。自动求导也是 PyTorch 中最重要的内容。autograd 库为 tensors 的数据操作提供了自动求导功能。Autograd 是一个由运行进行定义的框架，也就是说以代码运行的方式来定义后向传播，而且每次迭代都可以不同。

torch. tensor 是包的核心类，只要将其属性.requires_grad 设置为 True，就会开始跟踪针对 tensor 的所有操作。完成计算后，可以调用.backward()来自动计算所有梯度。该张量的梯度将累积到.grad 属性中。如果要停止 tensor 历史记录的跟踪，可以调用.detach()将其与计算历史记录分离，并防止将来的计算被跟踪。如果需要停止跟踪历史记录（或使用内存），一般将代码块使用 with torch. no_grad() 包装起来。在评估模型时，这是特别有用的，因为模型在训练阶段具有 requires_grad＝True 的可训练参数有利于调整参数，但在评估阶段我们不需要梯度。

还有一个类 Function 对于 autograd 实现非常重要。Tensor 和 Function 互相连接并构建一个非循环图，它保存完整的计算过程的历史信息。每个张量都有一个.grad_fn 属性保存着创建了张量的 Function 的引用。

如果需要计算导数，可以调用 Tensor. backward()。如果 Tensor 是标量（即它包含一个元素数据），则不需要指定 backward()的任何参数，但是如果它有更多元素，则需要指定一个 gradient 参数来指定张量的形状。

PyTorch 通过 autograd 库来实现深度学习算法中的反向传播求导数功能。在 Tensor 上的所有操作，autograd 都能为他们实现自动求导功能，极大地简化了人工手动计算导数的复杂过程。相关参数意义如下：

data：保存 Tensor 数据。

grad：保存 data 对应的梯度，和 data 的形状保持一致。

grad_fn：指向一个 Function 对象，这个 Function 用来反向传播计算输入的梯度。这个属性引用了一个创建了 Tensor 的 Function（如果这个 Tensor 是用户手动创建的，那么 grad_fn＝None）。

以下代码展示的是标量的自动求导。

```
import torch
import math
from torch.autograd import Variable
x = Variable(torch.tensor([math.pi/4]), requires_grad = True)        #Tensor 是一个标量
print("x 的值：", x.data)
y = torch.sin(x)+2* torch.exp(x)- 2                                  #y＝sin(x)+2e^x−2
fz = y* * 2+x* * 3- 5* torch.log(x* x)                               #fz＝y^2+x^3−5lnx^2
print("输出 fz 的值：", fz)
fz.backward()                                    #调用自动求导，相当于 fz.backward(torch.tensor(1.))
print("自动求导值：", x.grad)          #打印自动求导值

#打印出手动计算导数的值，fz′＝2(sin(x)+2e^x−2)(cos(x)+2e^x)+3x^2−10/x

print("手动求导值：",
        2* (torch.sin(x)+2* torch.exp(x)- 2)* (torch.cos(x)+2* torch.exp(x))+3* x* * 2- 10/x)
```

运行结果如下：

```
x 的值：tensor([0.7854])
输出 fz 的值：tensor([12.4709], grad_fn=<SubBackward0>)
自动求导值：tensor([20.6344])
手动求导值：tensor([20.6344], grad_fn=<SubBackward0>)
```

我们再研究一下 Tensor 不是标量（即它包含了更多的元素数据）的自动求导。变量 variable 是非标量的形式，调用 .backward( ) 方法求导数，必须指定 grad_output 的其中一个参数，该参数是一个匹配 shape（形状）的张量。

代码如下：

```
import torch
x = torch.tensor([[1.0, 2.0, 3.0], [4.0, 5.0, 6.0]], requires_grad=True)
y = x* * 3+5* x
gradient1 = torch.tensor([[1., 2., 1.], [3., 5., 6.]])
gradient2 = torch.tensor([[1., 0.1, 0.01], [1., 0.1, 1.5]])
y.backward(gradient1)
print(x.grad)
x.grad.zero_()
y = x* * 2+3* x
y.backward(gradient2)              #指定参数自动求导
print(x.grad)
```

运行结果如下：

```
tensor([[  8.,   34.,   32.],
        [159., 400., 678.]])
tensor([[ 5.0000,   0.7000,   0.0900],
        [11.0000,   1.3000, 22.5000]])
```

5.2.5　PyTorch 神经网络工具箱

在 PyTorch 中，神经网络一般通过 torch.nn 包来进行构建。神经网络是在自动梯度的基础上定义相应的模型。对于一个完整的神经网络，其核心组件主要包括层、模型、损失函数和优化器。层指的是神经网络的基本结构，主要实现输入到输出的张量转换。模型是指由层构成的网络，可以理解为整体框架。损失函数主要决定学习的目标效果，可以通过使损失函数最小化来达到最佳学习效果。优化器的作用主要是完成如何使损失函数达到最小的功能。这些核心组件相互影响，构成了完整的神经网络系统：在优化器的作用下，损失函数最小就达到了最佳学习效果；层完成了输入输出的转换并构成网络模型，网络模型在优化器和损失函数的作用下完善了功能。

一个典型的神经网络训练过程一般包括以下步骤：

①定义一个包含可训练参数的神经网络模型。

②迭代整个输入。

③通过神经网络处理输入数据。

④计算损失值。

⑤反向传播梯度到神经网络的参数。

⑥更新神经网络学习参数。

⑦输出响应的可视化结果。

1.定义神经网络

```
#导入相关库
import torch
from torch.autograd import Variable
import torch.nn.functional as F
importmatplotlib.pyplot as plt

data = 80                                          #data 是数据量大小
x = torch.unsqueeze(torch.linspace(-1, 1, data), dim=1)
y = x.pow(2) + 0.6* torch.rand(x.size())           #构造神经网络所需的 x、y 数据
x, y = Variable(x), Variable(y)                    #神经网络只能输入 Variable 类型的数据
#定义的神经网络生成的数据图, 如图 5-28 所示
```

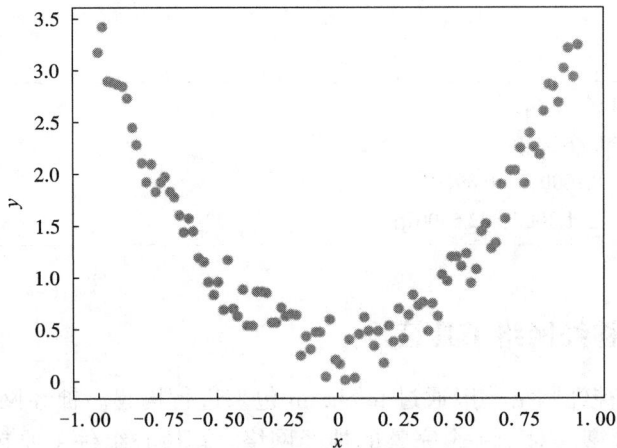

图 5-28　定义神经网络生成的数据图

```
plt.scatter(x.data.numpy(), y.data.numpy())
plt.show()
#构建神经网络模型
```

```
class Net(torch.nn.Module):
    def __init__(self, n_features, n_hidden, n_output): #构造函数
        #构造函数里面的三个参数分别为输入、中间隐含层处理以及输出层
        super(Net, self).__init__()
        self.hidden = torch.nn.Linear(n_features, n_hidden)
        self.predit = torch.nn.Linear(n_hidden, n_output)

    def forward(self, x):                  #搭建的第一个前向反馈神经网络,向前传递
        x = F.relu(self.hidden(x))
        x = self.predit(x)                 #此行可进行预测
        return x
```

上述构建的是一个简单的神经网络模型。我们可以通过打印网络代码,来查看它是否构建成功。

```
net = Net(1, 10, 1)
print(net)                              #此行用于观看是否网络搭建成功,产生效果
```

运行结果如下:

```
Net(
    (hidden): Linear(in_features=1, out_features=10, bias=True)
    (predit): Linear(in_features=10, out_features=1, bias=True)
)
```

根据以上输出,说明神经网络模型已经成功构建。

2. 迭代整个输入

这一步需要将整个输入数据进行迭代。

```
for m in range(data):
    prediction = net(x)                 #将整个数据输入进行迭代
```

3. 通过神经网络处理输入数据

这一步通过步骤 1 构建的网络模型进行输入数据的处理。

```
optimizer = torch.optim.SGD(net.parameters(), lr=0.06)    #优化器,设置学习率
```

4. 计算损失值

```
loss_func = torch.nn.MSELoss()          #使用均方差处理回归问题,定义损失函数
loss = loss_func(prediction, y)         #预测值一定要在前面,真实值要在后面
```

5.反向传播梯度到神经网络的参数

```
optimizer.zero_grad()              #将所有参数的梯度全部降为 0，梯度值保留在这个里面
loss.backward()                    #反向传递过程
```

6.更新神经网络学习参数

```
optimizer.step()    #优化梯度
```

7.输出响应的可视化结果

```
if t% 50 == 0：                    #可视化结果
plt.cla()
    plt.scatter(x.data.numpy()，y.data.numpy())
        plt.plot(x.data.numpy()，prediction.data.numpy()，' r- '，lw=5)
    plt.text(0.5，0，' Loss=%.4f' % loss.data，fontdict={' size'：20，' color'：' red' })
    plt.pause(0.1)
    print("训练次数和残差为："，t，loss)
```

最后几个批次残差结果显示：

```
训练次数和残差为：4750 tensor(0.0346，grad_fn=<MseLossBackward>)
训练次数和残差为：4800 tensor(0.0344，grad_fn=<MseLossBackward>)
训练次数和残差为：4850 tensor(0.0343，grad_fn=<MseLossBackward>)
训练次数和残差为：4900 tensor(0.0341，grad_fn=<MseLossBackward>)
训练次数和残差为：4950 tensor(0.0339，grad_fn=<MseLossBackward>)
```

图 5-29 为神经网络训练学习结果。

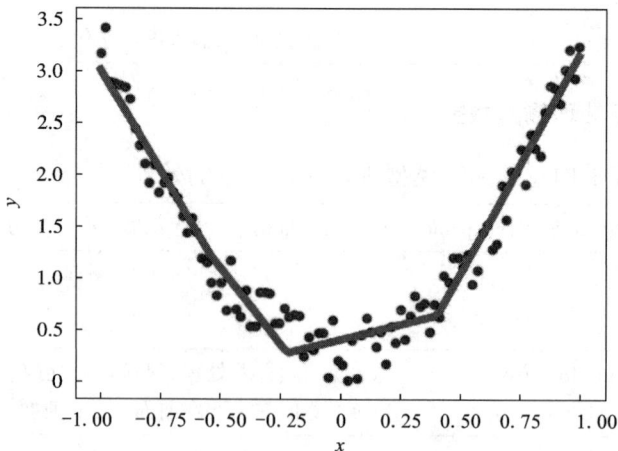

图 5-29　神经网络训练学习结果

　　我们再来看一个稍微复杂一点的神经网络完整模型。此模型用于手写识别，主要借助神经网络工具箱来实现神经网络的构建，源数据集为 MNIST。下面是完整的实验代码。

```
import numpy as np
import torch
#导入 pytorch 内置的 mnist 数据
fromtorchvision.datasets import mnist
#导入预处理模块
importtorchvision.transforms as transforms
from torch.utils.data import DataLoader
#导入 nn 及优化器
import torch.nn.functional as F
import torch.optim as optim
from torch import nn

#定义一些超参数
train_batch_size = 256
test_batch_size = 128
learning_rate = 0.28
num_epoches = 15
lr = 0.28
momentum = 0.45

#定义预处理函数，这些预处理依次放在 Compose 函数中
transform = transforms.Compose([transforms.ToTensor(), transforms.Normalize([0.5], [0.5])])
#下载数据，并对数据进行预处理
train_dataset = mnist.MNIST(' ./data' , train=True, transform=transform, download=True)
test_dataset = mnist.MNIST(' ./data' , train=False, transform=transform)
#DataLoader 是一个可迭代对象，可以使用迭代器一样使用

train_loader = DataLoader(train_dataset, batch_size=train_batch_size, shuffle=True)
test_loader = DataLoader(test_dataset, batch_size=test_batch_size, shuffle=False)

importmatplotlib.pyplot as plt

examples = enumerate(test_loader)
batch_idx, (example_data, example_targets) = next(examples)

fig = plt.figure()
for i in range(9)：
```

```
            plt.subplot(3，3，i + 1)
            plt.tight_layout()
            plt.imshow(example_data[i][0], cmap=' gray' , interpolation=' none' )
            plt.title("Ground Truth：{}".format(example_targets[i]))
            plt.xticks([])
            plt.yticks([])
    plt.show()                          #如果放在 for 循环里，只能一张一张逐步显示

    class Net(nn.Module)：
    """
    使用 Sequential 构建网络，Sequential()函数的功能是将网络的层组合到一起
    """

        def __init__(self, in_dim, n_hidden_1, n_hidden_2, n_hidden_3, n_hidden_4,   n_hidden_5, n_
    hidden_6, n_hidden_7, n_hidden_8, out_dim)：
            super(Net，self).__init__()
            self.layer1 = nn.Sequential(nn.Linear(in_dim, n_hidden_1), nn.BatchNorm1d(n_hidden_1))
            self.layer2 = nn.Sequential(nn.Linear(n_hidden_1, n_hidden_2), nn.BatchNorm1d(n_hidden_2))
            self.layer3 = nn.Sequential(nn.Linear(n_hidden_2, n_hidden_3), nn.BatchNorm1d(n_hidden_3))
            self.layer4 = nn.Sequential(nn.Linear(n_hidden_3, n_hidden_4), nn.BatchNorm1d(n_hidden_4))
            self.layer5 = nn.Sequential(nn.Linear(n_hidden_4, n_hidden_5), nn.BatchNorm1d(n_hidden_5))
            self.layer6 = nn.Sequential(nn.Linear(n_hidden_5, n_hidden_6), nn.BatchNorm1d(n_hidden_6))
            self.layer7 = nn.Sequential(nn.Linear(n_hidden_6, n_hidden_7), nn.BatchNorm1d(n_hidden_7))
            self.layer8 = nn.Sequential(nn.Linear(n_hidden_7, n_hidden_8), nn.BatchNorm1d(n_hidden_8))
            self.layer9 = nn.Sequential(nn.Linear(n_hidden_8, out_dim))

        def forward(self, x)：
            x = F.relu(self.layer1(x))
            x = F.relu(self.layer2(x))
            x = F.relu(self.layer3(x))
            x = F.relu(self.layer4(x))
            x = self.layer5(x)
            return x
    #检测是否有可用的 GPU，有则使用，否则使用 CPU
    device = torch.device("CUDA：0" if torch.CUDA.is_available() else "cpu")
    #实例化网络
    model = Net(28 *  28, 300, 100, 300, 500,   300, 100, 300, 500, 10)
    model.to(device)

    #定义损失函数和优化器
    criterion = nn.CrossEntropyLoss()
```

```
optimizer =optim.SGD(model.parameters()，lr=lr，momentum=momentum)

#开始训练
losses = []
acces = []
eval_losses = []
eval_acces = []

for epoch in range(num_epoches)：
    train_loss = 0
    train_acc = 0
    model.train()
    #动态修改参数学习率
    if epoch % 5 == 0：
        optimizer.param_groups[0]['lr'] * = 0.1
    forimg，label in train_loader：
img = img.to(device)
        label = label.to(device)
img = img.view(img.size(0)，-1)
        #前向传播
        out = model(img)
        loss = criterion(out，label)
        #反向传播
        optimizer.zero_grad()
        loss.backward()
        optimizer.step()
        #记录误差
        train_loss += loss.item()
        #计算分类的准确率
        _，pred = out.max(1)
        num_correct = (pred == label).sum().item()
        acc = num_correct /img.shape[0]
        train_acc += acc

    losses.append(train_loss / len(train_loader))
acces.append(train_acc / len(train_loader))
    #在测试集上检验效果
    eval_loss = 0
    eval_acc = 0
    #将模型改为预测模式
    model.eval()
```

```
        forimg, label in test_loader：
img = img.to(device)
            label = label.to(device)
img = img.view(img.size(0), - 1)
            out = model(img)
            loss = criterion(out, label)
            #记录误差
            eval_loss += loss.item()
            #记录准确率
            _, pred = out.max(1)
            num_correct = (pred == label).sum().item()
            acc = num_correct /img.shape[0]
            eval_acc += acc

    eval_losses.append(eval_loss / len(test_loader))
    eval_acces.append(eval_acc / len(test_loader))
    print(' epoch：{}, Train Loss：{：.4f}, Train Acc：{：.4f}, Test Loss：{：.4f}, Test Acc：{：.4f}'
        .format(epoch, train_loss / len(train_loader), train_acc / len(train_loader),
                eval_loss / len(test_loader), eval_acc / len(test_loader)))

plt.title(' train loss' )
plt.plot(np.arange(len(losses)), losses)
plt.legend([' Train Loss' ], loc=' upper right' )
plt.show()
```

运行结果：

训练数据集展示如图 5-30 所示。

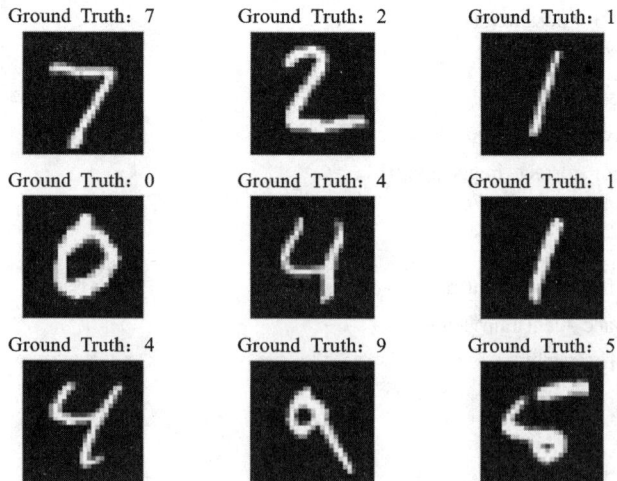

图5-30　神经网络训练源数据展示

第 10~14 次训练结果。

```
epoch：10，train loss：0.0296，train acc：0.9982，test loss：0.0853，test acc：0.9807
epoch：11，train loss：0.0297，train acc：0.9982，test loss：0.0850，test acc：0.9815
epoch：12，train loss：0.0293，train acc：0.9982，test loss：0.0853，test acc：0.9808
epoch：13，train loss：0.0300，train acc：0.9980，test loss：0.0842，test acc：0.9813
epoch：14，train loss：0.0302，train acc：0.9981，test loss：0.0840，test acc：0.9812
```

可视化输出残差如图 5-31 所示。

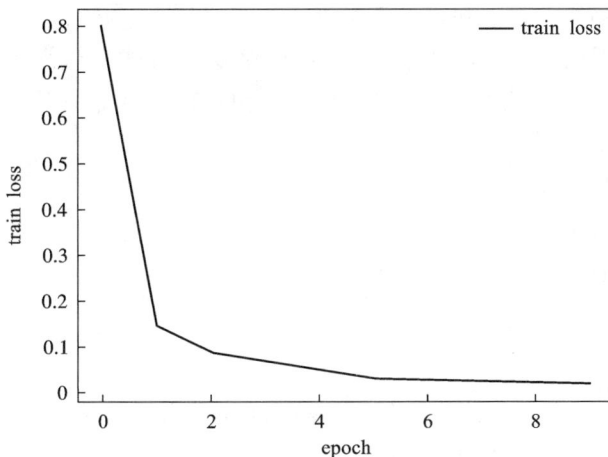

图 5-31　神经网络训练残差图

从训练结果可以看出，此模型测试准确率约为 98%，训练效果比较满意。如果要提升准确率可以考虑引入卷积神经网络进行模型训练。

5.3　Keras

Keras 神经网络框架是一个深度学习的高级神经网络 API。Keras 能够在 TensorFlow、Theano 之上运行。它的重要意义是实现快速实验。Keras 可以理解为 TensorFlow 更高级别的封装。

Keras 安装非常简单，使用 cmd 窗口调用"conda install keras"即可。这种情况下一般安装目前最新的版本，如果需要指定版本则需要调用类似"conda install keras ＝＝ 2.1.1"或"conda install keras-GPU"的指令。

Keras 的开发主要由谷歌支持，Keras API 以 tf.keras 的形式包装在 TensorFlow 中。此外，微软维护着 Keras 的 CNTK 后端，亚马逊 AWS 正在开发 MXNet 支持。其他提供支持的公司包括 NVIDIA、优步、苹果(通过 Core ML)等。

Keras 的优势：

①用户友好。Keras 是为人类而不是为机器设计的 API，非常人性化。它把用户体验放

在最重要的位置。Keras 遵循减少认知困难的最佳实践：它提供一致且简单的 API，将常见用例所需的用户操作数量降至最低，并针对用户错误提供清晰和可操作的反馈。

②模块化。模型被理解为由独立的、完全可配置的模块构成的序列或图。这些模块可以以尽可能少的限制组装在一起。特别是神经网络层、损失函数、优化器、初始化方法、激活函数、正则化方法，它们都可以结合起来构建新模型的模块。

③易扩展性。新的模块是很容易添加的(作为新的类和函数)，现有的模块已经提供了充足的示例。由于能够轻松地创建可以提高表现力的新模块，Keras 更加适合高级研究。

④基于 Python 实现。Keras 没有特定格式的单独配置文件，模型定义在 Python 代码中，这些代码紧凑，易于调试，并且易于扩展。

Keras 的核心数据结构是 model，一种组织网络层的方式。最简单的模型是 Sequential 顺序模型，它由多个网络层线性堆叠。对于更复杂的结构，可以使用 Keras 函数式 API，它允许构建任意的神经网络图。

Sequential 模型如下所示：

```
fromkeras.models import Sequential
model = Sequential()
```

可以简单地使用.add( )来堆叠模型：

```
fromkeras.layers import Dense
model.add(Dense(units=64, activation=' relu' , input_dim=100))
model.add(Dense(units=10, activation=' softmax' ))
```

在完成了模型的构建后，可以使用.compile( )来配置学习过程：

```
model.compile(loss=' categorical_crossentropy' , optimizer=' sgd' , metrics=[' accuracy' ])
```

如果需要，还可以进一步配置优化器。Keras 的核心原则是使事情变得相当简单，同时又允许用户在需要的时候能够进行完全的控制(终极的控制是源代码的易扩展性)。

```
model.compile(loss = keras.losses.categorical_crossentropy, optimizer = keras.optimizers.SGD(lr = 0.01,
momentum=0.9, nesterov=True))
```

基于以上设置，我们就可以批量地在训练数据上进行迭代了：

```
# x_train 和 y_train 是 NumPy 数组 -- 就像在 Scikit- Learn API 中一样
model.fit(x_train, y_train, epochs=5, batch_size=32)
```

或者，我们可以手动地将批量的数据提供给模型：

```
model.train_on_batch(x_batch, y_batch)
```

只需一行代码就能评估模型性能：

```
loss_and_metrics = model.evaluate(x_test, y_test, batch_size=128)
```

或者对新的数据生成预测：

```
classes = model.predict(x_test, batch_size=128)
```

下面我们来看两个简单的例子。

基于多层感知器的二分类。

```
import numpy as np
fromkeras.models import Sequential
fromkeras.layers import Dense, Dropout

#生成虚拟数据
x_train = np.random.random((1000, 20))
y_train = np.random.randint(2, size=(1000, 1))
x_test = np.random.random((100, 20))
y_test = np.random.randint(2, size=(100, 1))

model = Sequential()
model.add(Dense(64, input_dim=20, activation='relu'))
model.add(Dropout(0.5))
model.add(Dense(64, activation='relu'))
model.add(Dropout(0.5))
model.add(Dense(1, activation='sigmoid'))

model.compile(loss='binary_crossentropy',
              optimizer='rmsprop',
              metrics=['accuracy'])

model.fit(x_train, y_train,
          epochs=20,
          batch_size=128)
score = model.evaluate(x_test, y_test, batch_size=128)
```

类似 VGG 的卷积神经网络。

```
import numpy as np
importkeras
fromkeras.models import Sequential
fromkeras.layers import Dense, Dropout, Flatten
fromkeras.layers import Conv2D, MaxPooling2D
fromkeras.optimizers import SGD

#生成虚拟数据
x_train = np.random.random((100, 100, 100, 3))
y_train =keras.utils.to_categorical(np.random.randint(10, size=(100, 1)), num_classes=10)
x_test = np.random.random((20, 100, 100, 3))
y_test =keras.utils.to_categorical(np.random.randint(10, size=(20, 1)), num_classes=10)
```

```
model = Sequential()
#输入：3 通道 100×100 像素图像 → (100，100，3) 张量
#使用 32 个大小为 3×3 的卷积滤波器。
model.add(Conv2D(32, (3，3), activation='relu', input_shape=(100，100，3)))
model.add(Conv2D(32, (3，3), activation='relu'))
model.add(MaxPooling2D(pool_size=(2，2)))
model.add(Dropout(0.25))

model.add(Conv2D(64, (3，3), activation='relu'))
model.add(Conv2D(64, (3，3), activation='relu'))
model.add(MaxPooling2D(pool_size=(2，2)))
model.add(Dropout(0.25))

model.add(Flatten())
model.add(Dense(256, activation='relu'))
model.add(Dropout(0.5))
model.add(Dense(10, activation='softmax'))

sgd = SGD(lr=0.01, decay=1e-6, momentum=0.9, nesterov=True)
model.compile(loss='categorical_crossentropy', optimizer=sgd)

model.fit(x_train, y_train, batch_size=32, epochs=10)
score = model.evaluate(x_test, y_test, batch_size=32)
```

正如前文所说，Keras 是为人类设计的 API，而非为机器设计的。Keras 遵循减少认知困难的最佳实践：它提供一致且简单的 API，将常见用例所需的用户操作数量降至最低，并且在用户出现错误时提供清晰和可操作的反馈。这使 Keras 易于学习和使用。作为 Keras 用户，你的工作效率更高，能够比竞争对手更快地尝试更多创意。这种易用性并不以降低灵活性为代价：因为 Keras 与底层深度学习语言（特别是 TensorFlow）集成在一起，所以它可以让你实现任何你可以用基础语言编写的东西。特别是 tf.keras 作为 Keras API 可以与 TensorFlow 工作流无缝集成。

5.4　总结

本章主要介绍大数据相关框架的搭建以及资源包的安装。在 5.1 节着重介绍了 TensorFlow 的安装及 TensorFlow 的组件与常用函数等基本知识。在 5.2 节主要介绍了 PyTorch 的 CPU 版本和 GPU 版本的安装与配置以及 PyTorch 基础知识和 PyTorch 神经网络工具箱。5.3 节主要介绍了 Keras，Keras 神经网络框架是一个深度学习的高级神经网络 API，它能够在 TensorFlow、Theano 之上运行，具备很强的优势。

扩展阅读

第5章扩展阅读

课后习题

1. 简述 TensorFlow 的特点。

2. 动手搭建一个 TensorFlow 框架。

3. 什么是池化？什么是最大池化？

4. 安装 PyTorch。

5. 简述 PyTorch 自动求导。

6. 简述 Keras 的特点。

7. 使用 Keras 构造一个神经网络。

8. 简述 TensorFlow 和 Keras 的关系。

课后习题参考答案

第5章搭建框架

第6章

应用案例

通过前 5 章对于大数据基础知识的介绍，读者可初步掌握大数据技术的理论及大数据工具的使用方法。本章主要包含三部分内容，分别是医疗大数据、天文大数据以及金融大数据的发展与前景，通过实际案例，详细地讨论了大数据技术在实际生活中的应用。本章从三大领域，结合大数据技术从理论到实践，并提供了丰富的扩展阅读资源，以便使更多的读者能够接受和领悟。

本章主要目的是将前几章的理论思想落地，通过介绍如何使用大数据技术去解决实际应用问题，加深读者对知识的理解。本章所讨论的内容对前面几个章节知识的理解非常重要，同时也是提升实操能力的重要支撑。

6.1 医疗大数据

本节将对大数据背景下的医疗领域发展情况进行综述，在 6.1.1 节中将概述目前大数据技术在智慧医疗领域的研究现状；在 6.1.2 节中提出现阶段医疗大数据面临的问题及挑战；在 6.1.3 节中对现有的医疗大数据理论与技术进行分析总结；最后在 6.1.4 节中提供可供读者实施的医疗大数据应用案例。通过本节的学习，读者能够了解大数据技术与医疗的交叉学科的独特魅力，并更深入地理解前 5 章介绍的概念。

6.1.1 医疗大数据概述

从大规模研究队列的快速识别和建立，到人工智能辅助的临床决策支持系统，大数据正在改变着医学研究与实践。本节将对医疗大数据的应用场景进行介绍，并分析医疗中的数据来源及特征，对大数据技术对医疗领域的意义进行总结。

根据大数据技术是否应用于临床医疗分为两类，即医疗卫生统计信息化建设、临床医疗支持及精准医学建设。目前，科研人员在这两方面开展了前沿学术研究，致力于用数据技术造福人类。下面将举例对以上两个方面进行介绍。

1. 医疗卫生统计信息化建设

大数据背景下开展医疗卫生信息统计工作，需要借助计算机系统将两者融合起来，实现数据的统一分析、整合、统计工作。传统的数据处理方法早已不能满足现代的医疗卫生数据的统计需求，急需借助大数据，通过其海量的存储空间等优势进行数据处理，使得卫生数据处理可以满足不断增长的需求，为大数据背景下医疗卫生信息统计工作提供便捷，也成为目前医疗卫生信息处理的重要方式。大数据技术已广泛应用于医疗管理、药品开发以及医保基金监管等领域，例如，在医疗行业监管过程中所应用的智能医疗、医保基金监管中所应用的智能医疗、医疗科研与药品研发中所应用的智能医疗、医疗服务优化中所应用的智能医疗以及在医院内部管理中所应用的智能医疗。

在医疗管理方面，我国已建立了多个针对医疗服务供方和需方的预警模型，对医保欺诈行为进行了较为准确的检出与预测；在医疗行业监管方面，通过建立以电子病历系统为核心的医院信息化系统实现智能化的医院管理，既可节省人力成本，提高服务效率，也可便利民众就医。

2. 临床医疗支持及精准医学建设

临床医疗支持及精准医学为复杂疾病的防控和治疗提供了新思路，通过个人基因组和其他生物大数据的挖掘，为病人提供个体化的风险预测、诊断和治疗方案，从而优化医疗资源的配置。发展精准医学，科学有效的配置医疗资源，是医疗卫生事业发展的迫切需求，在临床的各个阶段发挥着不同作用。

在院前管理方面，智能健康管理系统可借助智能穿戴设备和监测反馈系统主动采集服务人群的个人健康信息，并实时向医疗端和家属端反馈。在院内诊疗方面，医学影像系统可以更快、更准确地识别病灶和癌变组织，被广泛应用于癌症早筛、内镜检查和病理学检查。智能诊断系统，又称为"辅助诊断系统"，是依靠学习典型病例的方式获得模拟医生医疗思维能力的一种智能医疗系统，能够在一定程度上缓解专家数量不足和基层医生诊疗水平总体偏低的困境。智能治疗系统主要是指手术治疗系统，又被称为是"手术机器人"，相较于前两类系统其侵入性更强。手术机器人具有三维透视功能，其精准的操作能够达到医生不能达到的效果。在院后康复方面，智能随访系统主要通过智能信息采集、反馈，以实现病人与主管医生的实时交互，以便为患者提供实时的个性化康复理疗方案，且能有效保证及时实施。

早期，大部分医疗相关数据以纸张化的形式存在，而非电子数据化存储，比如官方的医药记录、收费记录、护士医生手写的病例记录、处方药记录、磁共振成像（MRI）记录、CT影像记录等。随着强大的数据存储、计算平台及移动互联网的发展，现在的趋势是医疗数据的大量爆发及快速的电子数字化。以上提到的医疗数据都在不同程度上向数字化转化。移动互联网、大数据、云计算等多领域技术与医疗领域跨界融合，新兴技术与新服务模式快速渗透到医疗各个环节，并让人们的就医方式出现重大变化，也为中国医疗带来了新的发展机遇。

随着医疗卫生信息化建设进程的不断加快，医疗数据的类型和规模也在以前所未有的速度迅猛增长，甚至出现了很多主流软件，能够在合理的时间内达到撷取、管理并整合成为能够帮助医院进行更好的经营决策的有用信息的目的。医疗数据主要的数据来源如图 6-1 所示。

①患者就医过程中产生的信息：如挂号阶段的个人姓名、年龄、住址、电话，面诊阶段

图 6-1　医疗大数据来源

的身体状况、医疗影像，缴费阶段的费用信息、报销信息、医保使用情况等信息。

②临床医疗研究和实验室数据：主要是实验中产生的数据，也包含患者相关的数据。临床和实验室数据整合在一起，使得医疗机构面临的数据增长非常快，一张普通 CT 图像含有大约 150 MB 的数据，一个标准的病理图则接近 5 GB。如果将这些数据量乘以人口数量和平均寿命，仅一个社区医院累积的数据量就可达数万亿字节甚至数千万亿字节(PB)。

③制药企业和生命科学的数据：药物研发所产生的数据是相当密集的，对于中小型的企业也在百亿字节(TB)以上。在生命科学领域，随着计算能力和基因测序能力逐步增加，美国哈佛医学院个人基因组项目负责人詹森·鲍比认为，到 2015 年，将会有 5000 万人拥有个人基因图谱，而一个基因组序列文件大小约为 750 MB。

④可穿戴设备所产生的数据：主要通过各种穿戴设备(手环、起搏器、眼镜等)收集人体的各种体征数据。随着移动设备和移动互联网的飞速发展，便携式可穿戴医疗设备正在普及，个体健康信息都将可以直接连入互联网，由此将实现对个人健康数据随时随地的采集，带来的数据信息量将更是不可估量的。

医疗数据具备一般的数据特性：规模大、结构多样、增长快速、价值巨大。同时其作为医疗领域产生的数据也同样具备医疗特性：多态性、不完整性、冗余性、时间性、隐私性。

● 多态性：医疗数据包含有像化验产生的纯数据，也会有像体检产生的图像数据如心电图等信号图谱，医生对患者的症状描述以及跟进自己经验或者数据结果做出的判断等文字描述，另外还有像心跳声、哭声、咳嗽声等类似的声音资料，同时现代医院的数据中还有各种动画数据(像胎动的影像等)。

- 不完整性：各种原因导致很多医学数据是不完整的，如医生的主观判断以及文字描述的不完整、患者治疗中断导致的数据不完整、患者描述不清导致的数据不完整等。
- 冗余性：医疗数据量巨大，每天会产生大量多余的数据，这给数据分析的筛选带来困难。
- 时间性：大多医疗数据都是具有时间性、持续性的，像心电图、胎动思维图均属于时间维度内的数据变化图谱。
- 隐私性：隐私性也是医疗数据的一个重要特性，同时也是现在大部分医疗数据不愿对外开放的一个原因，很多医院的临床数据系统都是相对独立的局域网络，甚至不会对外联网。

通过对医疗数据的分析，人类不但能够预测流行疾病的暴发趋势、避免感染、降低医疗成本等，还能让患者享受到更加便利的服务。大数据在带来巨大技术挑战的同时，也带来了巨大的技术创新和商业机遇。大数据分析能挖掘医疗行业的巨大商业价值，实现医疗行业的各种增值服务，进一步提升医疗行业的经济效益和社会效益。

6.1.2 医疗大数据目标及挑战

目前，全球医疗健康数据已有数百 EB，并在加速增长。这些宝贵的医疗数据资源对疾病的预测管理和控制、医疗研究以及医疗信息化问题的研究都有着非常宝贵的价值。医疗大数据的主要目标总结如下。

1. 通过充分应用医疗大数据技术大规模减少医疗开支

①比较效果研究：将患者的个人特征信息、疾病相关数据和治疗效果数据进行全面比对分析，进而对多种治疗措施进行深入比较，最终确定适用于特定患者的最佳治疗方案。
②临床决策支持系统：以数据驱动的临床决策支持系统利用大数据分析技术使得自身更加智能，可以提高医疗工作者工作效率和医疗服务的质量。
③医疗大数据可视化提升了医疗数据及过程的透明度，其一，可以促进医疗业务流程的优化，降低医疗成本的同时提升医疗服务的质量；其二，医疗工作者和患者之间在医疗行为上更为透明，有效缓解了医疗矛盾并减少了医疗纠纷的发生。
④慢性病患者远程实时监控：通过各类可穿戴式健康设备对慢性病患者进行远程监控并记录相关数据，通过对大数据的收集及分析可以帮助医疗工作者制定针对该患者的治疗措施。
⑤对病人档案的先进分析：对病人档案方面的大数据分析可以预测病人对各类疾病的易感情况。

2. 对医疗支付方来说，通过大数据分析可以更好地对医疗服务进行定价

①自动化系统：通过大数据检测医疗索赔案件中的欺诈行为。
②基于卫生经济学和疗效研究的定价计划。

3. 医疗产品公司可以利用大数据提高研发效率

①预测建模，在新药物的研发阶段，可以通过数据建模和分析，确定最有效率的投入产出比，从而配备最佳资源组合，降低医药产品公司的研发成本并更快地得到回报。

②提高临床试验设计质量的统计工具和算法。

③临床药物实验数据分析，通过对临床实验数据和患者就诊记录以及疗效数据进行大数据分析可以发现药物隐含的适应证及相关副作用。

④个性化治疗：将临床业务大数据和基因大数据进行融合分析，发掘适用于患者的个性化治疗手段，这将使治疗过程更加具有针对性，有助于降低治疗费用和周期以及提升治疗效果，真正实现以"患者为中心"的理念。

⑤疾病模式分析：如流感、埃博拉病毒等大规模传染病的疾病模式分析，包括传染模式、发病周期、病毒基因序列等相关大数据分析，可以帮助国家和药物研发机构快速制定研发战略，配备研发资源。

4. 大数据分析为医疗服务行业带来新的商业模式

普通人在诸如推特、微博等互联网社交平台上一些包含医疗信息的日常记录，以及在谷歌、百度等搜索引擎对一些疾病、家庭药物用品的搜索记录，都可以用来进行大数据分析以及相关疾病的预防。此外还有一些专门的健康相关网络平台，利用大数据技术，患者及医生可以方便地找到与之有关的患者、治疗方案等信息。

5. 大数据应用帮助改善对公众健康的监控

公共卫生部门可以通过覆盖全国的医疗数据中心，对传染病、大规模伤亡事件等进行全面监测，并通过集成疾病监测和响应程序，快速进行响应。

大数据技术为医疗领域带来重大变革，然而当前医疗大数据的发展仍面临重重阻碍，具体问题列举如下。

（1）医疗数据共享程度低、质量差

大数据技术能否在临床上得到广泛应用，关键在于大数据的基础设施建设，没有庞大的医疗健康大数据基建投入，难以实现智能医疗的广泛应用和长远发展。目前，全国绝大多数医疗机构没有运行电子病历系统，在一些偏远地区连电脑也没有配置。与此同时，各个医疗机构之间信息不能互通有无，区域的医疗大数据中心、全国的大数据中心尚未建立，无力形成医疗数据传输的互联、互通与共享。整体上，我国的医疗健康大数据存在分散化、低质化的特征，难以满足快速发展的智能医疗产业，现阶段运行于部分地区或机构的智能医疗系统很难进行广泛推广。

（2）大数据医疗面临的法律问题

大数据医疗在临床应用中可能引发三个方面的法律责任：其一是因其本身缺陷导致的产品侵权责任，或者在刑事上构成生产、销售不符合标准的医用器材罪；其二是医务人员与智能医疗共同造成医疗事故，可能构成医疗损害赔偿责任、医疗事故行政责任，情节严重的还可能构成医疗事故罪；其三是智能医疗系统在采集、存储、传输数据时导致个人信息和个人隐私泄露，可能侵犯个人隐私权、个人信息权利或构成侵犯公民个人信息罪。

（3）大数据医疗面临的技术问题

医疗信息化一直在推动着医疗服务和临床研究的不断改善，但过程中所生产的医疗数据仍然存在一些固有的特点和复杂性，因此很难被二次利用。另外，随着这些医疗数据集不断变大，处理的难度也一直在加大，常规的数据分析手段越来越力不从心。

随着云计算的推动，医疗信息化势必空前发展，医疗大数据时代必然到来。当然云计算在催生大数据产生的同时，也是分析和利用大数据的最有效手段。医疗大数据理论的提出为大数据技术在医疗领域的应用提供了新思想，医疗大数据技术的发展为解决医疗领域的问题提供了新手段。

6.1.3　医疗大数据理论及技术

医疗大数据特指在医疗领域内产生的大数据，临床医疗是其数据来源的一个方面。在临床医疗领域，由于医疗记录的多样性和医疗信息系统的异构性，同时随着医学信息系统在全世界各地医院大规模的应用，医疗数据的容量近年来正在不断地膨胀。这些宝贵的医疗数据资源对疾病的预测管理和控制、医疗研究以及医疗信息化问题的研究都有着非常宝贵的价值。

从医疗大数据自身特征及产生领域来看，医疗大数据的来源广泛，数据类型和处理方法千差万别，但基本处理流程都是一致的。按照大数据处理的实际需要和一般过程可将大数据领域里的技术分为大数据采集、存储、处理和呈现等相关技术。对于传统医疗数据而言，一般数据来源单一，数据集规模较小，因而不需要太大的存储介质和太强的计算处理能力，往往采用现有关系型数据库技术或者并行数据仓库等技术即可存储、处理和利用。与之相比，大数据环境下数据来源异常广泛且数据的类型更加多样，需要收集、存储和处理分析的数据体量庞大，对数据的应用及展现能力要求很高，并且十分注重数据处理的时效性及可用性。

构建医疗大数据处理系统主要有以下四个阶段，其中包含的相关医疗大数据技术介绍如图 6-2 所示。

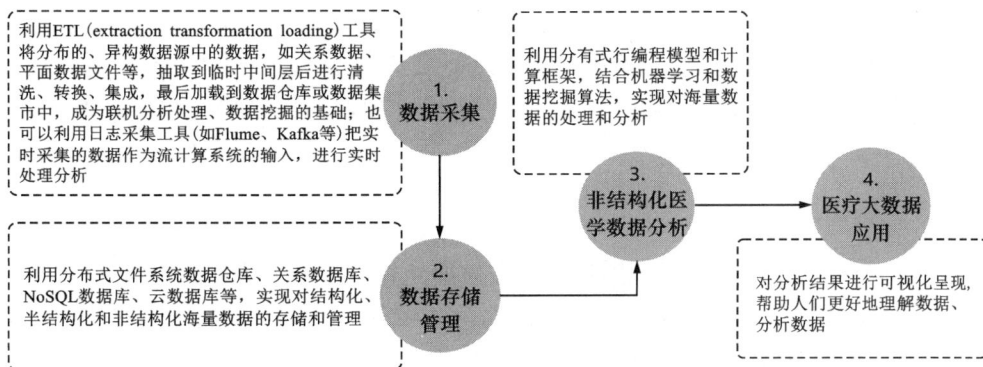

图 6-2　医疗大数据不同阶段及其功能

1. 数据采集

大数据采集是指通过各种方式获得数量庞大、类型众多的结构化、半结构化及非结构化的数据，是大数据处理流程中最基础的一步。在数据的实时性和可靠性的要求下，需要实现以分布式平台为基础的高速高可靠数据的抓取或采集（extract）数据全映像的大数据采集技术，实现高速数据解析、转换（transform）与装载（load）的大数据整合技术，以及实现数据一致性与安全性保证的大数据安全技术。

2. 数据存储管理

大数据存储与管理要同时解决大数据在物理层面和逻辑层面的存储和管理问题。在物理层面上，需要构建可靠的分布式文件系统，例如 HDFS，提供高可用的、高容错的、弹性可配置的、高效低成本的大数据存储技术。在逻辑层面上，需要研究大数据建模技术，提供分布式的非关系型大数据管理与处理能力，异构数据的数据融合和数据组织能力。

3. 非结构化医学数据分析

大数据分析是整个大数据处理流程中最核心的组成部分，旨在通过大数据分析过程发掘数据的价值所在。面对大数据分析的要求，传统的数据处理分析方法已经不能满足大数据环境下数据分析的需求。大数据分析应遵循三个原则：是全体数据，非随机数据；是混杂性，非精确性；是相关关系，非因果关系。这些原则是大数据分析区别于传统数据处理的需求、方向和技术要求。在海量数据的背景下，单纯地依靠单服务器的计算能力，已经不能满足大数据处理时效性的要求，可以通过 MapReduce 等并行处理技术来提高数据的处理速度，并使系统具备可扩展性和高可用性等优势。

电子化的医疗数据方便了存储和传输，但是并未达到进行数据分析的要求。大约 80% 的医疗数据是自由文本构成的非结构化数据，其中不仅包括大段的文字描述，也包括非统一文字的表格字段。通过医学自然语言理解技术，将非结构化医疗数据转化为适合计算机分析的结构化形式是医疗大数据分析的基础。深度医学语言理解技术不仅可以识别各种医学概念在自然语言中的丰富表达，还通过医学语义分析识别否定、推测、假设、条件、个人病史、家庭病史等语义，以及严重程度、解剖位置等各种修饰。语义分析结果可以方便各种维度、深度的数据分析，结合语义搜索技术进行病历的精准查询和匹配。例如目前尚在推广的电子病历分析正是该技术的体现。图 6-3 所示为通过医学语言理解技术结构化自由文本。

4. 医疗大数据应用

将大数据分析结果解释与呈现给用户是大数据处理过程的最终目的。传统的数据显示方式不能满足大数据分析结果复杂性和数据量大的要求，因此大数据可视化技术被引入，用以更加有力直观地解释大数据分析结果。

在大数据相关技术得以发展的今天，研究人员有机会并有能力利用医疗大数据这笔财富。医疗大数据技术的发展揭示了医疗大数据背后的集体智慧，给医疗信息系统用户提供

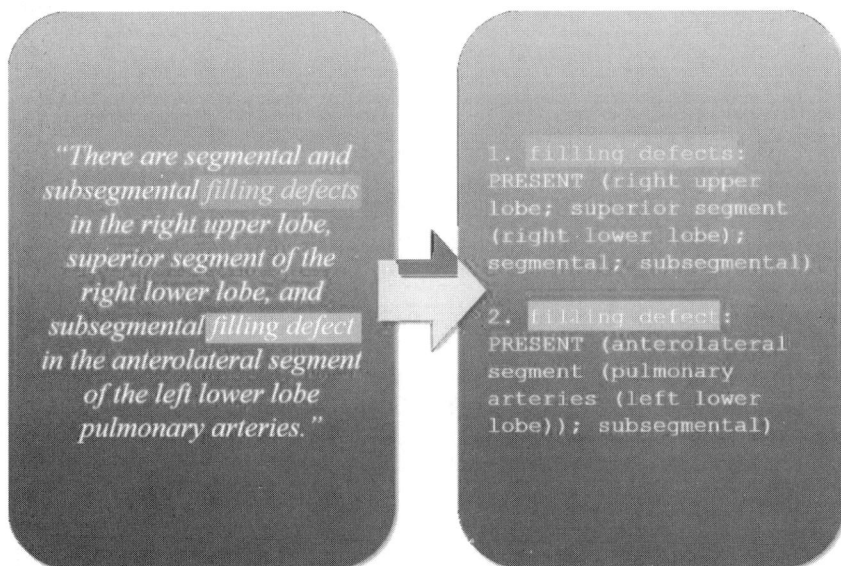

图 6-3　通过医学语言理解技术结构化自由文本

相对可靠的个性化推荐，以提高日常工作的效率。

6.1.4　应用实例

通过学习大数据技术的基本知识、编程语言 Python 及深度学习框架，本节结合医疗领域的应用背景，为读者提供医疗大数据的应用案例。本案例主要涉及医学数据处理与临床疾病诊断，涵盖深度学习框架、Linux 等系统及软件的使用方法。本案例适合高校大数据教学，可以作为学习大数据课程后的综合实践案例。通过本案例，有助于读者综合运用大数据课程知识和各种工具软件，实现医疗大数据的应用实例。

案例 1　基于卷积神经网络的 CT 图像肺癌检测

当前我国肺部疾病尤其是肺癌的发病率和死亡率在所有癌症中排名第一，因此对于肺癌的早期防治以及确诊之后的及时治疗变得尤为重要。计算机辅助诊断已在一些医学领域取得媲美人类专家的诊断水平，但在肺部疾病的诊断中还存在准确率较低、治疗不够精确等临床问题。该领域也是目前医疗大数据技术的研究热点。

本案例主要采用 Python 作为编程语言，构建 3D 卷积神经网络创建肺结节探测器，预测患者患癌的可能性，具有一定的参考价值。模型训练数据自来源于美国国家癌症研究所提供的高分辨率的肺部 CT 图像[①]。实验环境规定如下：在 64 位的 Windows10 系统下，结合 TensorFlow 0.12.0 和 Keras 库实现该网络模型。

采用的数据集是由公开数据集 LIDC-IDRI 转化而来的，医生为 800 多个病人的 CT 图

---

① https://wiki.cancerimagingarchive.net/display/Public/LIDC-IDRI

像标记了 1000 多个肺结节。因此，可以从整张 CT 图像中的标记周围裁剪出小型 3D 图像，将这些小型 3D 图像与结节标记直接对应，从而利用神经网络学习这些特征，训练出一个神经网络来检测肺结节，并评估结节的恶性程度，预测患者患癌的可能性。其中，预测时神经网络通过滑动窗口的方式来遍历整张 CT 图像，分别判断每个滑动窗口所包含的区域是否含有恶性信息的可能性。整体实验框架如 6-4 图所示。

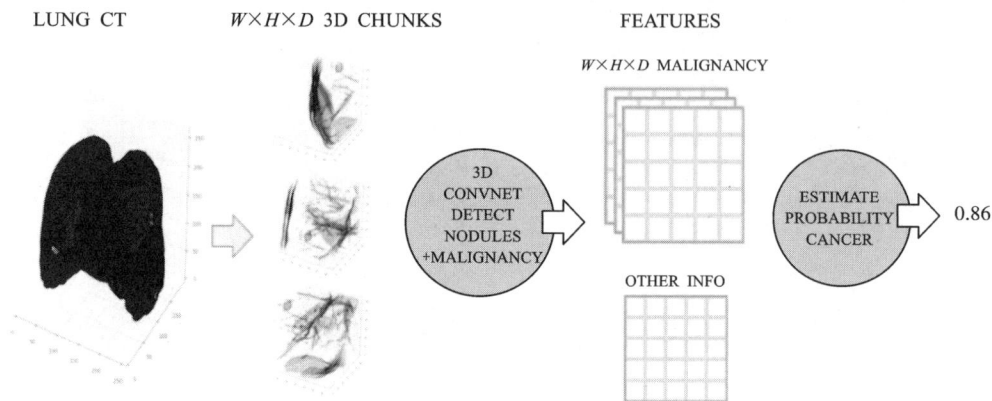

图 6-4　实验框架

1. 数据预处理和构建训练集

（1）数据预处理

在预处理过程中，首先对 CT 图像进行缩放，保证图像中的每个像素点只表示 1 mm³的体积；然后将 CT 图像的像素强度转换为 HU 值，并最大化 HU 值后进行归一化处理；最后，确保所有 CT 图像都具有相同的方向。

（2）构建训练集

构建 U-Net 网络分割肺部区域。观察 CT 图像，可利用肺组织的边缘构建相应的框架找到肺结节。在分割掩膜边缘进行采样标注，从而分割得到肺部组织（表 6-1）。

表 6-1　带有标记的不同数据集

Description	Quantity	Weight	Model
Positive doctor labels from LIDC	5000	5	1&2
Candidates（v2）from LUNA16	400000	1	1&2
Non-lung tissue edge random samples	150000	1	1&2
LUNA16 False positives	7000	3	1&2
NDSB positives，negatives	1400	20	only 2

建立一个结节观测器，用于调试所有的标记。LIDC 数据集的说明文档表明医生被要求忽略大于 3 cm 的结节，由于这些被忽略的结节会影响分类器的准确度，因此删除了与这些结节相重叠的部分(图 6-5)。

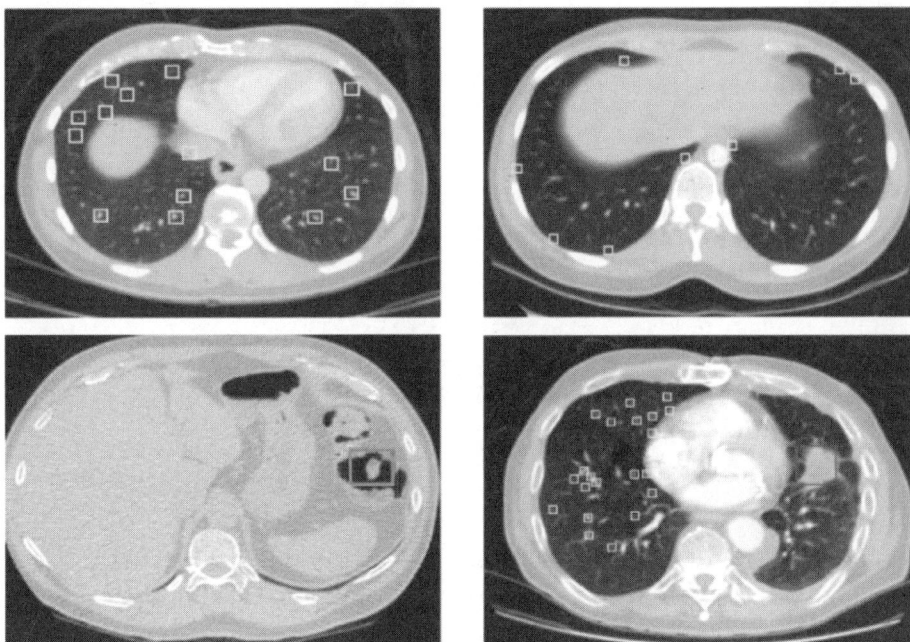

左上为 LUNA16 V2 的数据；右上为非肺组织的边缘；左下为假阳性的区域；右下为被移除的无标注区域。

图 6-5　CT 图像中的标记

(3)3D 卷积神经网络的训练方法和网络结构

数据集正反两类样本量比为 5000∶500000，且正面例子的大小和形状有很大差异。因此在 CT 图像的滑动窗口中，建立小型 3D 卷积神经网络。

第一个目标为训练一个可作为基础的结节检测器。首先对正例进行上采样(upsample)，将正反两类的样本比上调至 1∶20；然后进行一些图像增强操作以提高模型的泛化能力。

设计好分类器后，再训练一个用于预测恶化程度的回归模型，将肿瘤恶化程度划分为1(很可能不是恶性)~5(很可能是恶性)，且为了强调肿瘤的恶化程度，对之前的划分进行平方运算后将范围扩大到 0~25。计划使用同一个网络，以多任务学习的方法，同时进行分类结节和估计恶化程度这两个任务。

采用基于 C3D 神经网络[①](类 VGG 网络)得到最终的分类评估网络(图 6-6)。首先将输入大小设置为 32 mm×32 mm×32mm；对 Z 轴进行 average pooling 操作；最后，在网络的终端引入 Bottleneck features。

――――――――――

① https://vlg.cs.dartmouth.edu/c3d/

Layer	Params	Activation	Output	Remark
Input			32x32x32,1	
Avg pool	2x1x1		16x32x32,1	Downsample z-axis
3D conv	3x3x3	relu	16x32x32,64	
Max pool	1x2x2		16x16x16,64	Axes are same again
3D conv	3x3x3	relu	16x16x16,128	
Max pool	2x2x2		8x8x8,128	
3D conv (2x)	3x3x3	relu	8x8x8,256	
Max pool	2x2x2		4x4x4,256	
3D conv (2x)	3x3x3	relu	4x4x4,512	
Max pool	2x2x2		2x2x2,512	
3D conv	2x2x2	relu	1x1x1, 64	Bottleneck features
3D conv	2x2x2	sigmoid	1x1x1, 1	Nodule detector
3D conv	2x2x2	none	1x1x1, 1	Malignancy estimator

图 6-6　3D 卷积神经网络结构示意图

2.癌症预测

训练好网络后，下一步是让神经网络检测结节并估计其恶化程度。网络建立的 CT 结节观察器能够在人眼只能看到很少量的假阳性结节的情况下，检测到更多结节。然而由于它错过了一些非常大的明显结节，所以影响了对于假阴性的得分，有时使 LogLoss 升高了3.00。因此，对 CT 图像进行两次下采样(downsample)，并让网络在 1、1.5 和 2 这三个尺度上预测。

图 6-7 中左图表明没有很好地检测到大结节，图像缩放为 1 倍大小；右图表明检测效果较好，图像放大为 2 倍大小。图中矩形框表示检测到的恶性肿瘤。

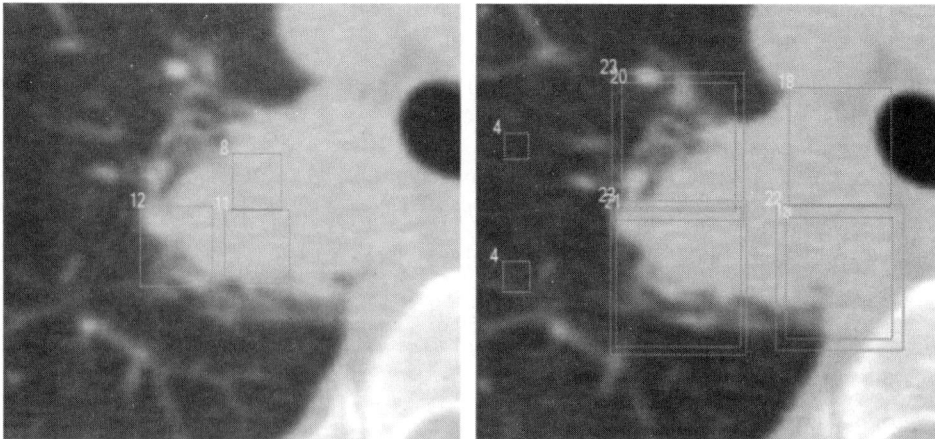

图 6-7　CT 结节观察器效果对比图

　　添加额外的特征，构建梯度增强分类器(共使用 7 个特征)来预测一年内患者是否患癌。其主要由两个模型组成：第一个模型基于所有的 LUNA16 数据集构建而成；第二个模型通过选择 NDSB3 数据集中疑难病例和假阳性病例主动学习构建而成。

　　观察网络对 CT 图像的结节检测，模型效果很好。对于第一阶段数据集，logloss 为 0.43，公开排行榜的 ROC 准确率为 0.85；对于第二阶段数据集，logloss 为 0.40，私人数据集的 ROC 准确率更高。因为在实际判断中，部分结节容易被忽视。对于放射科医师来说，本案例提供的自动结节检测的模型具有实用价值。

　　本案例仍存在不足之处，为了达到更好的预测效果，读者可以根据以下建议对该案例进行改进：

　　①建立放射科医师基准线。根据一个放射学家在这个数据集上的具体表现，建立一个具有参考意义的基准。

　　②对 NDSB 数据集的恶性肿瘤标注。输入更多精确标记的例子，进一步提升算法准确度。

　　③尝试更多不同的神经网络结构。

案例 2　基于卷积神经网络的新冠病毒感染分割

　　2019 年底新型冠状病毒蔓延，在全球 200 多个国家大规模爆发。世界卫生组织(world health organization，WHO)数据显示，截至 2021 年 11 月 25 日，全球累计确诊人数超过 2.58 亿，死亡人数超过 517 万，对公众健康和经济造成重大影响。然而，全球仍然缺乏对新型冠状病毒引起的肺部感染进行有效量化的研究。医学影像分割作为诊断框架的基本且具有挑战性的任务，在基于计算机断层扫描(CT)图像测量的新冠病毒感染的精确量化中起着至关重要的作用。

　　本案例采用 Python 语言，使用 TensorFlow 框架来构建基于 U-Net 的 2D 分割模型，实现冠状病毒感染 CT 扫描分割，具有极大的现实意义。模型训练的数据集包含 20 个标记的新冠病毒感染 CT 扫描。左肺、右肺和感染由两名放射科医生进行标记，并由经验丰富的放射科医生进行验证。实验环境规定如下：在 64 位的 Windows10 系统下，结合 TensorFlow 和 Keras 库实现该网络模型(见案例 2 二维码)。

　　实验所用数据集均为 .nii 格式，可使用 ITK-SNAP 软件可视化。数据集包括超过 40 名 COVID-19 患者的 100 张轴向 CT 图像的数据集，这些图像是可公开访问的 JPG 图像转换而来的，放射科医生使用 3 个标签对图像进行分割，分别是毛玻璃(肺部结节的影像学的名称)、实变和胸腔积液(图 6-8)。通过训练一个 2D

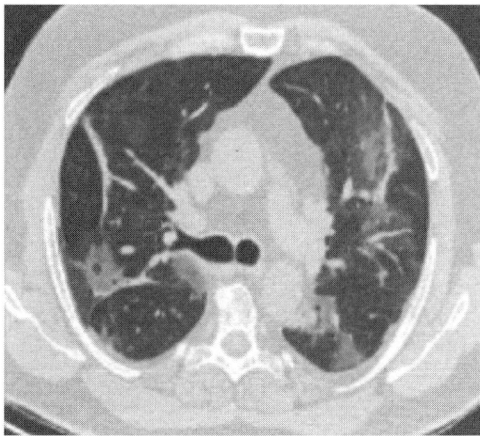

图 6-8　数据集标签样例

多标签的 U-Net 模型并应用该模型，尝试实现自动分割，来辅助临床医生做出诊断。

整体实验思路分为以下五个步骤进行：

①读取.nii 格式的源数据；

②读取胸部 CT 扫描数据；

③将数据格式进行转换以训练模型；

④构建 U-Net 模型；

⑤训练并测试模型。

1. 数据预处理

（1）读取数据

Nibabel 包专门用于读取.nii 格式的医学数据，可实现读取图像、查看图像长宽高、图像进行仿射变换等功能。其读取的数据一共包含 4 个部分，分别是原图（ct_scan）、肺部标签图（lung_mask）、感染标签图（infection_mask）以及肺和感染标签图（lung_and_infection_mask），如图 6-9 所示。

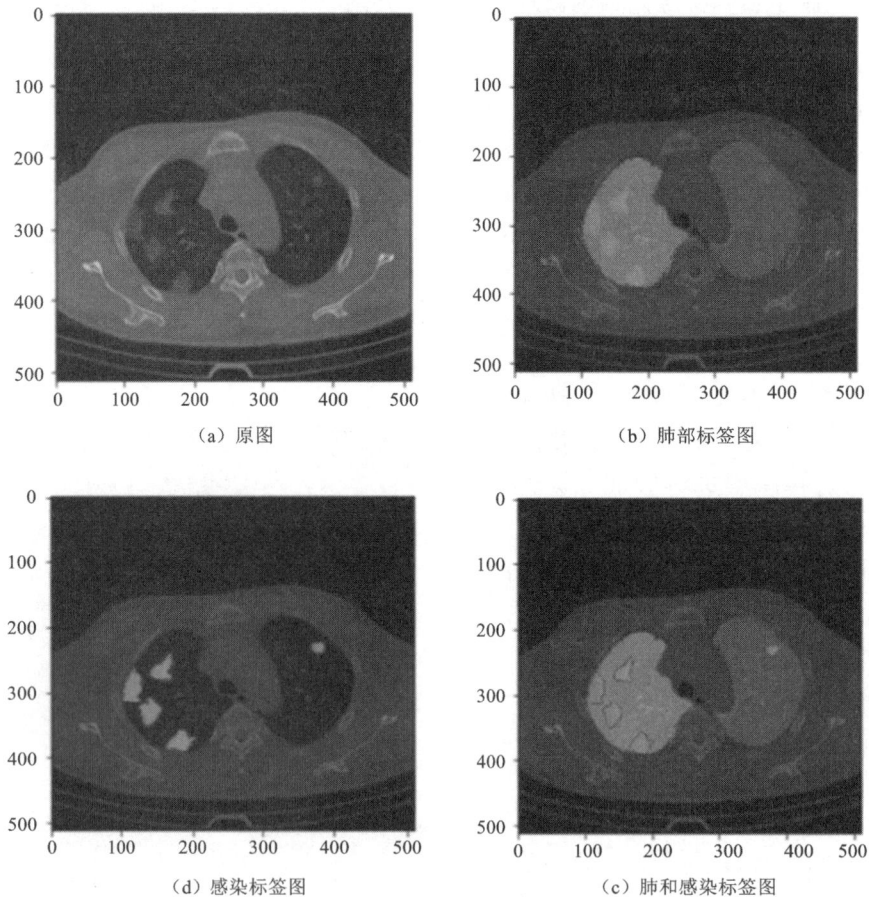

（a）原图

（b）肺部标签图

（d）感染标签图

（c）肺和感染标签图

图 6-9　数据读取

（2）数据格式转换

使用 astype 函数将元数据类型转换为 uint8，最后输出图像矩阵形式。该案例最后将进行训练的数据均转换为 128×128 大小的 .jpg 格式图片。

2. 分割模型构建

本案例用 U-Net 作为模型的主干网络，U-Net 是一种卷积神经网络，主要用于生物医学图像分割，在前面的章节已经介绍过，这里不再赘述。该案例中对其架构进行了改进和扩展，以处理更少的训练图像，并产生更精确的分割。其主要思想是用连续的层来补充通常的收缩网络，其中集中操作被上采样操作取代，因而提高了输出的分辨率。该网络只使用每个卷积的有效部分，没有任何全连接层。模型结构如图 6-10 所示。

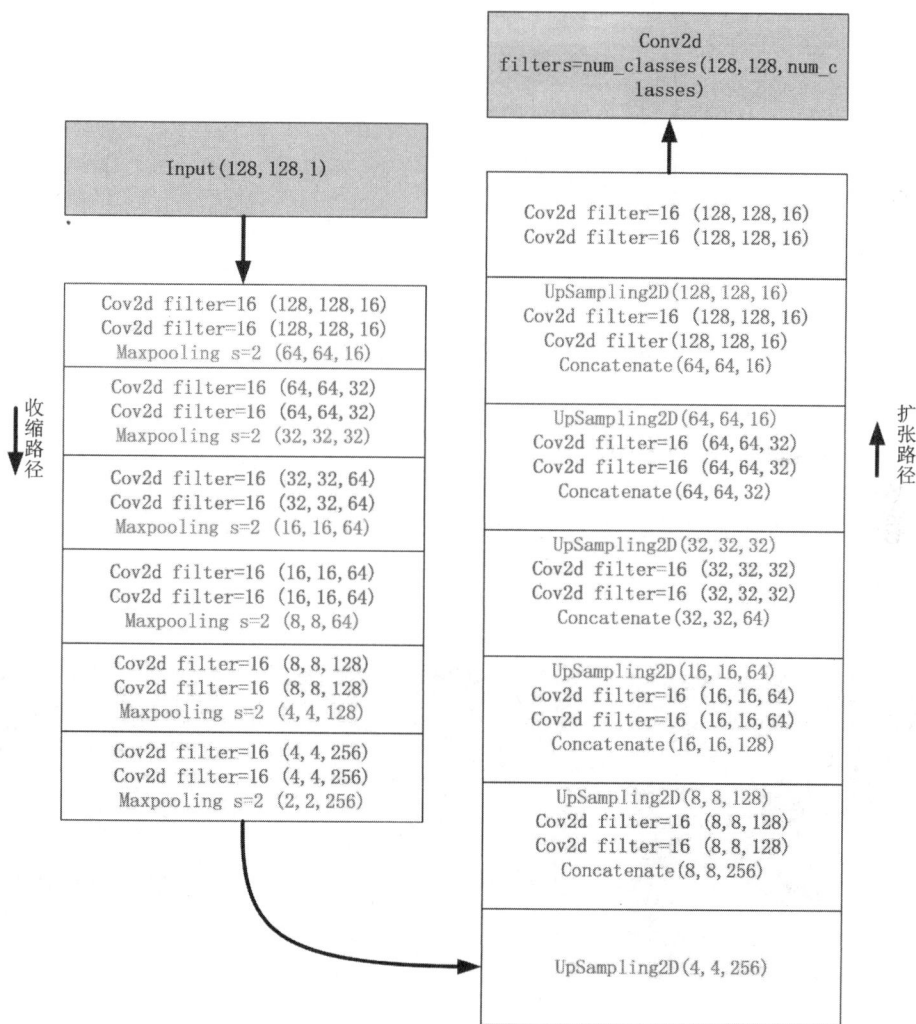

图 6-10　模型结构图

构建好模型后，对所有的输入图像的像素都除以255，使得最后的像素值范围为(0，1)。将数据集以9：1划分训练集和测试集。训练的epoch可以根据自己的实现过程根据loss进行调整。

3. 测试模型

训练好网络之后，就是用测试集去测试模型，可通过设置评价指标来进行模型评估。在医学图像分割中常用的评价指标包括召回率、Dice系数、精确率、豪斯多夫距离以及均交并比等，本次案例使用的是精确率。图6-11是训练过程中迭代次数与精确率的关系。

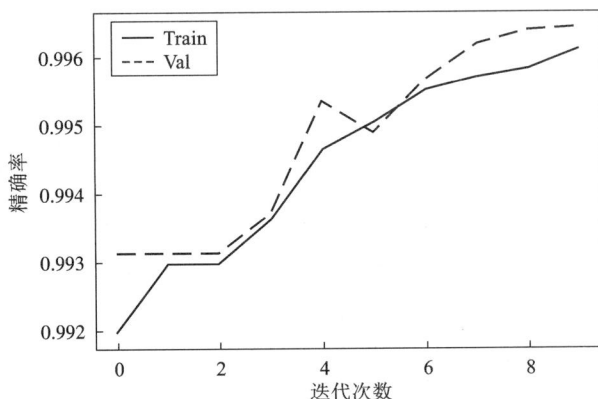

图6-11　迭代次数与精确率的关系

这里训练的仅仅是一个基础网络，读者可以根据自己的能力对网络进行改进，从而实现更好的分割结果。

图6-12是模型测试结果可视化，通过测试训练的模型，可以发现，该模型能够实现较为理想的感染部位分割。

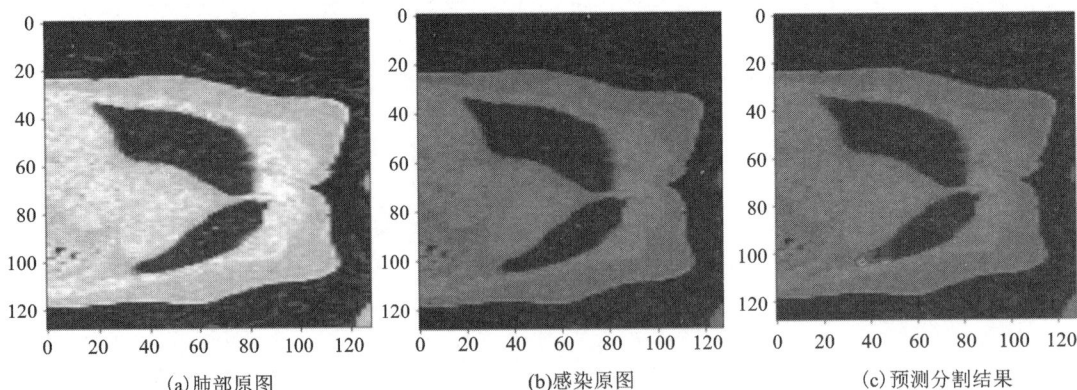

(a)肺部原图　　　　　　(b)感染原图　　　　　　(c)预测分割结果

图6-12　测试结果

本案例仍存在不足之处,为了达到更好的分割效果,读者可以根据以下建议对该案例进行改进:

①扩增数据集。基于深度学习模型极度依赖数据量,更大的数据量能提高模型的泛化能力,防止过拟合。

②修改参数。修改 epoch 数或更换损失函数、激活函数等,并不一定会使得实验结果更好,但可以作为改进参考方案。

③改进模型。更换模型的主干网络,比如用 ResNet、VGG 等;或者引入优化模块,比如特征金字塔池化、注意力机制以及扩张卷积等。

案例 3　基于卷积神经网络的胸透病理识别

胸部 X 射线 CT 是筛查和诊断许多胸、肺部疾病最常见的放射学检查之一。许多现代医院的医疗影像存储与传输系统(picture archiving and communication system, PACS)中积累和存储了大量的 X 射线影像学研究和放射学报告。如何促进需要大量数据的深度学习模式,以构建真正大规模的高精度计算机辅助诊断(computer aided diagnosis, CAD)系统,仍然是一个悬而未决的问题。

在本案例中,我们提出了基于卷积神经网络的胸透病理识别方法。主要采用 Python 作为编程语言,构建基于 DCNN 的胸透病理识别分类器。对常见的 8 种疾病,包括肺不张(atelectasis)、心脏肥大(cardiomegaly)、积液(effusion)、浸润(infiltrate)、肿块(mass)、结节(nodule)、肺炎(pneumonia)和气胸(pneumothorax)进行分类识别。实验环境规定如下:在 64 位的 Windows10 系统下,结合 Caffe 框架实现该网络模型。采用的数据集是美国国立卫生研究院发布的一个新的胸片数据库"ChestX-ray8",它包含了 32717 名独特患者的108948 张正面 X 射线 CT 图像,这些图像使用自然语言处理,从相关的放射学报告中提取了 8 个疾病图像标签(其中每个图像可以有多个标签,如图 6-13 所示)。

胸透 X 射线 CT 作为放射学中最常见的检查,是检测和可视化身体器官异常的有效诊断工具,全球每天都有大量的人肺部患病和死亡,需要对大量患者进行肺部检测,胸透 X 射线 CT 是诊断相关问题的有效成像技术。深度学习技术提供了强大的分析能力来研究大量胸透 X 射线 CT 图像,这对开发 CAD 系统、协助临床医生做出正确的判断有重要意义。

1. 数据准备

本案例使用 ChestX-ray8 数据库,评估和验证统一的疾病分类和定位框架。数据库中总共有 108948 张正面 X 射线 CT 图像,其中 24636 张图像包含一种或多种病理,其余84312 张图片为正常病例。对于病理分类和定位任务,我们将整个数据集随机分为三个子组,通过随机梯度下降(SGD)进行 CNN 微调,即训练(70%)、验证(10%)和测试(20%)。

2. 分类识别模型构建

本案例的目标是首先检测每个 X 射线 CT 图像中是否存在一个或多个病理,然后使用从网络中提取的激活和权重来定位它们。通过训练弱监督多标签分类模型来解决这个问题。

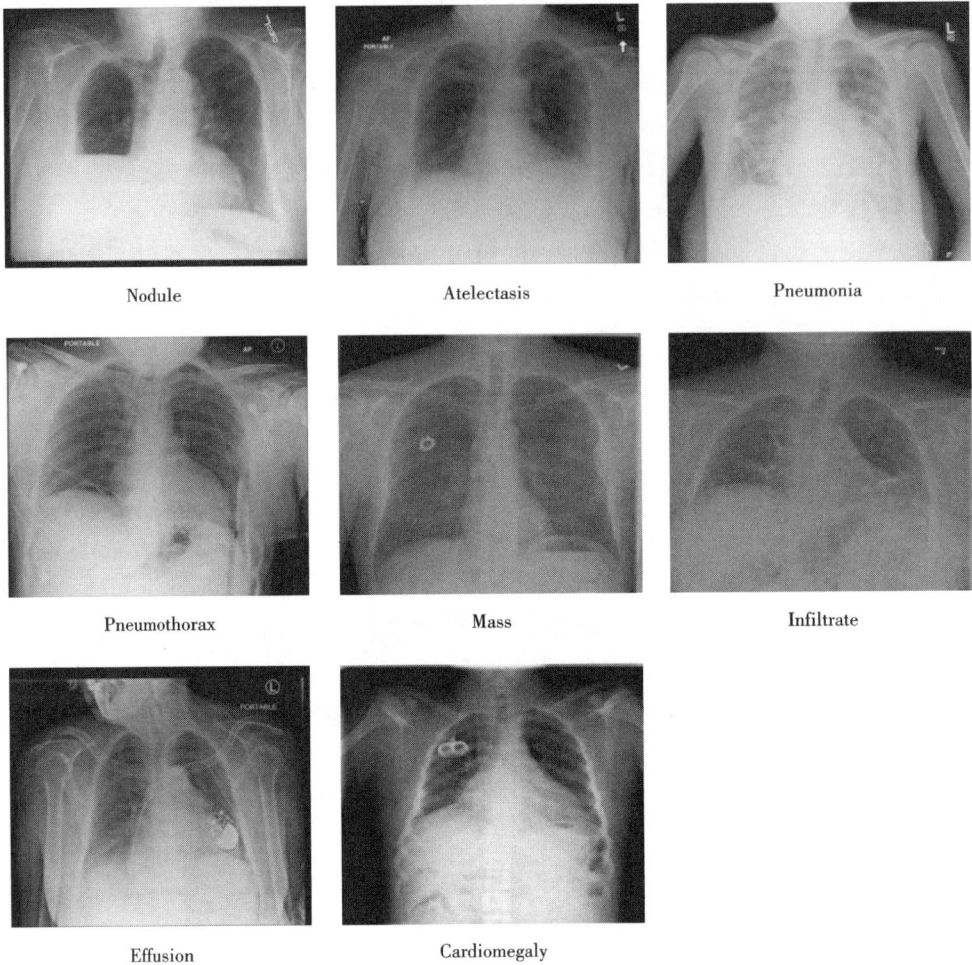

Nodule   Atelectasis   Pneumonia

Pneumothorax   Mass   Infiltrate

Effusion   Cardiomegaly

图 6-13   8 种肺部病理

首先搭建基于 DCNN 的弱监督胸透病理识别模型，模型框架包括多标签设置、转换层以及多标签分类损失层。其中多标签设置通过采用长度为 8 的向量表示，比如 [0, 0, 0, 0, 0, 0, 0, 0] 表示正常、[1, 0, 0, 0, 0, 0, 0, 0] 表示存在第一种病理、[1, 0, 1, 0, 0, 0, 0, 0] 表示同时存在第一和第三种病理。转换层主要是将前几层的激活转换为统一维度的输出，由于预训练 DCNN 体系结构种类繁多，转换层有助于将预先训练的 DCNN 模型的权重以标准形式传递下来，这对于在病理定位步骤中使用该层的激活来进一步生成热图至关重要。多标签分类损失层通过引入正、负平衡因子来加强正例的学习，解决标签稀疏的问题。弱监督胸透病理定位主要通过全局池层、预测层和边界框实现。在多标签图像分类模型中，全局池和预测层不仅被设计为用于分类的 DCNN 的一部分，而且被设计为生成病理的似然图，即热图。热图中具有峰值的位置通常对应于高概率的疾病模式的存在。边界框能通过热图对一个特定胸部疾病类别的大致空间位置定位。模型实现的总体框架如图 6-14 所示。

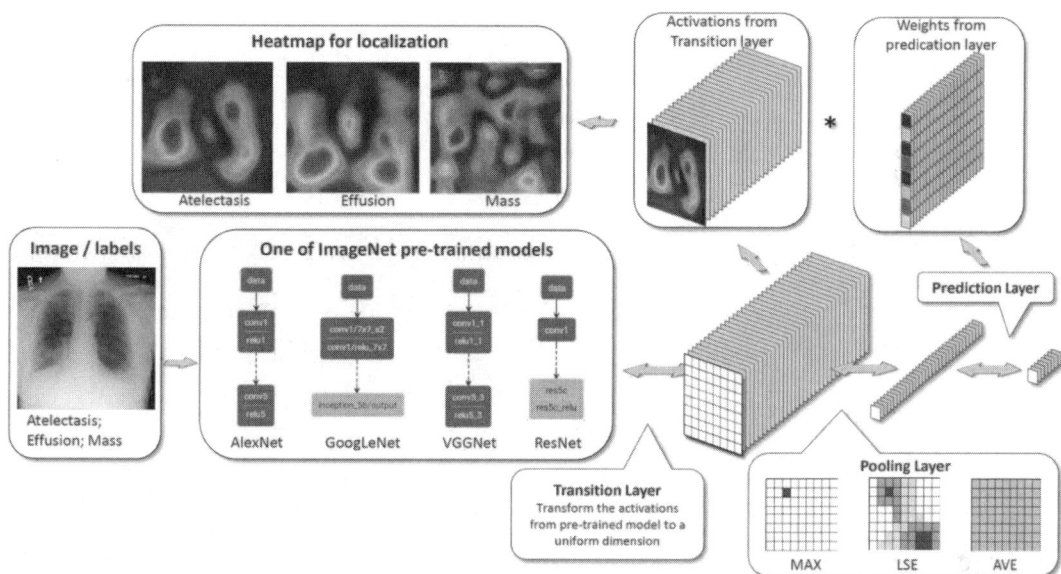

图 6-14　实验框架图

3. 测试模型

通过测试，模型能很好地对病理实现定位和分类。目前，构建真正大规模、全自动的高精度医疗诊断系统仍然是一项艰巨的任务。ChestX-ray8 数据库可以使渴望数据的深度神经网络范例创建具有临床意义的应用。

6.2　天文大数据

神秘而深邃的宇宙包含的海量数据，为天文学家提供了丰富的研究内容。天文数据是人类宝贵的科研资料，也是人类了解和研究宇宙奥秘的第一手素材。在人类不断探索宇宙奥秘的过程中，随着科学技术的不断进步，特别是望远镜设计与制造技术、探测器设计与制造技术、信息与计算技术等的发展，天文学已经进入大数据时代。例如，通过融合数百亿天体的多波段巡天数据库，我们可以对宇宙的大尺度结构以及银河系的精细结构进行深入研究；同样，利用高级数据挖掘手段，我们可以在庞大的天文数据流中发现稀有甚至新的天体类型；另外，对天文的海量数据的深入挖掘，可以帮助我们揭示类星体、星系和星系团的演化，还可以将实验室所得的数值模拟结果与观测得到的精确数据通过数据挖掘手段进一步比对分析等。目前，天文学研究已经成为一项以数据为中心，为数据所驱动的科研活动。驱动这场变革的背后推手除了不断丰富的天文数据，还有互联网带来的便捷的数据访问和资源共享。现代天文数据库中蕴含的信息内容十分丰富，所以归档分类和数据挖掘以及大数据应用不仅是必要的而且是必需的。

近十几年，各种先进的大型地面望远镜和空间望远镜不断涌现，例如 SKA、MWA、GMT、LSST、GTC、TMT、E-ELT、ALMA 等（图 6-15）。通过这些科学巡天项目的调研开展，天文数据出现了爆炸式的增长。如何从这些大数据集中有效地选择科学目标，成了一件重大而富有挑战性的任务。换句话说，如何从海量的天文数据中自动提取出有用的信息或科学知识，对天文学家来说是一项新的不可避免的任务。

图 6-15　SKA 和 MWA

6.2.1　天文大数据概述

随着天文观测技术的发展，天文数据正在以 TB 量级甚至 PB 量级的速度增长。目前，世界上许多国家都开展了大规模的天空调查项目，每天都会产生大量的天文数据。虽然业界对大数据的看法不尽相同，但大数据应具备的 4V 特征已达成共识，即大量(volume)、高速(velocity)、多样(variety)、精确(veracity)或价值(value)（图 6-16）。而天文数据具备 4V特征，因此天文数据是大数据。在难以获取其他大数据时，不妨考虑根据天文学领域的需求，结合计算机科学、模式识别、系统科学等相关学科领域的理论与方法，研究与发展天文大数据的处理技术。

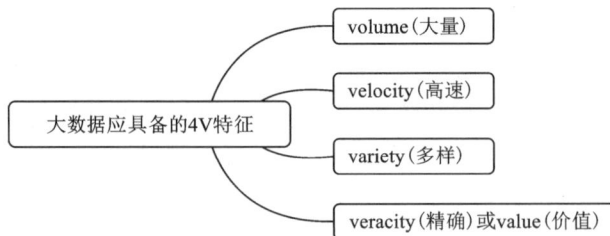

图 6-16　大数据 4V 特征

特别是进入 21 世纪后，天文学进入了数据井喷的发展阶段，每秒产生的数据量已经达到 TB 级。特别是射电天文学需要大数据图像处理技术领域的加持，做到快速、准确地恢复、重建、增强天文图片收集的数据分类，以便天文工作者在后期处理时可以更深入地进行信息收集和使用，这样可以在庞大繁杂的数据中获取更多有用的信息。如当前世界 20 多个国家参与在建的 SKA 项目是世界上最大的综合孔径射电望远镜阵列，它是用来实现平方公里的接收面积，相当于 140 个足球场面积的大小，具有极高的灵敏度和时频分辨率，它更像是一个 "软件望远镜"，SKA 产生的数据流远远超过世界互联网的总和，以满足探索宇宙起源、星系演化、宇宙学、暗能量研究以及寻找原始生命分子和地外生命等科学目标。英国协会科学和发现中心的伊恩-格里芬博士说："SKA 计划将为天文学家提供一个全新的科研工具，彻底改变我们对宇宙以往的了解。由于面积极其庞大，这个望远镜将会显示出很多星系中一些令人难以置信的细节，通过研究那些神秘天体，例如黑洞，有助于论证及检测爱因斯坦的相对论，让天文学家了解更多关于宇宙早期的。"这些大型天文射电望远镜创造的数据量不可计数，所以数据的处理成为了亟待解决的问题。而传统的方法难以对目前庞大的天文数据量进行快速、高效的处理与分析，大数据技术正要在天文领域进行更为广泛深入的应用。不同于其他具有商业价值的大数据应用领域，研究天文大数据面向基础自然科学研究领域的应用，对人类科学文明的发展具有深远意义。相信天文大数据可以推动大数据研究的发展，而大数据在天文学的应用又可以推动天文学方向有更多令人惊叹的发现，在研究技术上形成百花齐放的局面。

天文学已成为数据密集型的重要学科，这主要是考虑到以下几个原因。首先天文学最早采用 CCD 和数字相干器等现代数字探测器的科学，并将科学计算应用于数据处理，把数值模拟作为一种科研工具。国际天文领域中 e-Science 的文化理念早在 20 世纪 80 年代，在因特网（WWW）和商业数据库诞生之前，就被培育起来。为了统一标准，天文学家早在 20 世纪 80 年代初就设计了领域内通用的数据交换标准格式，即 FITS。至此，天文数据集的数据量从最初的千字节到兆字节，20 世纪 80 年代末发展到千兆字节，90 年代中期到万亿字节，到如今已达每秒 TB 的数据量。

其次是包括美国宇航局（NASA）在内的一批空间机构为其太空科学计划建立起一批数据中心，在经过一定的保护期后，这些机构会将这些科学数据向全社会开放共享。这些做法不但推动了数据库和数据管理工具的发展，也逐渐培育出科学数据开发共享和重复利用的科学文化。这些数据中心成为今天虚拟天文台的发祥地和重要基础。

最后是大型数字巡天计划的出现，并成为天文数据的主要来源。利用照相底片做巡天观测，通过扫描实现数字化，这样的传统巡天工作在 20 世纪 90 年代便"寿终正寝"。传统巡天计划造就了第一个万亿字节量级的天文数据集，即数字化帕洛玛巡天（DPOSS），这个纪录很快被斯隆数字巡天（SDSS）等纯数字的巡天计划打破。除了取得瞩目的科学成果，现代数字巡天计划还改变了天文学的研究模式和天文学家的思维模式。基于现代巡天数据库，科研人员不依赖于望远镜也能做出优秀的研究成果。数字巡天时代的天文学发展不但需要天文学家的个人智慧，更需要大型科研团队的协同创新。

6.2.2 天文大数据目标及挑战

超大型天文射电阵列观测技术的出现不仅能够让研究人员观测到新的天文现象，更能用于验证已有物理模型的正确性，这些最新的天文成果的发现是建立在海量天文数据的近乎实时产生、管理与分析的基础上，因此给目前的天文射电望远镜的数据管理带来了很大的挑战。大型天文射电望远镜每天采集到大量的观测数据，以往对于这些数据的校准、分类、成像等初步分析通常需要人工干预。到了天文大数据时代，这种方式不仅消耗了大量的人力，而且数据处理的效率低，严重阻碍了数据的快速归档和后期的深入分析。天文大数据的目标，就是应用各种大数据技术对天文领域的大数据进行进一步处理、归类、细化、分析，对产生的数据做到充分利用，以进一步激化对天文学方向的几大科学基础问题的解答。但是其中遇到的挑战也在不断升级，如何对每天采集的数据进行高效、准确的分类，实现数据的快速归档，这一过程变得越来越繁杂。想要充分利用海量的历史数据，解决天文领域中关键的科学问题甚至有新的发现，这对天文大数据技术的挑战极大，这些技术难点都成为目前天文大数据领域的重点突破口。

新一代概要式巡天能够实现对大面积天区的快速、多次扫描，从而产生多倍于传统数字巡天的数据量。新一代概要式巡天计划的实施把数据处理和分析的对象从海量数据集变为海量数据流，研究工作的复杂度进一步提升。很多物理过程和事件持续的时间很短，要求近乎实时地完成目标认证、特征提取、天体分类、图像处理、随动观测优先级确定等工作。这些雄心勃勃的项目将考验科学家处理数据的能力。图像需要进行自动处理，这意味着数据需要被简化为可处理的大小，或者转换成最终结果。

6.2.3 天文大数据理论及技术

我们急迫地需要大数据技术，天文学领域井喷式的数据量，我们已无法消化。甚至有很多最新的惊人发现是源于多年前的观测数据，如一个偶然的发现：银河系中心附近存在着数千个黑洞。这个发现并不是来自一些最先进的新望远镜，甚至都不是最近的观测数据，其中一些数据其实在 20 年前就已经收集到，研究人员通过挖掘以前的、长期存档的数据，发现了黑洞。因为大数据时代改变了科学的发展方式，像这样的发现只会变得越来越普遍。

我们需要数据挖掘、分类、归档的处理，当然应用于天文方面的大数据技术不止这些。我们可以进行大样本观测的机器学习，依据 SDSS、PANSTARR、LAMOST 等巡天观测数据和机器学习方法发现并获得规律，解决宇宙天文学的前沿问题；依托 FAST 等各类射电望远镜在脉冲星、FRB 和地外文明等方面的观测研究，将人工智能方法应用于脉冲星的搜寻以及发现地外文明的线索；开发海量天文数据的分布式存储与处理算法，建立一流的天文数据处理和存储中心。

大数据技术主要包括四个方面：大数据采集、大数据预处理、大数据存储、大数据分析。在天文领域，数据采集则完全交由各级天文台处理，主要的难点在于后面的预处理、存储、分析等。近十几年天文学已经逐渐转向了数据分享、共同参与的方式，比如虚拟天文台（virtual observatory，VO），它是通过先进的信息技术将全球范围内的天文研究资源无缝透明联结在一起形成的数据密集型网络化天文学研究和科普教育环境。其将全球的天文数据库连接起来形成一个多波段的数字星空，一个全球性的天文数据网格，让科学家和普通用户能够基于数据发现、高效。数据访问和互操作，以各种创新的方式对数据进行检索、展现和分析，打造创新型的科学研究和资源使用环境。同时，观测采集而来的数据往往是杂乱无章的，为了便于处理，首先使用一些方法对天文数据进行分类，如逻辑回归等。

在逻辑回归中，因变量(类)y 的条件概率被建模为解释变量(输入特征)x_1，x_2，$\cdots$，x_n 的对数变换多元线性回归：

$$P_{\mathrm{LR}}(y=\pm1\,|\,x,\ w)=\frac{1}{1+\mathrm{e}^{-y\omega^{\mathrm{T}}x}} \tag{6-1}$$

通过最大化训练数据集上模型的可能性来训练模型(即学习的权重参数)，可以得到：

$$\prod_{i=1}^{2}P_r(y_i\,|\,x_i,\ \omega)=\prod_{i=1}^{2}\frac{1}{1+\mathrm{e}^{-y\omega^{\mathrm{T}}x_i}} \tag{6-2}$$

由于模型的复杂性而受到惩罚：

$$\frac{1}{\sigma\sqrt{2\pi}}\mathrm{e}^{-\frac{1}{2\sigma^2}\omega^{\mathrm{T}}\omega} \tag{6-3}$$

这可以作为以下正则化负对数似然的最小化重述：

$$\vartheta=C\sum_{i=1}^{2}\lg(1+\mathrm{e}^{-y\omega^{\mathrm{T}}x_i})+\omega^{\mathrm{T}}\omega \tag{6-4}$$

坐标下降法用于最小化 ϑ。

在分类结束后，我们需要对不同数据源的数据进行模式匹配、数据冗余、数据值冲突检测与处理。还有数据的快速转换，在得到数据之后需要将海量数据快速转换得到相应格式文件。现有的海量数据，同样需要精简其数据量，以得到较小的规模，包括数据方聚集、维规约、数据压缩、数值规约、概念分层等。

在预处理之后，需要将采集到的数据进行存储，包含三种典型路线：基于 MPP 架构的新型数据库集群，基于 Hadoop 的技术扩展和封装，大数据一体机。目前比较常见的存储方式是基于 Hadoop 的技术扩展和封装。基于内存计算的 Hadoop 分布式集群技术在迭代式机器学习和交互式数据挖掘应用等方面表现出明显的优势，此技术为海量天文数据挖掘提供了新的手段和方法。图 6-17 所示为 Hadoop 的集群架构。

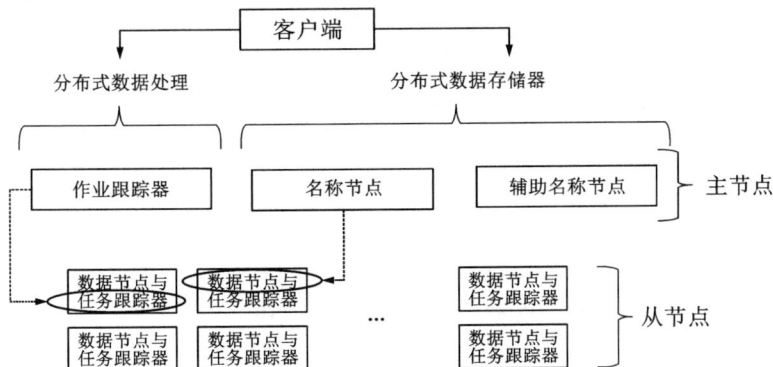

图 6-17 Hadoop 的集群架构

6.2.4 应用实例

案例 1　基于 Hadoop 的数据挖掘技术在测光红移上的研究

近年来,许多巡天项目(例如 SDSS 巡天、VLT/VIRMOS 巡天、VST 巡天等)已经为研究宇宙的起源与演化提供了大量丰富的数据资源,测光红移已经被广泛地应用到天文学许多领域的科学研究上,并已迅速成为观测宇宙学研究的重要工具。对于 SDSS 巡天而言,它提供了五亿多个星系的精确测光数据,却只对其中三百万个星系进行了光谱观测,就获得了这些星系的光谱红移。对于其他无光谱观测的星系的红移,如果能找到行之有效的方法,利用 SDSS 大量的测光数据估测星系的红移,这将对研究星系的形成与演化具有划时代的意义。

以往的红移的测量由于受到技术的限制,都注重于提高红移估算的精度问题,而忽略了测光红移的模型的训练时间问题。随着观测数据的爆炸式增长,如何快速降低训练时间,做到实时对测光红移进行估值,这是一个值得探讨的问题。本节就 Hadoop 平台对测光红移的海量数据进行高效的数据挖掘进行阐述。

1. MLPQNA 回归模型

Mahout 是在 Hadoop 平台上实现数据挖掘算法的机器学习库,目前已经集成了感知器算法、逻辑回归、支持向量机和 K 均值等多种算法。MLPQNA 算法以传统的神经网络模型 MLP(multi layer perceptron)为结构,QNA(quasi newton algorithm)为学习规则,并已经应用在分类问题上。前馈神经网络为一系列输入变量和输出变量间的非线性映射提供一个总体框架。

MLP 是由输入层、隐含层和输出层组成的网络模型,每一隐含层的神经元都由一个非线性激活函数表示,数据从输入层传输至输出层之后估算学习误差(计算与期望输出值的均方误差 MSE),反向运用学习规则,调整权重,以期降低误差函数。在学习周期内,数据重复从输入端传送至输出端,直至一定的迭代次数或误差低于一个阈值,迭代结束。图 6-18 所示为 MLP 拓扑结构图。

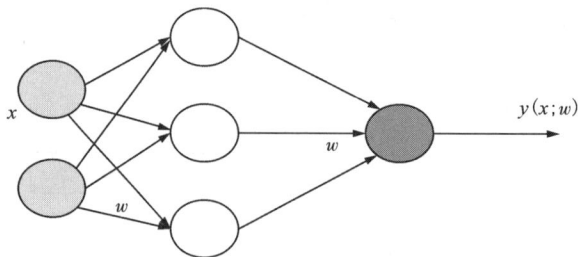

图 6-18　MLP 拓扑结构图

将 MLPQNA 算法应用于 PHAT1 数据集,与已知的光谱红移比较,得出测光红移的

Bias、Scatter、Outliers 值，不难发现：与 PHAT1 中几种机器学习算法比较，无论在 18 波段还是去除 IRAC 的 14 波段，不管对于高红移还是低红移的估算，MLPQNA 都能获得最小的 Bias 值，并且能得到具有竞争力的 Scatter 值以及 Outliers 值。

测光红移估算统计指标：

①Bias，Δz 均值（$\Delta_z = z_{\text{spec}} - z_{\text{phot}}$）；

②Scatter，Δz 均方差 σ；

③Outliers，离群率，通常定义 $|\Delta z| > 0.15$ 所占数据集的百分比。

2. 测光红移应用

在本实验中，从 SDSS DR12CasJobs 中选取了 5 个波段（u，g，r，i，z）的 12 个参数作为测光红移估算的输入特征，以光谱红移 Spectroscopic redshift 的值作为期望值来评估 Hadoop 中的数据挖掘算法，所选用的参数如表 6-2 所示。

表 6-2　测光数据特征参数说明

参数名称	参数性质
psflMag_u	u 波段点源扩展函数星等
psfMag_g	g 波段点源扩展函数星等
psfMag_r	r 波段点源扩展函数星等
psfMag_i	i 波段点源扩展函数星等
psfMag_z	z 波段点源扩展函数星等
PetroR50_[ugriz]	包含 50%Petrosian 流量的半径
PetroR90_[ugriz]	包含 90%Petrosian 流量的半径
InLStar_[ugriz]	点源扩展函数形状拟合概率对数
InLExp_[ugriz]	指数盘拟合的概率对数
InLDeV_[ugriz]	盘拟合的概率对数
Class	光谱类型
Spectroscopic redshift	光谱红移值

3. 算法参数设置优化与测光红移估算

按照监督学习的惯例，提取 3 个不相交的子集（训练集、验证集、测试集）对 Mahout 下实现的 MLPQNA 算法进行评估，并在使用相同的训练集和测试集的条件下测试算法的内部参数集对估算结果的影响，以选择最优的内部参数用于测光红移估算，获得每个参数的最优设置值。在 Hadoop 集群上测得在整个数据集上估值所需时间、均方差和离群率的结果如表 6-3 所示，测光红移与光谱红移的对比如图 6-19 所示，MLPQNA 与其他机器学习算法估算结果比较如表 6-4 所示。

表 6-3　Hadoop 集群下测光红移估算结果

MLPQNA	Bias	Scatter	Outliers/%	Times/s
$\|\Delta z\|\leqslant 0.15$	0.0006	0.0056	16.3	130.875
$\|\Delta z\|\leqslant 0.15, R\leqslant 24$	0.0002	0.053	11.7	120.603
$\|\Delta z\|\leqslant 0.5$	0.0028	0.114	3.8	133.612
$\|\Delta z\|\leqslant 0.15, R\leqslant 24$	−0.0039	0.101	1.7	111.535

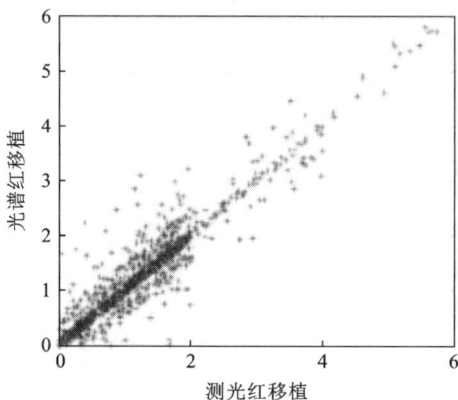

图 6-19　光谱红移与测光红移对比图

表 6-4　MLPQNA 与几种机器学习算法估算精度比较（18-band；$\|\Delta z\|\leqslant 0.015$）

算法	Bias	Scatter	Outliers/%
MLPQNA	0.0006	0.056	16.3
AN-e	−0.010	0.074	31.0
EC-e	−0.001	0.067	18.4
PO-e	−0.009	0.052	18.0
RT-e	−0.009	0.066	21.4

在数据量高达 1.8 GB 的情况下，仅仅依靠具有 5 个计算节点，每个计算节点内存为 1 GB 的 Hadoop 集群，就能使数据处理时间缩短到几分钟之内，而同样数据集用 Weka 下的感知器算法对测光红移估算时，花费了 2 h。相比之下，Hadoop 下的数据挖掘算法比 Weka 的感知器算法能更好地适用于具有大数据集的测光红移估算任务。

Hadoop 分布式平台作为一种新型高效的大数据处理模型，为数据挖掘技术在观测天文学中的应用提供了新的有效工具。

案例 2　用 MapReduce 实现天文星表交叉认证

天文学正在进入一个多波段数字巡天的时代，不断的巡天观测会产生百万到亿个目标的星表，从而形成巨大的数据量。星表用来记录星或星系等天体的位置和其他属性。天文学家经常需要联合多个波段的星表信息来了解观测目标在多波段上的光谱特性，之后他们可以进行更深入的科学研究和分析。

交叉认证工作在天文学研究中起着关键作用。首先，联合了多个波段的数据可以获取天体或相关天文现象更全面的信息，加深对认证源的物理性质、演化规律的理解。其次，融合数据促进了新天体、现象、规律的发现。交叉认证问题可以简单阐述为寻找球面上距离相近的点的问题。解决交叉认证问题的一般方法是使用 DBMS 和空间索引，这本是一个简单问题，但是由于空间计算的复杂性和巨大的数据量，并且通常需要在两个甚至更多的星表之间进行匹配，导致问题变得复杂，使得传统的 DMBS 在性能、可伸缩性和可靠性等方面难以满足交叉认证特别是大规模批量交叉认证的需要。虽然近年来并行 DBMS 已经取得了长足的进步，但对于星表交叉认证这种海量数据处理问题，其在性能与可扩展性上仍难以满足应用需求。MapReduce 由于架构简单并且对数据密集型应用的有效支持，可以被用来实现天文学研究中的星表交叉认证，以解决当前天文学应用所面临的数据爆炸问题。

1. 交叉认证

一般交叉认证算法包括空间索引、像素编号算法（pixel-code algorithm）、平面扫描算法三种。

①空间索引。处理空间数据如天文中的球面极坐标数据时，使用支持空间索引的数据库系统是很方便的。许多产品都提供这项功能，如 DB2、Informix、MySQL、PostgreSQL 等。除了 DB2，这些数据库的空间索引都基于 R-trees。一般来讲，这些系统都非常便于在单台计算机上安装，使用起来效率也不错。

②像素编号算法。该算法通过对所有球面上的点进行顺序编号，然后通过 B-tree 进行快速搜索。这种方法也需要使用 DBMS，而且效率不如空间索引。

③平面扫描算法。这种算法是在不建立索引的情况下找出距离相近点的方法。它的最大特点是需要对数据进行排序。

在目前 MapReduce 框架的实现中，其输入输出集合都是以原始的数据格式存放，因此采用平面扫描算法可以更好地适应此结构，即无须建立索引，而直接采用排序来实现。利用支持 MapReduce 框架的开源系统 Hadoop，可以达到非常好的排序性能。

2. 用 MapReduce 实现星表交叉认证

MapReduce 在分布式文件系统、各节点通信、容错、负载均衡等多方面都具有非常大的优势。利用 MapReduce 框架所提供的接口，可以非常快速地实现并行算法，无须关心硬件的细节。简而言之，MapReduce 程序分为 map 和 reduce 两个阶段，用户可以自定义这两个阶段要完成的任务。

以大规模天文星表交叉认证问题为例，来具体说明 MapReduce 的原理。如图 6-20 所示，图中星星周围的圆形代表误差范围。

各个阶段的解释如下：

①input。输入星表数据，包括赤经、赤纬、星名、误差等属性。两种颜色的星星可以表示两个星表中的目标。

②map。根据输入的星的纵坐标，计算出每颗星所属的分区（图1中的1、2、3），把分区号作为中间 key，星数据作为中间 value，输出给 reduce。

③reduce。该阶段分为混合（shuffle）和 reduce 两部分。混合是指把从不同 map 送来的 key/value 进行排序，并把相同 key 的值聚合然后交给 reduce 处理。reduce 即平面扫描过程。

④output。平面扫描后，可以获得与目标点匹配的测试点的列表。可以看到，本例的结果是 s1/s6 匹配。

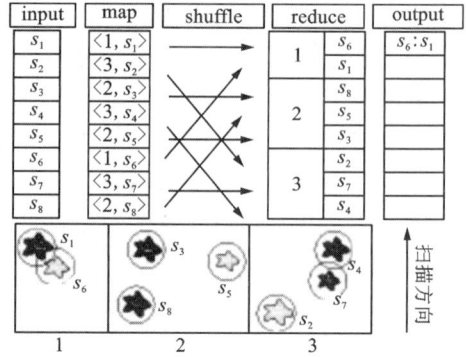

图 6-20　MapReduce 处理过程

总的来说，map 阶段负责把数据分到不同的分区内，然后在 shuffle 阶段把各个 map 生成的结果排序，之后把这个结果给 reduce 进行扫描。可以在 reduce 内对 MBR（最大误差矩形）进行进一步处理，也可以直接输出，用其他程序进行进一步处理。处理结果直接输出到 HDFS 分布式文件系统中。

3. 性能评估

测试数据来自2MASS（2 μs 巡天）和 GLIMPSE（红外银道面特殊巡天）中的星表数据的一部分。数据规模：2MASS 15433500 行，GLIMPSE 1344450 行。测试集群配置为 Dell PowerEdge，2.8 GHz CPU，平均 1.5 GB 内存。Post-greSQL 测试机配置为：P4/3.2 GHz CPU(HT)/1 GB 内存。

图 6-21 为相同节点数目下（8 个节点），不同的分条宽度之间的性能对比结果。如图所示，分条宽度越大，条目数越少，不容易实现负载均衡；分条宽度越小，条目数变多，容易实现负载均衡，但是这时扫描长度会变长，降低效率。所以存在一个可以达到最佳效率的最佳分条宽度。在本实验中，在分条宽度为1800×最小误差×2 的时候，8 个节点的系统可以达到最佳效率。

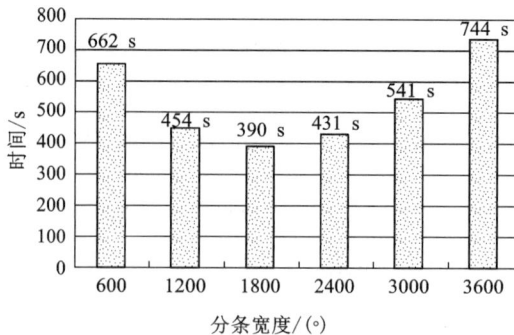

图 6-21　分条宽度效率对比

210

图 6-22 为相同分条宽度，不同节点数目效率对比结果。如图所示，随着节点数目的增多，效率也随之提高，但加速比随着节点增多而减小，这主要是由测试中所选数据集规模较小造成的。

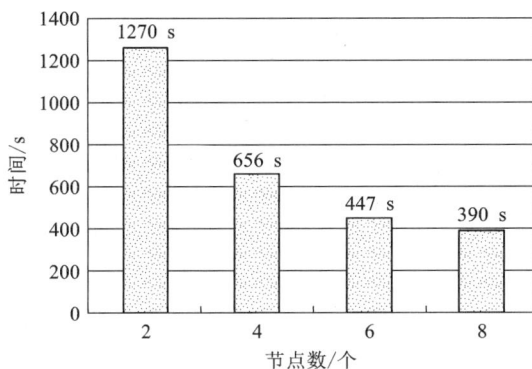

图 6-22　节点数效率对比

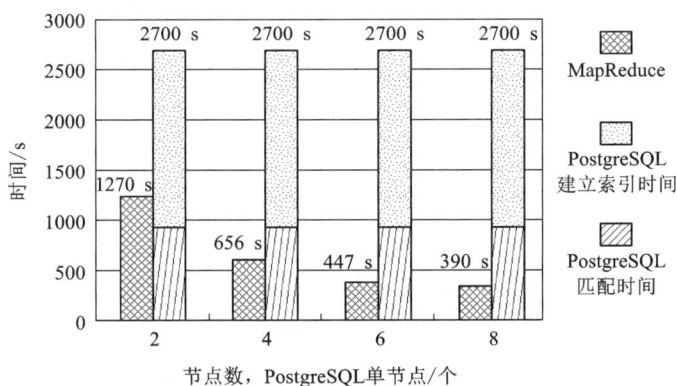

图 6-23　MapReduce 与 PostgreSQL 性能对比

在天文星表交叉认证工作中经常使用一种 DBMS，即 PostgreSQL，本书使用它和 MapReduce 进行性能对比。使用 DMBS 进行交叉匹配需要使用空间索引，而建立索引需要很长时间。在相同数据量情况下，PostgreSQL 建立空间索引需要 30 min，匹配过程需要 15 min(900 s)。MapReduce 与 PostgreSQL 性能对比如图 6-23 所示。从中可以看出，在节点少于 4 个时，MapReduce 需要的时间大于 PostgreSQL 匹配时间，这说明 MapReduce 在增加少量节点的情况下就可以获得比较大的性能提升，而节点数大于 6 个以后所获得的性能提升没有第 4、5 个节点显著，但仍可以设想如果在更大数据量情况下，越多节点应该会获得更好的效率。

天文星表数据一般只需要匹配一次就可以作为结果一直使用，所以可以认为数据库建立索引时间和匹配时间的和需要一起与 MapReduce 进行比较。可以看到，MapReduce 有非常大的优势，但是在非大规模两个星表匹配查询中，如单个节点的匹配查询，则建立了索引的 DBMS 的性能较好。与传统的 PostgreSQL 相比，使用 MapReduce 无须建立索引，不仅可以获得更好的性能，而且支持使用者自由地调节误差半径等匹配参数；此外 MapReduce 可以在分布式计算环境中使用，从而有效地支持批量查询。

案例 3　基于 Spark 的射电干涉阵列成像算法

如今，随着大型射电望远镜的发展和建造，大型数字天空勘测已占据天文学观测的主导地位。这种观测方法不仅具有极高的灵敏度和稳定性，而且观测时可以产生极海量的观测数据。当前我国已加入参加世界上最大的天文大科学工程——平方公里阵列（square kilometer array，SKA）射电望远镜的国际合作，SKA 建成后将会成为射电望远镜中的翘楚，使我们能够在不远的将来观测出在当前条件下难以观测到的奇异天体。

为了适应射电干涉阵列所产生的海量数据，需要选择一种并行化技术来提升原有算法的效率。Spark 作为当前工业界最流行的分布式内存系统，通过融合 Spark 等大数据计算架构与天文数据处理流程构建新一代高性能分布式内存计算框架，使其支持高速的数据流应用，同时满足 SKA 巨大的计算需求和 IO 需求，对于 SKA 规模的数据成像意义重大。

本案例采用的大数据处理技术是 Apache Spark 计算引擎，通过该技术来进行对成像管线算法的并行化，从而让射电干涉阵列成像算法具有更好的执行效率。基于 Spark 的运行原理以及射电干涉阵列成像原理，根据 RDD 进行 DAG 转换的过程，设计合适的 Spark 计算模型，然后将串行的成像算法在 Spark 上实现。

1. SKA 数据处理要求

SKA 是一个具有多达 256000 偶极子的低频光圈阵列，它配备有相控阵馈源的中频碟形阵列以及一个具有冷却的高灵敏度单像素馈源的中频碟形阵列。SKA 的数据处理主要分为成像管线和非成像管线，成像管线的结果是通过射电干涉而形成的图像，非成像管线主要是用于搜索脉冲星的管线。SKA 的成像管线是一个典型的数据流应用，不同于以往的数据流应用，SKA 成像管线处理是一个数据密集型和计算密集型兼有的应用。SKA 作为未来世界最大的数据源，对分布式系统的网络传输、IO 和计算能力带来了前所未有的挑战。我们迫切需要一个基于内存计算的天文数据流管线执行框架，该框架需要满足以下需求：

①支持硬件加速的混合架构。SKA 的计算规模只凭借软件加速远远达不到要求，需要结合 GPU、FPGA 等针对 SKA 具体算法的芯片的支持。

②支持分布式内存计算，具有高可用性和容错性。SKA 的 IO 速度决定磁盘操作不可能，需要高效的分布式内存计算框架。假设未来每个节点的 IO 可达 2 GB/s，考虑到计算还需要大量的内存，需要 2000 台以上的节点数。这需要分布式执行框架具备高可用性和容错性。

③支持高速的数据流处理。SKA 观测的数据源源不断地从天线上被采集过来，没有足够的存储空间来存储这些数据。这就需要不落地的数据流处理，在分布式内存中将数据处理，形成产品，只保存产品，不必保存初始数据。

④具有内置的代价模型和执行计划机制。

基于 Spark 构建 SKA 的分布式执行框架，目前面临的挑战主要有：Spark 考虑更多的是数据密集型，它的任务调度和资源管理目前只支持 CPU，需要 Spark 的 Shuffle 性能存在严重缺陷，需要结合其他技术完成数据操作。

2. 成像算法的并行实现

天文管线在分布式执行框架上的代价主要有四个组成部分，RDD 和 Shuffle 的处理代价、Spark 广播开销、内存中天文算法执行产生的 IO 代价和 Spark 任务的开销。以处理时间作为代价的度量，对这四个组成部分进行逐一分析，然后根据分析内容设计出相应的算法的并行实现。

天文管线最重要的输入数据为可见度数据，可见度数据由各个天线收集，不同时刻、基线、频率、极化方向具有不同的数值。可见度数据通常以 uvfits 格式存储。对于 SKA 的成像管线，如果最小的独立处理单元可以被一个单节点的 Spark 任务完成，最简单的 Spark 并行方式为对各个分片分别进行处理。可见度数据的分片如图 6-24 所示。

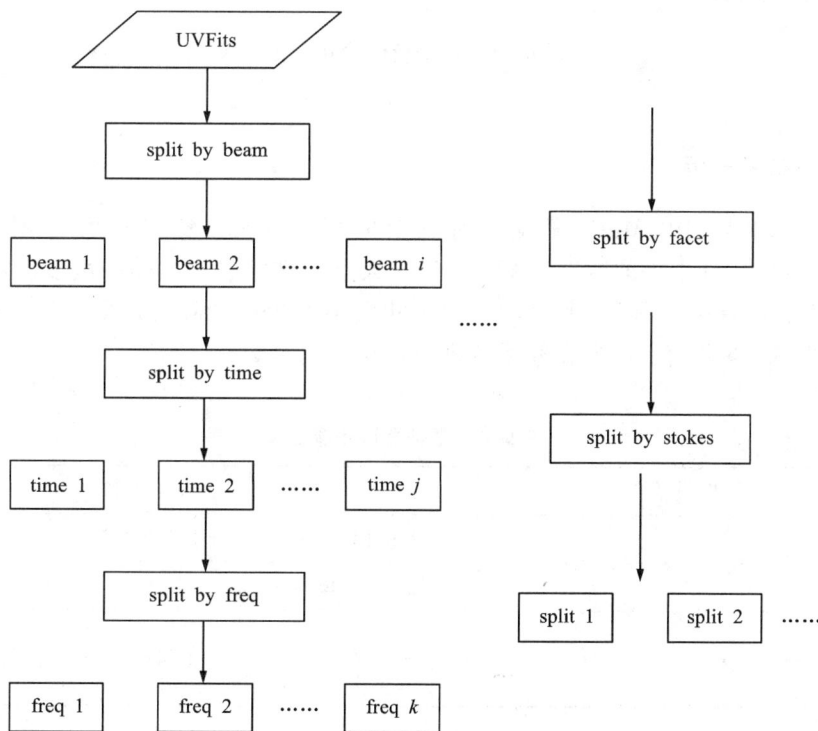

图 6-24　可见度数据分片

将可见度数据分片后就是对分好片的可见度数据的并行处理流程。图 6-25 是成像管线的简单并行化处理的流程，基于 Spark 的管线处理程序也是根据如下流程来进行设计实现的。

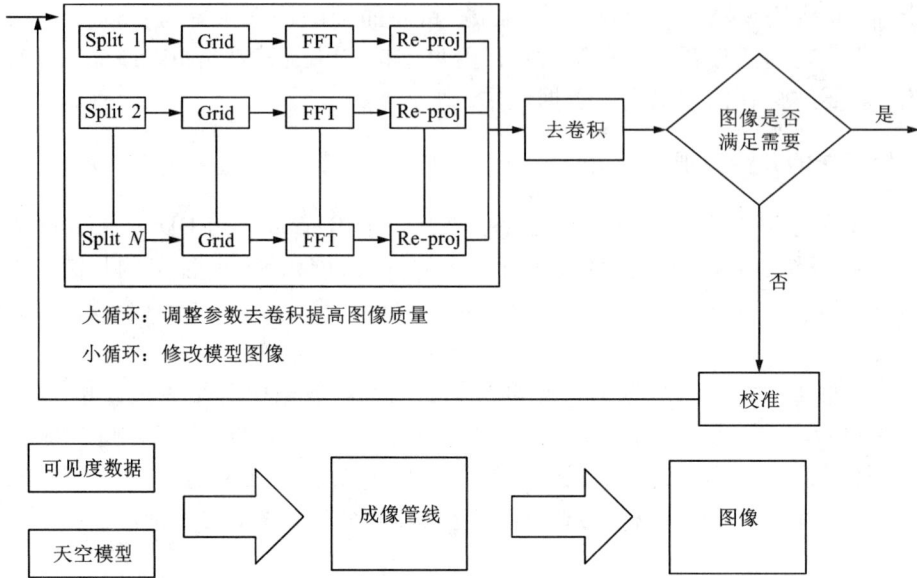

图 6-25　成像管线的并行化

3. 实验与结果分析

本实验以 SKA SDP Mid1 管线的前三个阶段（预测、校准和反卷积）为例。从 GLEAM_EGC.fits 文件中提取数据，该文件包含天空组件信息。实验中最多使用 512 个通道，每个通道上都有一个图像，每个图像的尺寸大小为 256×256。实验设备是由 4 台服务器组成的计算 Spark 集群，每台服务器参数如表 6-4 所示。

表 6-4　服务器设备参数

硬件设备	设备参数
CPU	Intel(R) Xeon(R) E5-2630 v2
主频	2.60 GHz
核心数	6
内存大小	32 GB

如图 6-26 所示，该管线包括四个步骤，各步骤详细解释如下：

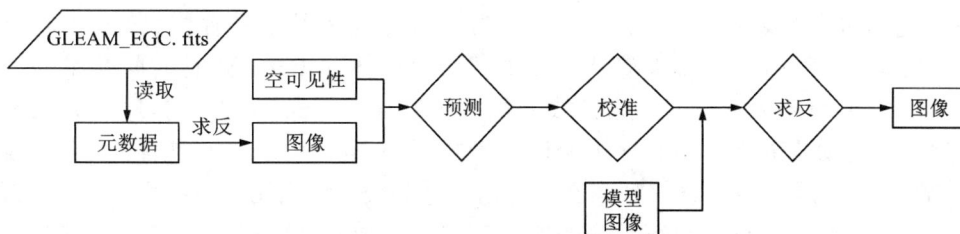

图 6-26 SKA SDP Mid1 管线处理流程

①create-gleam：从 fits 文件中提取元数据，并将此信息插入空白图像，然后将图像结果传递到下一步。

②预测：对图像进行卷积，并将结果插入相应的可见度数据中。在此步骤中，我们需要将图像与相应的可见度数据进行配对，因此将进行许多 Spark 中的 Shuffle 操作，这可能会成为程序的瓶颈。

③校准：将使用随机生成的模拟增益表校准来自上一步的可见度数据。此步骤可以并行完美处理。

④反卷积：步骤④可以看作是步骤②的逆过程，进行反卷积操作会将可见度数据转换回图像。出于同样的原因，此步骤中也有许多随机 Shuffle 操作。

基于上述配置的 Spark 集群，集群上安装 CentOS 的操作系统，并在操作系统上安装了相应的软件，涉及的软件有 Spark、Hadoop、Scala、Java 等。具体的实验软件参数如表 6-5 所示。

表 6-5 实验的软件参数

名称	参数
Centos 版本	Centos7.7.1908
Spark 版本	Spark2.3.0
Hadoop 版本	Hadoop2.7.4
Java 版本	jdk1.8.0_144
Scala 版本	Scala-2.11.11
Python 版本	Python 3.6.1

实验致力于分析 N 频率（实验的数据大小）对 Spark 管线程序的影响，N 频率是图像的频率数，需要注意的是，这个参数决定了数据的大小。在该实验中，将 CPU 内核数目固定为 16，把每个进程中的线程数目限制为 4，N 频率将会从 16 增加至 512。同时还添加了在相同条件下 Dask 管线程序数据来进行对比分析。

215

在这个实验中显示了我们增加数据大小时(实际改变的是 N 频率),Spark 管线程序与 Dask 管线程序的运行结果。从图 6-27 中可以看到,当 N 频率小于 32 时,Dask 管线程序运行速率比 Spark 管线程序快;而当 N 频率为 64 时,两者几乎具有相似的运行时间。但是,随着数据大小的增加,Spark 管线程序的优势逐渐体现出来,运行时间开始少于 Dask 管线程序。当 N 频率为 512 时,随着数据量的不断增加,Spark 管线程序开始明显快于 Dask 管线程序,如若按此管线程序去处理大数据时,Spark 将比 Dask 具有更好的性能。出现这种结果的原因是 Spark 管线程序在启动阶段比较慢,它是用 Scala 而不是 Python 原生编写的。因此,来自 Python 执行程序的所有数据都必须通过套接字和 JVM 传递。当数据不大时,此 JVM 开销不可忽略。随着数据变得越来越大,这种副作用可以通过其高效的处理速率和更加有效资源调度来抵消。

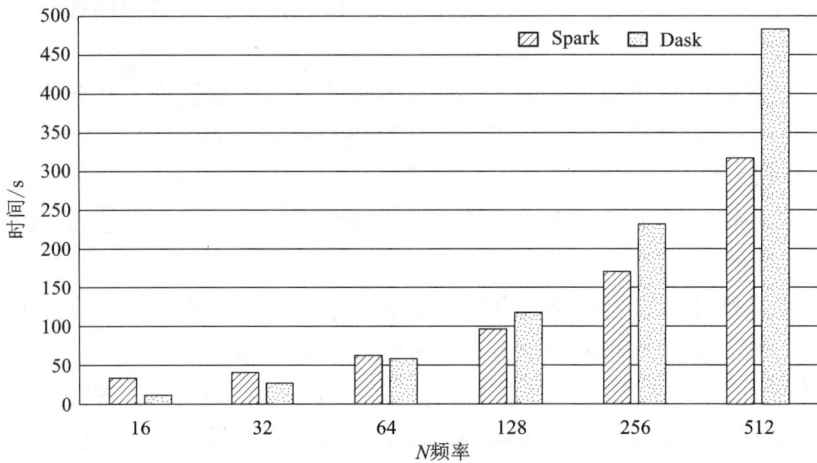

图 6-27　N 频率不同时的实验结果

案例4　基于深度学习的致密源射电天文图像反卷积

射电综合成像将许多小孔径天线综合成为一个大的虚拟孔径天线,大幅度提高了射电望远镜的分辨率。在该技术中需要应用反卷积来消除点扩展函数(PSF)的影响,特别是 PSF 旁瓣的影响。精确重建致密发射源一直是需要面对的重大挑战之一,例如在再电离时期(EoR)成像中精确去除致密源的前景。CLEAN 算法及其变体是广泛应用于射电综合成像的反卷积方法,但是这些方法仍然难以准确重建致密源。

在本案例中提出了一种数据驱动的方法,用于高度准确地重建致密射电源。这是一种有监督的端到端学习方法,可以从脏图和参考图像之间的数据对中学习有效映射。这种数据驱动方法使用了在致密源的 SKA 模拟数据集上训练的深度神经网络 deepDeconv,可以更准确地从低角分辨率的脏图中重建致密特征。实验结果表明,基于 deepDeconv 的新模型图像重建精度比基于 CLEAN 的算法有了很大提高,重建的总通量更精确,峰值信噪比(PSNR)和成像保真度更高,重建结果直观性能更好。

1. 射电综合成像

利用孔径合成（AS）技术，将多个小天线组合成一个大望远镜。与直接成像系统不同的是，AS 望远镜捕捉空间目标的傅里叶系数，然后进行傅里叶反变换重建空间图像。由于天线数量有限，傅里叶系数在实际应用中非常稀疏，导致图像非常模糊。为了去除/减少模糊，需要对获取的脏图进行去卷积操作。图 6-28 为射电综合成像原理。

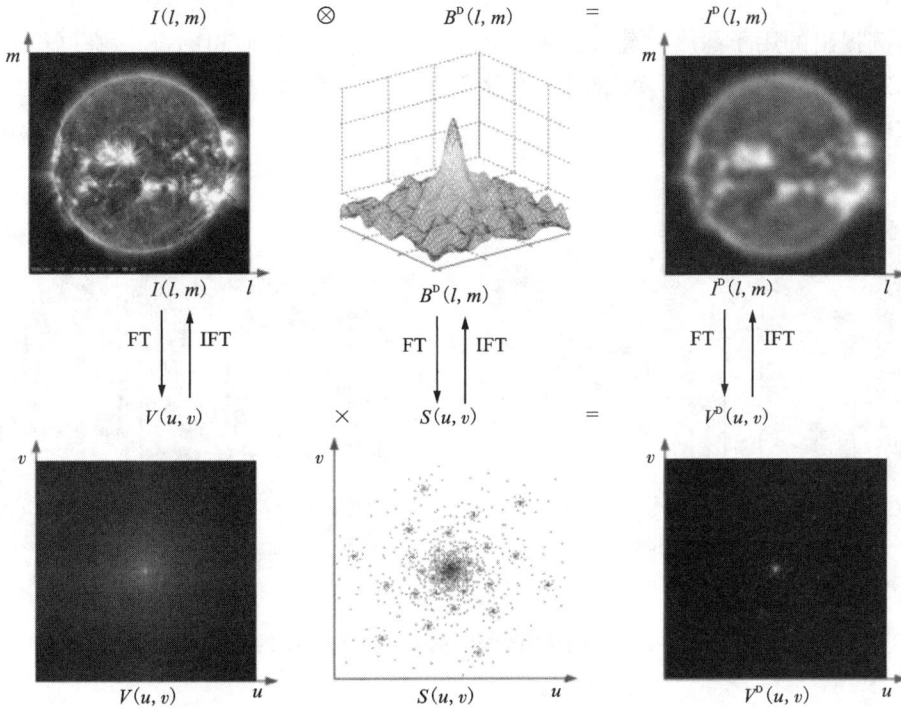

图 6-28　孔径合成成像原理

给定原始空间图像 $I(l, m)$，对应频域图像为 $V(u, v)$，它们是傅里叶变换对，分别称为亮度函数和可见度函数。如果获取所有的傅里叶系数，那么 $I(l, m)$ 可以完全重构。然而，实际情况是 $V(u, v)$ 在傅里叶域中是稀疏采样的。因此，采样可见性函数 $V^{D}(u, v)$ 仅在 AS 系统中可用，表示为

$$V^{D}(u, v) = V(u, v) \times S(u, v) \tag{6-5}$$

式中：$S(u, v)$ 是频域的采样函数。对上式的两边应用傅里叶反变换，可以得到

$$I^{D}(l, m) = \iint_{\Sigma} V(u, v) S(u, v) \exp(-i2\pi(ul + vm)) \, \mathrm{d}u\mathrm{d}v \tag{6-6}$$

式中：$I^{D}(l, m)$ 是 $V^{D}(u, v)$ 傅里叶变换后所得的脏图。由于频域的卷积运算等同于空域上的乘积运算，所以上式可写为

$$I^{D}(l, m) = I(l, m) \otimes B^{D}(l, m) \tag{6-7}$$

式中：$B^D(l, m)$ 采样函数 $S(u, v)$ 傅里叶变换后所得的脏束或点扩展函数 PSF

$$B^D(l, m) = \iint_\Sigma S(u, v)\exp(-i2\pi(ul + vm))\mathrm{d}u\mathrm{d}v \qquad (6-8)$$

因此在实际观测系统中，我们获取的是空域上的脏图 $I^D(l, m)$，而不是实际的真实图像 $I(l, m)$。而脏图由于受到脏束 $B^D(l, m)$ 的污染，并不能直接用于天体物理分析，为重建 $I(l, m)$，需要去除脏束的影响，这个过程通常称为反褶积。

2. 基于深度学习的反卷积算法

本案例提出的用于深度重建致密射电源的卷积神经网络 deepDeconv，在网络结构上改进了 DnCNN 来让其更适应于致密源的重建工作。如图 6-29 所示是 deepDeconv 的卷积神经网络的结构设计。

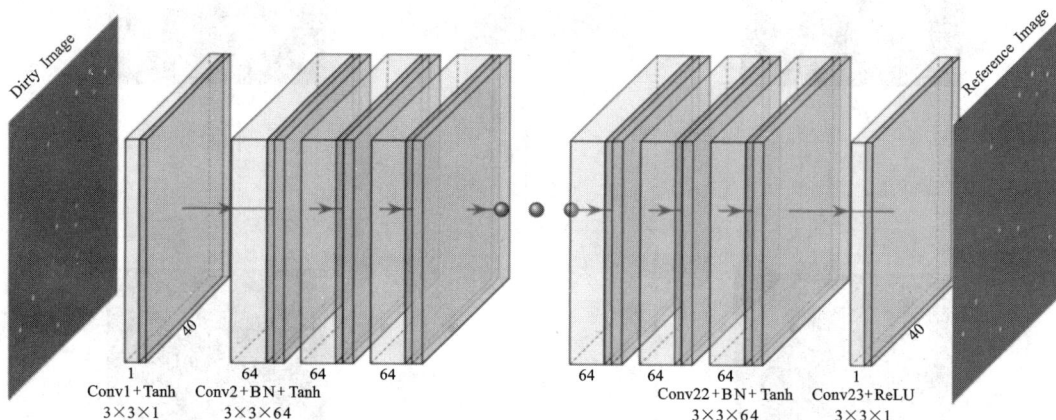

图 6-29　用于致密源重建的 deepDeconv 的结构

在图 6-29 中，每个层次有两到三层，依次分为卷积层、批量归一化层、激活函数层。脏图与参考图像之间的学习方式为有监督学习，该映射/模式用于去除 PSF 效应，训练过程采用端到端的方式。输入图集来自脏图，输出图集来自参考图，实际上学习的映射就是这两者之间大量的图像对关系。该表达中包含了前向层的简单特征分布到反向层的复杂特征分布，这样的基于复杂度的不同分层可以更好地展示对 PSF 的逆过程。这个模型中用到的损失函数和激活函数可以分别表示为

$$L(\theta) = \frac{1}{2N}\sum_{i=1}^{N}\|I_i^{\mathrm{dirty}}(\theta) - I_i^{\mathrm{ref}}(\theta)\|_2^2 \qquad (6-9)$$

$$\mathrm{Tanh}(x) = \frac{e^x - e^{-x}}{e^x + e^{-x}} \qquad (6-10)$$

$$\mathrm{ReLU}(x) = \max(0, x) \qquad (6-11)$$

式(6-9)为损失函数，式中 I_i^{dirty} 表示脏图，I_i^{ref} 表示参考图，该式表达了脏图和参考图之间的平均均方误差，这有助于抑制训练过程中的震荡。一般认为损失越小，两者之间的差异越小，当损失函数趋于 0 且不再下降，由学习模型重建的图像就倾向于参考图像。式

（6-10）和（6-11）为激活函数，两者适用于不同的环境，模拟了该非线性神经网络求解非线性解的过程。本案例的模型在最后一层将 tanh 函数放在 ReLU 函数后。

3.实验与结果分析

通过将本案例提出的 deepDeconv 和 CLEAN 算法进行比较来验证该方法的有效性。稀疏分布的致密源重建实验结果如图 6-30 所示。图中左上为 deepDeconv 重建结果，右上为 CLEAN 算法的重建结果，左下为 deepDeconv 重建结果与相应参考图之间的差，右下为 CLEAN 算法重建结果与相应参考图之间的差，可以直观地感受到本案例所提出的模型在稀疏分布的致密源重建结果上的有着优越的性能。

图 6-30　稀疏分布的致密源重建结果及对比

6.3　金融大数据

本书的理论部分已经对大数据特点以及大数据分析的方法做了详细的解释。结合大数据的价值我们知道大数据应用涉及各个方面，例如：互联网领域，如谷歌每天都有几亿、几十亿用户进行搜索，那么谷歌如何管理这庞大的数据量就是金融大数据要解决的问题；医疗领域，利用机器学习及时诊断和预测病情；农业生产领域，基于人工智能的病害虫防护系统得到推广；金融领域，银行采用营销策略及时向客户推送广告信息和推荐顾客可能感兴趣的产品和优惠信息……这些应用都体现了大数据无处不在，我们的生活离不开大数据。前面两节分别介绍了大数据在医疗和天文领域的应用，本节主要介绍大数据在金融领域的应用。

6.3.1 金融大数据概述

金融大数据是指运用大数据技术和大数据平台开展金融活动和进行金融服务而产生的大数据。金融大数据对金融行业积累的大数据以及外部数据进行云计算等信息化处理，结合传统金融，开展资金融通、创新金融服务。根据金融行业的分类，可以将金融大数据细分为银行大数据、证券大数据和保险大数据三个应用场景。

金融大数据在银行的应用：比较典型的银行的大数据应用场景集中在数据库营销、用户经营、数据风控、产品设计和决策支持等。目前来讲，大数据在银行的商业应用还是以其自身的交易数据和客户数据为主，外部数据为辅；以数据分析为主，预测性数据建模为辅；以经营客户为主，经营产品为辅。银行大数据主要应用在客户画像、精准营销、风险管控、运营优化四大方面。

金融大数据在证券行业上的应用：证券行业的主要收入来源于经纪业务、资产管理、投融资服务和自由基金投资等。外部数据的分析，特别是行业数据的分析有助于其投融资服务和投资业务。证券行业的大数据应用主要是通过数据挖掘和分析找到高频交易客户、资产较高的客户和理财客户，借助数据分析的结果，证券公司可以根据客户的特点进行精准营销推荐针对性服务。就目前来看，国内证券行业的大数据应用主要用来进行股价预测、客户关系管理和投资景气指数预测。

金融大数据在保险行业的应用：由于保险行业主要通过保险代理人与保险客户进行连接，对客户的基本信息和需求掌握很少，因此极端依赖外部保险代理人和渠道（银行）。在竞争不激烈的情况下，这种连接客户的方式是可行的。保险行业的产品是一个周期性产品，保险客户再次购买保险产品的转化率很高，所以经营好老客户是保险公司的一项重要任务。保险公司的数据主要集中在产品系统和交易系统之中，利用客户行为来制定车险价格，利用客户外部行为数据来了解客户需求向目标用户推荐合适保险产品。

金融大数据来源有多个渠道，其中主要的数据来源如图 6-31 所示。

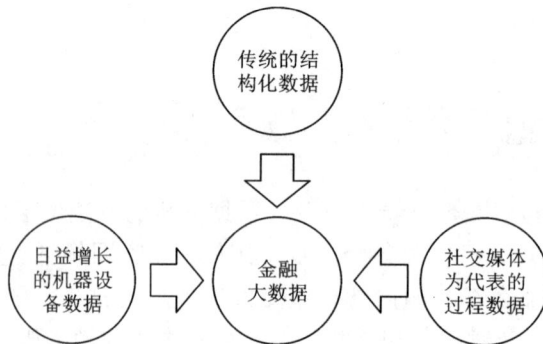

图 6-31 金融大数据来源

金融大数据的来源主要可分为三类：

①传统的结构化数据：如各种数据库和文件信息等。

②社交媒体为代表的过程数据：如用户偏好、习惯、特点、发表的言论、朋友圈之间的关系等。

③日益增长的机器设备数据：如柜面监控视频、呼叫中心语音手机和 ATM 等记录的位置信息等。

目前，随着人工智能的发展，国内不少银行已经开始尝试通过大数据驱动业务运营，如中信银行使用大数据技术实现了实时营销，光大银行建立了社交网络信息数据库，招商银行则利用大数据发展小微贷款等。在大数据时代，各金融企业充分利用大数据带来的发展机遇并取得了高效的收益。另外，建设银行、农业银行等采用面部识别、指纹识别登录 App 也属于大数据的简单应用。

相比于传统金融数据，金融大数据以大数据云计算为基础，以大数据自动计算为主，不需要大量人工，运营成本较低，并且可以实时精准营销个性化服务，充分体现了大数据为我们生活带来的便利。金融大数据的价值非常大，它为银行业、金融业的发展奠定了强大的基础支撑。

从金融应用层面出发，我们列举了一部分金融大数据带来的价值，如表 6-6 所示。

表 6-6　金融大数据价值

价值	解释
销售机会增多	金融企业掌握海量数据，结合用户搜索行为、交易行为等洞察消费者需求进而有针对性对产品进行生产、改进和营销
客户服务改善	在客户体验方面，通过对交易数据、多渠道交互数据等的全面分析，帮助企业真正了解客户需求，并预测客户未来行为；在客户情感分析方面，通过对客服中心、社交媒体等数据的文本分析、语音分析，改进并优化客户服务
客户流失预警	分析客户在整个相关产品里的使用行为的数据，识别可能流失的客户以及可能导致客户放弃的原因，如客户对产品不满意，以便企业进行有效改进
运营效率提升	从销售、业务流程、资金需求预测方面提高运营效率
金融产品创新	高端数据分析系统和综合化数据分享平台能够有效地对接银行、保险、证券等金融产品，使金融企业能够从其他领域借鉴并创造出新的金融产品
商业模式创新	通过对人体的心率、体重、血脂、血糖等数据分析，预测客户的健康指数，帮助人身保险公司提高客户识别率，制定个性化的费率和承保方案
风险管控加强	通过对最底层交易数据的全面甄别和分析，使企业能够提高风险透明度，实现事前预警、事中控制

6.3.2　金融大数据目标及挑战

为了顺应大数据时代的发展,金融大数据的应用得到了普及,为各金融企业带来了高效的利益。金融大数据的目标主要有:个性化推荐,即银行根据客户的喜好进行服务或者银行产品的个性化推荐,对客户群进行精准定位,分析其潜在金融服务需求,进而有针对性地营销推广;实时营销,金融企业根据客户的实时状态进行营销;客户生命周期管理,即为了保证金融企业的运行需要进行新客户获取、客户防流失和客户赢回,金融大数据可以高效解决这些问题。

但是要对海量数据进行获取、分析和处理并不是一件简单的事,在这过程中会遇到一些挑战:

①银行拥有的客户信息不全面。了解客户信息不仅要考虑银行业务所采集到的信息,更应考虑整合外部更多的数据以扩展对客户的了解,这就需要银行在数据采集上采取措施以获得广泛的数据源。

②大数据金融信息安全问题。在大数据产业呈现爆炸式增长的同时,其大数据信息安全水平却呈现非对称发展,现在金融信息化已全面进入信息安全管理阶段,对计算机信息系统有着高度的依赖性,使得进入信息安全面临多方面的威胁,包括大数据集群数据库的数据安全威胁、智能终端的数据安全威胁以及数据虚拟化带来的泄密威胁。

③改进金融行业的控制手段。在大数据时代背景下,金融行业若要提高自身管理水平,那么就务必要改进数据挖掘手段。一方面,金融行业可利用各种数据挖掘软件、计算机技术、网络技术等来信息化管理的各个业务环节,以便能够对金融业务情况的动态信息进行准确掌握,这样无疑有利于更好地提高金融行业的管理水平。另一方面,金融机构管理人员可应用人工智能技术来对比分析形成价值链中的各个作业环节、各个部门的成本支出情况,进一步细分每项价值增值活动,最大限度地减少成本支出。与此同时,还应该对金融行业的各个环节等加大数据挖掘方法的利用,可结合自身实际情况来建立数据挖掘手段应用反馈与评价机制,若数据挖掘手段出现问题,那么在第一时间内及时反馈、按时整改,并且还要评价数据挖掘成效,做到有功则奖、有过则罚。此外,金融机构管理人员还可以利用大数据技术来综合分析当前管理情况,以此来获取全面而具体的信息,便于及时发现问题、评估问题、分析问题、解决问题,将隐患控制在"萌芽状态",为金融机构管理层的重大决策提供准确的参考,促使金融机构实现稳定、有序、高效发展。值得注意的是,金融机构还要注意选择先进、科学的大数据挖掘方法,并且将其运用到实际的工作之中,以此来达到控制目标。

总的来说,大数据在金融行业越来越得到广泛的应用,给各金融企业带来了反击的机遇,各种基于大数据分析的软件平台顺应趋势,为金融机构提供量身定制的大数据分析服务,以此帮助金融机构应对未来挑战。

6.3.3　金融大数据理论及技术

金融大数据技术的产生集合了数据收集、数学建模和其他方法来有效控制和管理。由于使用了大数据和云计算等新技术,在金融行业建立云数据平台将大大降低金融机构的运营成本。因此，金融行业区块链的技术将持续严格控制数据安全，面向数据存储的创新应用模型将为金融业提供更大空间。

技术起到对业务的支撑作用，在金融领域，大数据相关技术的采用主要有五个处理流程，相关技术主要在这五个流程中体现(图 6-32)。

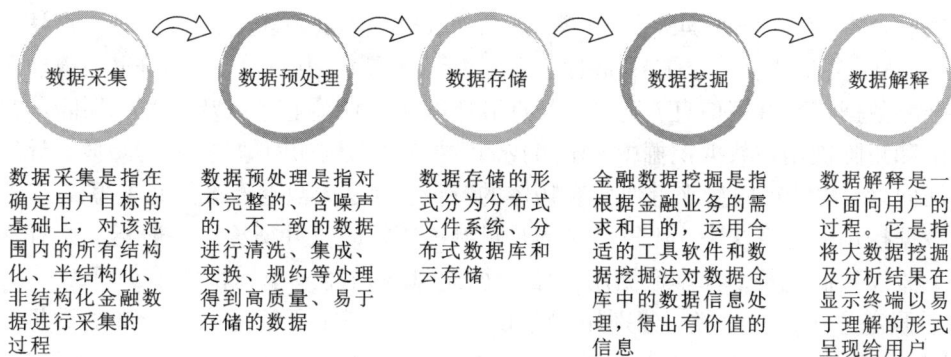

图 6-32　金融大数据处理流程

1. 数据采集

数据采集是对金融大数据的获取过程，数据采集的方式主要有以下三种：

①系统日志采集：从各种日志源上收集日志存储到一个中央存储系统中，以便后期知道找谁解决问题、定位解决问题、了解客户需求，从而进行个性化营销。

②网络数据采集：网络数据采集是指利用互联网搜索引擎技术从网站抓取数据信息。为了高效地获取有用信息一般可利用 Python 爬虫获取或者利用工具八爪鱼、火车采集器、搜集客，不用编写代码即可快速进行网页数据的获取。

③开源数据源：直接使用互联网上的开源数据源。

2. 数据存储

数据存储的方式主要包含分布式文件系统、分布式数据库和云储存几种。

①分布式文件系统：分布式文件系统指文件系统管理的物理存储资源不一定直接连接在本地节点上，而是通过计算机网络与节点相连，众多的节点组成一个文件系统网络，众多的节点可以分布在不同的地点，通过网络进行节点间的通信和数据传输。HDFS 是 Hadoop 分布式文件系统，具有高容错性的特点。

②分布式数据库：利用网络将物理上分布的多个数据存储单元连接起来组成的逻辑数据库称为分布式数据库。其基本思想是将集中式数据库中的数据，分散存储到多个数据存储节点上，并通过网络节点连接起来，以获取更大的存储容量和更高的并发访问量。分布式数据库具有高扩展性、高并发性、高可用性以及更高的数据访问速度。

③云存储：云存储是一种以数据存储管理为核心的云计算系统，它是指通过集群应用、网络技术和分布式文件系统等功能，将网络中大量各种不同类型的存储设备通过应用

软件集合起来协同工作，共同对外提供具有数据存储和业务访问功能的一个系统。云存储方式具有高安全性和节约存储空间的优点。

3. 数据挖掘

数据挖掘部分可以说是金融数据处理流程的关键部分，该部分涉及十大算法。其中：分类算法，含有六大算法 C45、贝叶斯、SUM、KNN、Adaboost、CART；聚类算法，含有 k-means、EM；关联分析，含有 Apriori；连接分析，含有 PageRank。该部分通过算法分析采集到的金融数据得到有用信息，例如张某近五年购买的保险业务以及其关注保险信息的行为。向量和矩阵被用在数据挖掘中，比如我们常把对象（例如图像）抽象为矩阵，计算特征值和特征向量，用特征向量来近似代表物体的特征，这是大数据降维的基本思路。

在数据挖掘分类算法中，比较经典的是贝叶斯算法。贝叶斯算法一般指的是朴素贝叶斯算法。假设我们把每个样本数据用 n 维特征向量来描述 n 个属性的值，即 $X=\{x_1, x_2, \cdots, x_n\}$，假定总共有 m 个类，分别用 C_1, C_2, $\cdots$, C_m 表示。给定一个未知的数据样本 X（属于未知分类），使用朴素贝叶斯分类法，如果要将未知的样本 X 分配给某个类 C_i，则一定满足下式：

$$P(C_i|X)>P(C_j|X) \quad 1\leq j\leq m, j\neq i \tag{6-12}$$

根据贝叶斯定理，由于 $P(X)$ 对于所有类为常数，最大化后验概率 $P(C_i|X)$ 可转化为最大化先验概率 $P(X|C_i)P(C_i)$。如果训练数据集有许多属性和元组，计算 $P(X|C_i)$ 的开销可能非常大，为此，通常假设各属性的取值互相独立，这样先验概率 $P(x_1|C_i)$, $P(x_2|C_i)$, $\cdots$, $P(x_n|C_i)$ 可以从训练数据集求得。根据此方法，对一个未知类别的样本 X，可以先分别计算出 X 属于每一个类别 C_i 的概率 $P(X|C_i)P(C_i)$，然后选择其中概率最大的类别作为其类别。

朴素贝叶斯算法成立的前提是各属性之间互相独立。当数据集满足这种独立性假设时，分类的准确度较高，否则可能较低。另外，朴素贝叶斯算法没有具体分类规则输出，这是该算法的一个不足。

数据挖掘中比较常用的聚类算法是 k-means 算法。它是一种简单的迭代型聚类算法，采用欧式距离作为相似性检测指标，从而发现挖掘数据中的 k 个分类，且每个类的中心是根据类中所有值的均值得到，每个类用聚类中心来描述。对于给定的一个包含 n 个 d 维数据点的数据集 X 以及要分得的类别 k，选取欧式距离作为相似度指标，聚类目标是使得各类的聚类平方和最小，即最小化：

$$J = \sum_{k=1}^{k} \sum_{i=1}^{n} \|x_i - u_k\|^2 \tag{6-13}$$

结合最小二乘法和拉格朗日原理，聚类中心对应类别中各数据点的平均值，同时为了使得算法收敛，在迭代过程中，应使最终的聚类中心尽可能不变。

4. 数据解释

利用可视化技术、人机交互、数据起源等新的方法将结果展示给用户。其中数据可视化的过程主要通过图形化方法进行清晰、有效的数据传递，比如 Python 中的 matplotlib 和

seaborn 具有强大的图表功能，它提供了许多特殊的金融图表，可用于可视化历史股价数据或者金融数据。其基本思想是使用单个图元元素表示数据库中的每一个数据项，大量的数据集组成数据图像，并以多维数据的形式表示数据的各个属性值。人机交互的过程主要是通过系统输入、输出设备，以有效的方式实现人与系统之间信息交换的技术。其中，系统可以是各类机器、计算机和软件。用户界面或人机界面是人机交互所依托的介质和对话接口，通常包括硬件和软件系统。人机交互技术是一种双向的信息传递过程，既可以由用户向系统输入信息，也可以由系统向用户反馈信息。

6.3.4 应用实例

大数据在金融方面应用非常广泛。在处理庞大数据时，Python 常常作为大数据信息处理的首选工具。Python 凭借其简单、易读、可扩展性以及拥有巨大而活跃的科学计算社区，在需要分析、处理大量数据的金融行业方面得到了广泛而迅速的应用，并且成为该行业开发核心应用的首选编程语言。同时，本书上一章提到的 TensorFlow 是非常重要的深度学习大数据模型框架。此部分提供了一个深度学习与大数据金融相结合的学习案例，它使用 TensorFlow 框架来预测股票价格数据，供读者学习。股票价格是典型的时间序列，会受到经济环境、政府政策、人为操作等多种复杂因素的影响。基于历史数据会呈现一定的趋势，所以我们利用人工智能技术对此进行预测分析具有一定的实用性，在金融行业取得了一定的发展成果。

案例1 使用 TensorFlow 框架预测股票价格数据

在实际工作中，金融工作者常常需要预测股票数据。本案例主要采用 Python 作为编程语言，借助深度学习框架 TensorFlow 搭建简单神经网络对 500 只股票进行处理并预测价格，有一定的参考价值。模型训练数据自来源于 http://files. statworx. com/sp500. zip。本案例主要建立一个完整的 TensorFlow 深度学习框架模型，不对效率、输出结果等进行更精确的要求。

在该案例中，实现步骤可大概分为六个阶段，一般深度学习也都分为这六个步骤。

①实验准备阶段，下载实验所需要的第三方库。

②加载和初步清洗数据集。

③设置模型参数，使得数据集可迭代，因为我们在深度学习中训练数据是按批次进行的，我们需要利用设置合适的 batch 和合适的批次 epoch。

④设置网络模型，该模型采用整流线性单元(ReLU)激活函数。

⑤定义损失函数和优化器。

⑥训练模型。

以下是详细实现过程。

1. 准备阶段导入库和数据

```
import pandas as pd          #pandas 库主要作用是及时进行数据清洗和整理，numpy 库用于数组计算
具有强大能力
import numpy as np
import tensorflow as tf
tf.disable_v2_behavior()
importmatplotlib.pyplot as plt
fromsklearn.preprocessing import MinMaxScaler
import time
```

2. 数据处理

```
#读取数据集
data＝pd.read_csv(' data_stocks.csv' )
#数据清洗，去掉无用的列
data.drop(' DATE' , axis＝1, inplace＝True)
#划分训练集和测试集
data_train = data.iloc[：int(data.shape[0] ＊ 0.7), ：]
data_test = data.iloc[int(data.shape[0] ＊ 0.3)：, ：]
#数据归一化处理
scaler ＝MinMaxScaler(feature_range＝(- 1, 1))
scaler.fit(data_train)
data_train = scaler.transform(data_train)
data_test = scaler.transform(data_test)
```

在数据加载处理中，我们需要将数据集分为训练和测试数据，分配为 7∶3，即数据集中 70%为训练集，30%为测试数据集。

3. 设置模型相关参数

```
#设置 X 值和 Y 值
X_train = data_train[：, 1：]
y_train = data_train[：, 0]
X_test = data_test[：, 1：]
y_test = data_test[：, 0]

#设置超参数
input_dim = X_train.shape[1]        #输入数据维度
output_dim = 1                      #输出数据维度
hidden_1 = 1024
hidden_2 = 512
```

```
hidden_3 = 256
hidden_4 = 128
hidden_5 = 128
batch_size = 256                    #训练批次大小
epochs = 15                         #训练轮数
```

注意：设置超参数是为了设置输入数据和输出数据的维度、隐含层的层数和训练批次以及训练轮数，一般情况下超参数的设置是在开始学习过程之前，而不是通过训练得到的参数数据。通常情况下，需要对超参数进行优化，选择一组最优超参数，以提高模型的性能和效果。

```
tf.reset_default_graph()
#设置占位符
X = tf.placeholder(shape=[None, input_dim], dtype=tf.float32)
Y = tf.placeholder(shape=[None], dtype=tf.float32)
```

4. 设置网络模型

```
#设置网络层
#W1=tf.get_variable('W1', [input_dim, hidden_1], initializer=tf.contrib.layers.xavier_initializer(seed=1))
W1=tf.get_variable('W1', [input_dim, hidden_1], initializer=tf.truncated_normal_initializer(stddev=0.1))
b1=tf.get_variable('b1', [hidden_1], initializer=tf.zeros_initializer())
W2=tf.get_variable('W2', [hidden_1, hidden_2], initializer=tf.truncated_normal_initializer(stddev=0.1))
b2=tf.get_variable('b2', [hidden_2], initializer=tf.zeros_initializer())
W3=tf.get_variable('W3', [hidden_2, hidden_3], initializer=tf.truncated_normal_initializer(stddev=0.1))
b3=tf.get_variable('b3', [hidden_3], initializer=tf.zeros_initializer())
W4=tf.get_variable('W4', [hidden_3, hidden_4], initializer=tf.truncated_normal_initializer(stddev=0.1))
b4=tf.get_variable('b4', [hidden_4], initializer=tf.zeros_initializer())
W5=tf.get_variable('W5', [hidden_4, hidden_5], initializer=tf.truncated_normal_initializer(stddev=0.1))
b5=tf.get_variable('b5', [hidden_5], initializer=tf.zeros_initializer())
W6=tf.get_variable('W6', [hidden_5, output_dim], initializer=tf.truncated_normal_initializer(stddev=0.1))
b6=tf.get_variable('b6', [output_dim], initializer=tf.zeros_initializer())

#激活函数，网络的隐含层需要被激活函数激活
h1 = tf.nn.relu(tf.add(tf.matmul(X, W1), b1))
h2 = tf.nn.relu(tf.add(tf.matmul(h1, W2), b2))
h3 = tf.nn.relu(tf.add(tf.matmul(h2, W3), b3))
h4 = tf.nn.relu(tf.add(tf.matmul(h3, W4), b4))
h5 = tf.nn.relu(tf.add(tf.matmul(h4, W5), b5))
out = tf.transpose(tf.add(tf.matmul(h5, W6), b6))
```

5. 定义损失函数和优化器

```
#损失函数
loss = tf.reduce_mean(tf.squared_difference(out, Y))
#定义优化器
optimizer = tf.train.AdamOptimizer().minimize(loss)
```

6. 模型实现

```
with tf.Session() as sess：
#初始化所有变量
    sess.run(tf.global_variables_initializer())
    for e in range(epochs)：
        #随机取出数据
        shuffle_indices = np.random.permutation(np.arange(y_train.shape[0]))
        X_train = X_train[shuffle_indices]
        y_train = y_train[shuffle_indices]

        for i in range(y_train.shape[0] //batch_size)：
            start = i * batch_size
            batch_x = X_train[start：start + batch_size]
            batch_y = y_train[start：start + batch_size]
            sess.run(optimizer, feed_dict={X：batch_x, Y：batch_y})

            if i % 50 == 0：
                print(' MSE Train：' , sess.run(loss, feed_dict={X：X_train, Y：y_train}))
                print(' MSE Test：' , sess.run(loss, feed_dict={X：X_test, Y：y_test}))
                y_pred = sess.run(out, feed_dict={X：X_test})
                y_pred = np.squeeze(y_pred)
                #这里务必设置画布大小，否则会出现图像重叠的情况
                plt.figure(figsize=(16, 12))
                plt.plot(y_test, label=' test' )
                plt.plot(y_pred, label=' pred' )
                plt.title(' Epoch ' + str(e) + ', Batch ' + str(i))
                plt.legend()
                #这里不采用 plt.show 方法，直接导出到文件中
                filepath=' output/' +str(e)+' _' +str(i)+' .jpg'
                plt.savefig(filepath)
                plt.plot(data[' SP500' ])
```

训练结果如图 6-33 所示：

```
MSE Train: 0.00031331243
```

图 6-33　训练结果

图 6-34 所示的测试结果表明当损失函数大约为 0.0003 时测试结果较好，我们的预测数据接近于测试数据，具有可行性，该模型可以用于预测金融行业股票价格波动趋势。

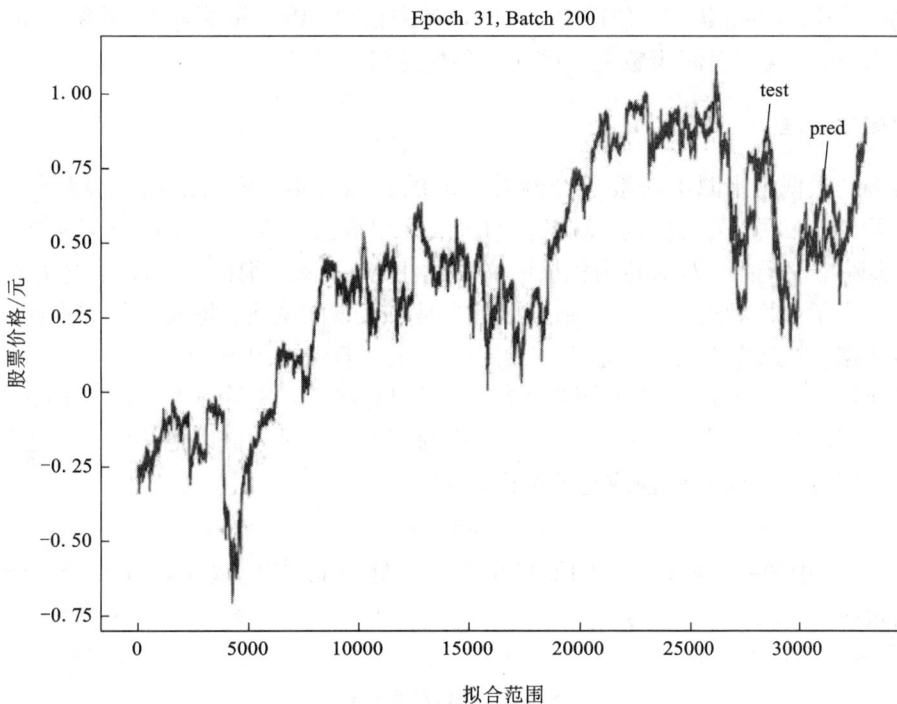

图 6-34　测试结果

案例 2　使用 SVM 模型预测股票新闻文本情感极性

2017 年 7 月 8 日，国务院印发并实施《新一代人工智能发展规划》，要求"开展跨学科探索性研究。推动人工智能与神经科学、认知科学、量子科学、心理学、数学、经济学、社会学等相关基础学科的交叉融合"。目前，作为人工智能的代表性技术，机器学习和深度学习是其中强有力的备选工具，在过去的十几年里，机器学习的发展提供了分析问题、解决问题的新方法，有望解决传统分析工具无法克服的难题。目前，机器学习方法已经应用于公共决策、个人决策、城市发展以及金融领域的预测。

从使用数据来看，已有研究中的模型所用数据大多局限于财务报表数据、股票行情数据等结构化数据，忽略了以财经新闻为代表的非结构化文本数据。而财经新闻也是股价变化的重要推手，一般而言，如果新闻是正面的，股价上涨的可能性高，相反，股价就有可能下跌。由此可见，股票市场不仅受政治、经济、军事等因素的影响，还会受到"情感"因素的影响。然而，对于股票市场文本情感分析尚属于起步阶段，仍有许多理论及实践问题需要解决。在金融学领域的传统实证分析文献中，研究数据多局限于财务报表数据、股票市场数据等结构化数据。随着 NLP 技术的不断发展，文本数据的采集和快速分析成为可能。文本分析是指通过对文本内容进行挖掘和数据分析，获得文本提供者的特定立场、观点、价值和利益，并由此推断其意图和目的。其涵盖面非常广泛，包括计算语言学、信息检索、内容分析和文体学等。在股价预测研究中，通过对上市公司披露文本、财经新闻报道中与金融市场相关的部分进行挖掘，有助于研究者更加深入地理解和刻画资产价格变动机制。

本案例采用 Python 语言，使用 PyTorch 框架来搭建 SVM 网络模型，并结合 matplotlib、pandas、sklearn 库实现对海康威视新闻文本的情感极性预测。

1. 数据预处理

本案例的数据集来源于新浪财经网站爬取的新闻文本，该网站包含股票各方面的信息，如股票实时涨跌、公司咨询、政策新闻等。调用自然语言处理接口对新闻文本进行初步评价，去除中性词条，对情感为积极的文本标注为 1，反之消极的标注为 0（表 6-7）。

使用深度学习模型进行文本情感分析首先是将文本向量化，将大量的文本向量嵌入来表示文本数据，以此作为模型的输入。给定一个包含若干词组成的序列，将每个词转换成一个实数向量。对于序列中的每个词，寻找得到词的嵌入式矩阵 $W^{wrd} \in R^{d^w} |V|$，该矩阵是一个需要学习的参数，其中 V 是一个固定大小的词汇，d^w 是词嵌入的矩阵。通过使用矩阵向量乘积可以将一个词 x_i 转换成它的词嵌入 e_i：

$$e_i = W^{wrd} v^i \tag{6-14}$$

式中：v^i 是 $|V|$ 中的一个向量，它的值只在索引 e_i 处为 1，其他位置均为 0。所以句子可以表示为向量 $emb_s = \{e_1, e_2, \cdots, e_T\}$。

表 6-7　文本数据样例

积极（positive）	消极（negative）
中国动力：控股股东再抛增持计划　拟再增持 5 至 20 亿元	富士康大裁员是假的，鸿海市值首次跌破万亿台币是真的
华海药业再公布致癌药召回进展　原料药涉及 6 家企业	收购珍爱网失败　德奥通航 2.5 万股东再遭暴击
龙净环保推员工持股计划　首期资金总额 3429 万	股市名人效应要警惕　龙薇传媒违法披露股民损失惨重
小米上调销量目标明年冲击 1 亿台　6 股或受热捧	三年四步走维信诺完成了实控人变更：还绕开所有监管
年关茅台突发限供令　酒企停供潮后或将现涨价潮	蒋勇选择离场　深交所紧盯尤夫股份实控人变更

2. SVM 模型的搭建

假设股票输入样本为 n 维空间的一个点 $X = x_1, x_2, \cdots, x_n$, y_1 和 y_2 分别代表股票的涨跌, SVM 的重点是建立一个超大平面的决策曲面, 设超平面 $g(x)$ 为 $w^T x + b = 0$, 当它大于 0 时分类为 y_1, 反之分类为 y_2, 支持向量的平面范围值大小为 $[-1, 1]$, 落在这之间的样本点即为支持向量机, 从而得到最大间隔 $d = \dfrac{2}{\| w \|}$。

利用拉格朗日优化最大间隔最终得到决策函数如下式所示, 其中 N 代表分类总数。

$$f(x) = \mathrm{sgn}\Big(\sum_{i=1}^{N} y_i \alpha_i \Big) \cdot K((x_i x_j) + b) \tag{6-15}$$

$$N = y_1 + y_2 \tag{6-16}$$

二次规划问题、求解约束最优化的问题变成如下所示：

$$\max \sum_{i=1}^{N} \alpha_i - \frac{1}{2} \sum_{i=1}^{N} \sum_{j=1}^{N} \alpha_i \alpha_j \cdot y_i y_j \cdot K(x_i \cdot x_j) \tag{6-17}$$

$$\mathrm{s \cdot t} \cdot 0 \leqslant \alpha_i \leqslant C \tag{6-18}$$

$$\sum_{i=1}^{N} \alpha_i y_i = 0, \ i = 1, 2, \cdots, N \tag{6-19}$$

式中：C 为惩罚函数, 该值与模型对噪声的容忍度成正比, 与模型的泛化能力成反比。

常见的 SVM 核函数有线性核函数、多项式核函数、径向基核函数, 分别如式(6-20)~式(6-22)所示, 其中, D 和 Y 是常数项。

$$K(x_i, x_j) = (x_i, x_j) \tag{6-20}$$

$$K(x_i, x_j) = (x_i \cdot x_j + 1)^d \tag{6-21}$$

$$K(x_i, x_j) = \exp(-\gamma \| x_i - x_j \|^2) \tag{6-22}$$

核函数的选择决定了模型的预测效果, 通过核函数网络, SVM 将输入的向量映射到高维特征的空间, 将原本的非线性问题变换为高纬度特征空间的线性可分问题。

3. 测试模型

训练好网络之后, 就是用测试集去测试模型, 通过设置评价指标来进行模型评估。选择召回率 R、准确率 P 以及综合准确率和召回率两者的 F_1 作为评判结果好坏的准则, 公式分别如下：

$$R = \frac{TP}{TP + FN} \tag{6-23}$$

$$P = \frac{TP}{TP + FP} \tag{6-24}$$

$$F_1 = \frac{2 \times P \times R}{P + R} \tag{6-25}$$

式中：TP、TN、FP、FN 含义如表6-8所示。

表 6-8　混淆矩阵

	积极（positive）	消极（negtive）
正确（true）	TP	TN
错误（false）	FP	FN

表 6-9 所示为 SVM 的评价指标。

表 6-9　文本情感分析结果 1

模型	召回率/%	准确率/%	F1 值/%
SVM	85	86	85

表 6-10 为实验预测结果，其中 1 代表对股票结果有利的新闻，会使得股票上涨；0 代表对股票结果不利的新闻，会使得股票下降。

表 6-10　文本情感分析结果 2

新闻文本	情感极性
申能股份拟回购注销 2 亿股金额不超过 10 亿元	1
渝三峡 A 公布半年报上半年净利减少 77.66%	0
聚光科技拟定增 14 亿并购实际控制人父母认购	1
中华人民共和国铁道部 1850 万宣传片责任人被移送司法牵出远望谷高管	0
山东疾控回应：对不良企业造假行为表示强烈愤慨	0
万和电气高端突围遇阻梅赛思业绩承压或将连亏两年	0
新黄浦否决召集股东大会提议理由太牵强	1
健康元整合丽珠集团再流产原料药资产将何去何从	1
低估值白马股红豆股份拟 5.8 亿回购股份开启护盘模式	1
长源电力去年净利 8461 万元同比降 14%	0

6.4　总结

本章主要从医疗大数据、天文大数据和金融大数据三方面展开介绍，以实际案例进行分析，阐述大数据在各个领域的应用，其中金融大数据应用中介绍了 TensorFlow 框架预测股票价格数据案例。大数据的应用远不止医疗、天文、金融这几方面，它几乎包含了我们工作、学习、生活中的一切应用，本书介绍以上三个典型应用主要为了让读者理解大数据的应用场景和实际案例。

扩展阅读

第6章扩展阅读

课后习题

1. 什么是长尾理论？

2. 与传统金融相比，互联网金融有哪些优势与劣势？

3. 为什么说互联网金融是普惠金融？它是如何体现的？

4. 从不同行业和个体的需求角度分析互联网金融兴起的必然性。

5. 哪些关键的互联网技术促进了互联网金融的发展。

6. 在各自互联网金融产品中，如何选择最适合的产品推荐给用户？

7. 金融与科技发展有何内在关系？

8. 历史上几次重要技术革命带来了哪些金融创新？

9. 如何理解金融科技与科技金融、数字金融的关系？

10. 如何看待计算机与金融创新的关系？

课后习题参考答案

第6章应用案例

参考文献

［1］肖政宏，李俊杰，谢志明. 大数据技术与应用［M］. 北京：清华大学出版社，2020.

［2］林子雨. 大数据技术原理与应用［M］. 北京：人民邮电出版社，2021.

［3］林子雨. 大数据基础编程、实验和案例教程［M］. 北京：清华大学出版社，2020.

［4］杜小勇，陈跃国，范举，等. 数据整理——大数据治理的关键技术［J］. 大数据，2019，5（3）：13-22.

［5］张凯. 大数据导论［M］. 北京：清华大学出版社，2020.

［6］陈国良. 大数据计算理论基础-并行和交互式计算［M］. 北京，高等教育出版社，2017.

［7］EDumbill. What is Big Data? An Introduction to the Big Dta Landscape［EB/OL］（2012-1-11）［2022-9-24］. http://radar. oreilly. com/2012/01/what-is-big-data. html.

［8］D g York, J Adelman, J E Anderson Jr, et al. The Sloan Digital Sky Survey：Technical Summary. The Astronomical Journal, 2000, 120：1579.

［9］Tan PN, Steinbach M, Kumar V. 数据挖掘导论［M］. 范明，范宏建，等译. 北京：人民邮电出版社，2011.

［10］Reeve A. 大数据管理：数据集成的技术、方法与最佳实践［M］. 余水清，潘黎萍，译. 北京：机械工业出版社，2014.

［11］陈志德，曾燕清，李翔宇. 大数据技术与应用基础［M］. 北京：人民邮电出版社，2017.

［12］黄源，蒋文豪，徐受蓉. 大数据可视化技术与应用［M］. 北京：清华大学出版社，2020.

［13］黄源，蒋文豪，徐受蓉. 大数据分析［M］. 北京：清华大学出版社，2019.

［14］林子雨. 大数据技术原理与应用［M］. 北京：人民邮电出版社，2021.

［15］周志华. 机器学习［M］. 北京：清华大学出版社，2017.

［16］李航. 统计学习方法［M］. 北京：清华大学出版社，2012.

［17］Mitchell T. 机器学习［M］. 北京：机械工业出版社，2008.

［18］Shalev-Shwartz S, Ben-David S. Understanding Machine Learning［M］. UK：Cambridge University Press, 2014.

［19］Blum A, Langley P. Selection of relevant features and examples in machine learning［J］. Artificial Intelligence, 1997, 97（1-2）：245-271.

［20］Petrovic M, Rakocevic V, Kontrec N, et al. Hybridization of accelerated gradient descent method［J］. Numerical Algorithms, 2018, 79（3）：769-786.

［21］Katoch S, Chauhan S S, and Kumar. A review on genetic algorithm：past, present, and future［J］. Multimedia Tools and Applications, 2021, 80（5）：8091-8126.

［22］Dong X B, Yu Z W, Cao W M, et al. A survey on ensemble learning［J］. Frontiers of Computer Science, 2019, 14（2）：241-258.

［23］Sagi Q, Rokach L. Ensemble learning：A survey［J］. WILEY Interdisciplinary Reviews-Data Mining and Knowledge Discovery, 2018, 8（5）：e1249.

［24］Johnson J, Giraud-Carrier C. Diversity, accuracy and efficiency in ensemble learning：An unexpected result[J]. Intelligent Data Analysis, 2019, 23(2): 297–311.

[25] Bian Y J, Chen H H. When does diversity help generation in classification ensembles？ [J]. IEEE Transactions on Cybernetics, 2021, 52(9): 9059–9075.

[26] Lesort T, Diaz-Rodriguez N, Goudou J F, et al. State representation learning for control: An overview[J]. Neural Networks, 2018, 108: 379–392.

[27] Bengio Y, Courville A, Vincent P. Representation learning: A review and new perspectives[J]. IEEE Transactions on Pattern Analysis and Machine Intelligence, 2013, 35(8): 1798–1828.

[28] Reid N, Stigler S M, Louis T A. Representation learning: A statistical perspective[J]. Annual Review of Statistics and Its Applications, 2020, 7: 303–335.

[29] Tenenbaum J B, V de Silva, Langford J C. A global geometric framework for nonlinear dimensionality reduction[J]. Science, 2000, 290(5500): 2319–23.

[30] Balasubramanian M, Schwartz E L. The isomap algorithm and topological stability[J]. Science, 2002, 295(5552): 7.

[31] Friedman N, Linial M, Nachman I, et al. Using Bayesian networks to analyze expression data[J]. Journal of computational biology: a journal of computational molecular cell biology, 2000, 7(3-4): 601–620.

[32] Roweis S T, Saul L K. Nonlinear dimensionality reduction by locally linear embedding[J]. Science, 2000, 290(5500): 2323–6.

[33] Roux N L, Bengio Y. Representational power of restricted Boltzmann machines and deep belief networks [J]. Neural Computation, 2008, 20(6): 1631–1649.

[34] Wang X, Peng Y, Lu L, et al. ChestX-Ray8: Hospital-Scale Chest X-Ray Database and Benchmarks on Weakly-Supervised Classification and Localization of Common Thorax Diseases[J]. IEEE Conference on Computer Vision and Pattern Recognition (CVPR), 2017: 3462–3471.

[35] Zhou S, Zhang X, Zhang R. Identifying Cardiomegaly in ChestX-ray8 Using Transfer Learning[J]. Stud Health Technol Inform. 2019, 264: 482–486.

[36] Ardakani A A, Acharya U R, Habibollahi S, et al. COVIDiag: A clinical computer-aided diagnosis (CAD) system for COVID-19 diagnosis based on CT images [J]. International Journal of Medical Radiology, 2021, 44(02): 239–240.

[37] SWang X, Peng Y F, Lu L, et al. Chestx-ray8: Hospital-scale chest x-ray database and benchmarks on weakly-supervised classification and localization of common thorax diseases[J]. Proceedings of the IEEE conference on computer vision and pattern recognition. 2017: 3462–3471.

[38] 钱维扬，王俊义，仇洪冰. 基于 Hadoop 的数据挖掘技术在测光红移上的研究[J]. 电子技术应用，2016, 42(9): 111–114.

[39] York D G, Adelman J, Anderson J E, et al. The Sloan digital sky survey: Technical summary[J]. Astron. J. , 2000, 120(3): 338–347.

[40] Fevre L, Vettolani G, Maccagni D, et al. VirmosVLT deep survey [C]//Astronomical Telescopes & Instrumentation, 2003, 4834: 173–182.

[41] Arnaboldi M, Capaccioli M, Mancini D, et al. The VST-VLT survey telescope[C]//Instrumentation and Measurement Technology Conference, 1999, 2: 776–781.

[42] Zhang L, Zhang M, Liu X. The adaptive-loop-gain adaptive-scale CLEAN deconvolution of radio interferometric images[J]. Astrophysics and Space Science, 2016, 361(153): 1–6.

[43] Zhang L, Bhatnagar S, Rau U, et al. Efficient implementation of the adaptive scale pixel decompositioin algorithm[J]. Astronomy & Astrophysics, 2016, 592, (A128): 1–5.

[44] Zhang L. Fused CLEAN deconvolution for compact and diffuse emission[J]. Astronomy & Astrophysics, 2018, 618(A117): 1–6.

[45] 卫星奇，张利，吴康宁，等. 基于深度学习的低频 SKA 带宽涂污效应矫正方法[J]. 软件工程与应用，2022, 11(1): 72–80.

［46］王丹，张彦霞，赵永恒，等. 测光红移算法概述［J］. 天文学进展，2008，26（3）：266-277.

［47］卢梅，张利，李丹宁，等. 基于深度学习的 SKA 图像反卷积研究［J］. 应用数学进展，2022，11（2）：613-620.

［48］宋炫，韩冀中，王凯，等. 用 MapReduce 实现天文星表交叉认证［J］. 计算机应用研究，2010，27（10）：3740-3743.

［49］唐远志，张利，王旭，等. 低频 SKA 极化探究 I：极化效应对 EoR 信号的影响［J］. 应用物理，2022，12（1）：35-45.

［50］Zhang L, Mi L G, Zhang M, et al. Adaptive-scale wide-field reconstruction for radio synthesis imaging［J］. Astronomy & Astrophysics, 2020, 640（A80）：1-10.

［51］Zhang L, Xu L, Zhang M. Parameterized CLEAN Deconvolution in Radio Synthesis Imaging［J］. Publications of the Astronomical Society of the Pacific, 2020, 132（1010）：1-13.

［52］Zhang L, Mi L G, Zhang M, et al. Parameterized Reconstruction with Random Scales for Radio Synthesis Imaging［J］. Astronomy & Astrophysics, 2021, 646（A44）：1-6.

［53］Zhao Q, Sun J Z, Yu C, et al. A paralleled large-scale astronomical cross-matching function［C］//Proc of Lecture Notes in Computer Science, vol 5574. 2009：604-614.

［54］张利，肖一凡，米立功，等. 射电天文图像重建算法研究综述［J］. 图像与信号处理，2021，10（1）：1-10.

［55］CGP. Report on cross matching catalogues［EB /OL］. （2003-09-29）［2009-12-14］. http://wiki. astrogrid. org/pub/Astrogrid/DataFe-derationandDataMining/cross. htm.

［56］POWER R. Cross match simulation［CP /OL］. （2007-04-23）［2009-12-14］. http://www. ict. csiro. au /staff /robert. power/projects/CM/ ps/cm. htm.

［57］OO'malley. TeraByte sort on Apache Hadoop［EB/OL］. （2008-05）［2009-12-14］. http:// sortbenchmark. org /YahooHadoop. pdf.

［58］Cutri R M, Skrutskie M F, van Dyk S, et al. 2MASS all sky catalog of point sources, the IRSA 2MASS all-sky point source cata-log, NASA/IPAC infrared science archive［EB/OL］. （2003）［2009-12-14］. http://irsa. ipac. caltech. edu /applications/Gator/.

［59］Churchwell E, Babler B L, Meade M R, et al. The Spit-zer/GLIMPSE surveys：a new view of the milky way［J］. Publica- tions of the Astronomical Society of the Pacific, 2009, 121：213-230.

［60］Zhang L, Xu L, Zhang M, et al. An Adaptive loop gain selection for CLEAN deconvolution algorithm［J］. Research in Astronomy and Astrophysics, 2019, 19（6）：79-1~79-6.

［61］汪森. 基于 Spark 射电干涉阵成像算法实现研究［D］. 昆明：昆明理工大学，2021.

［62］Zhang L, Mi L G, Xu L, et al. Adaptive Scale Model Reconstruction for Radio Synthesis Imaging［J］. Research in Astronomy and Astrophysics, 2021, 21（3）：63-1~63-11.

［63］Zhang L, Xu L, Mi L G, et al. Deconvolution with hybrid parameterizations for radio emission reconstruction［J］. Research in Astronomy and Astrophysics, 2021, 21（4）：101-1~101-10.

［64］Billade B, Flygare J, Dahlgren M, et al. A wide-band feed system for SKA band 1 covering frequencies from 350-1050 MHz［C］//2016 10th European Conference on Antennas and Propagation（EuCAP）. IEEE, 2016：1-3.

［65］Hollitt C, Johnston-Hollitt M, Dehghan S, et al. An Overview of the SKA Science Analysis Pipeline［J］. arXiv preprint arXiv：1601. 04113, 2016.

［66］Zhang L, et al. Deconvolution of Compact Emission for Radio Synthesis Imaging by Deep Learning［J］. Astronomy&Astrophysics, in prep. 2023.

［67］Goodfellow I, Pouget-Abadie J, Mirza M, et al. Generative adversarial nets［J］. Advances in neural information processing systems, 2014, 27.

［68］Mirza M, Osindero S. Conditional generative adversarial nets［J］. arXiv preprint arXiv：1411. 1784, 2014.